Graphical Abstracts

写真で見る 生命機能に関わる分子の世界

Part 2

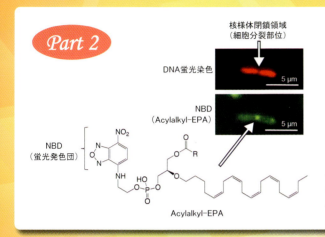

1章 多価不飽和炭化水素鎖に依存した蛍光標識リン脂質の細胞分裂部位への局在化（p.50 参照）

Acylalkyl-EPA 添加 *Shewanella livingstonensis* Ac10 の蛍光顕微鏡観察像．分裂中の細胞で，二つの核様体をもつものを観察．

2章 マイオスタチン阻害ペプチド1
（p.59 参照）

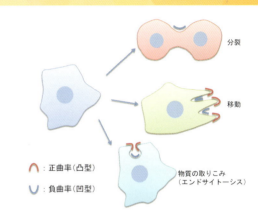

3章 細胞の営みにはさまざまな膜の形態変化（曲率変化）が伴う（p.62 参照）

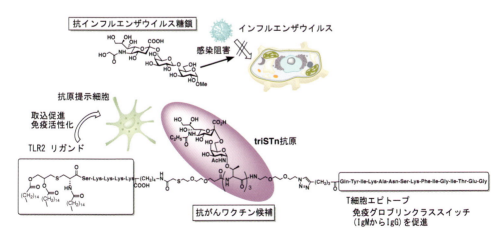

4章 シアル酸含有人工糖鎖と人工複合糖質（p.68 参照）

5章 細菌表面の糖質集合体を模倣した高分子・糖鎖高分子の開発（p.74 参照）

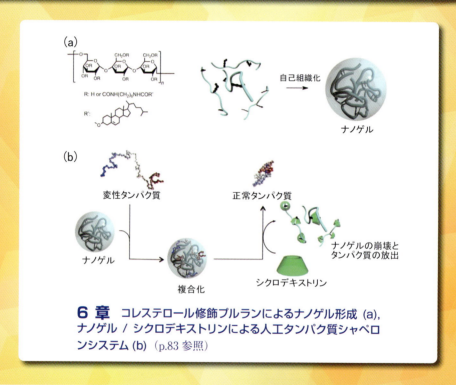

6章 コレステロール修飾プルランによるナノゲル形成 (a)，ナノゲル／シクロデキストリンによる人工タンパク質シャペロンシステム (b)（p.83 参照）

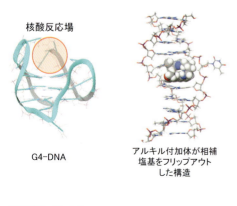

7章 核酸高次構造に対するアルキル化
（p.86 参照）

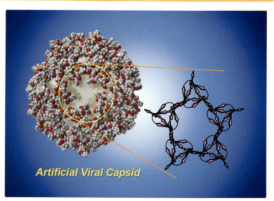

8章 ウイルス由来β-アニュラスペプチドの自己集合により構築される人工ウイルスキャプシド（p.95 参照）

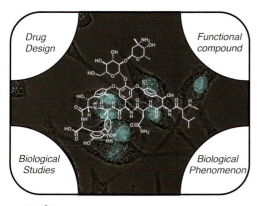

9章 細菌のしくみを理解した新しい創薬研究（p.101 参照）

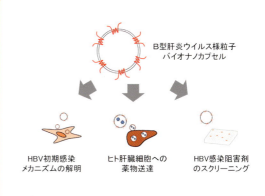

10章 バイオナノカプセルのアプリケーション（p.110 参照）

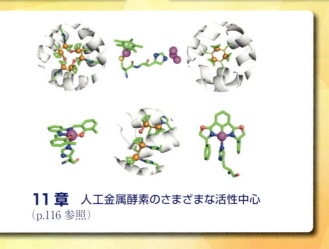

11章 人工金属酵素のさまざまな活性中心（p.116 参照）

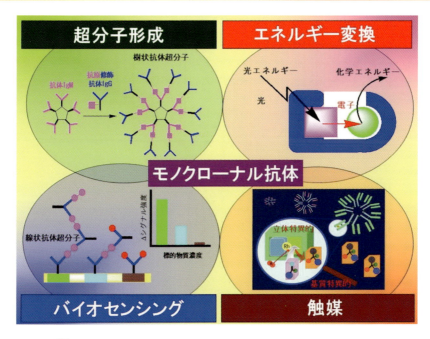

12章 モノクローナル抗体の分子認識能を活用した高感度検出システム・特異的反応場の創製（p.122 参照）

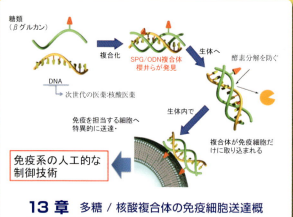

13章 多糖／核酸複合体の免疫細胞送達概要（p.130 参照）
緑鎖：多糖，オレンジ鎖：DNA．

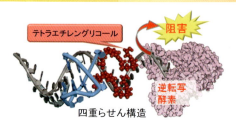

14章 人工核酸による逆転写反応の制御（p.136 参照）

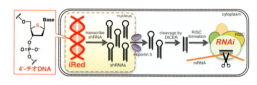

15章 化学修飾 DNA を利用した RNAi 創薬の概略（p.144 参照）

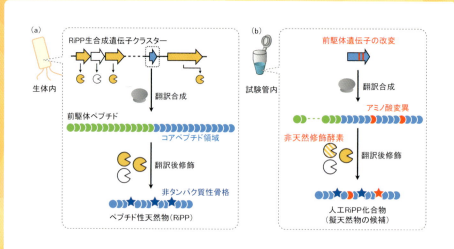

16章 RiPP 誘導体の生合成（p.151 参照）
(a) 生体内における天然 RiPP の産生，(b) 試験管内における人工 RiPP の合成．

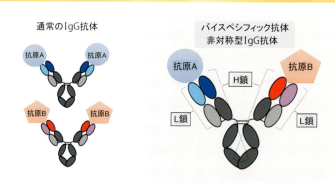

17章 通常の IgG 抗体（左）とバイスペシフィック抗体（右）（p.157 参照）

30

Molecular Chemistry to Approach Biological Functions

生命機能に迫る分子化学

生命分子を真似る、飾る、超える

日本化学会 編

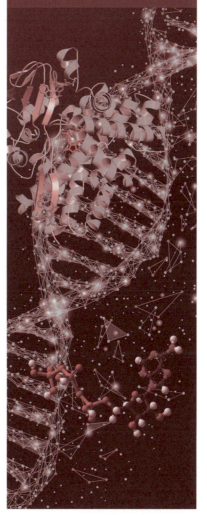

化学同人

『ＣＳＪカレントレビュー』編集委員会

【委員長】
大倉 一郎　東京工業大学名誉教授

【委員】
岩澤 伸治　東京工業大学理学院 教授
栗原 和枝　東北大学原子分子材料科学高等研究機構 教授
杉本 直己　甲南大学大学院(FIRST)教授・
　　　　　　甲南大学先端生命工学研究所(FIBER)所長
高田 十志和　東京工業大学物質理工学院 教授
南後 守　　大阪市立大学複合先端研究機構 特任教授
西原 寛　　東京大学大学院理学系研究科 教授

【本号の企画・編集WG】
秋吉 一成　京都大学大学院工学研究科 教授
二木 史朗　京都大学化学研究所 教授
杉本 直己　甲南大学大学院(FIRST)教授・
　　　　　　甲南大学先端生命工学研究所(FIBER)所長

総説集『CSJ カレントレビュー』刊行にあたって

　これまで㈳日本化学会では化学のさまざまな分野からテーマを選んで，その分野のレビュー誌として『化学総説』50 巻，『季刊化学総説』50 巻を刊行してきました．その後を受けるかたちで，化学同人からの申し出もあり，日本化学会では新しい総説集の刊行をめざして編集委員会を立ちあげることになりました．この編集委員会では，これからの総説集のあり方や構成内容なども含めて，時代が求める総説集像をいろいろな視点から検討を重ねてきました．その結果，「読みやすく」「興味がもてる」「役に立つ」をキーワードに，その分野の基礎的で教育的な内容を盛り込んだ新しいスタイルの総説集『CSJ カレントレビュー』を，このたび日本化学会編で発刊することになりました．

　この『CSJ カレントレビュー』では，化学のそれぞれの分野で活躍中の研究者・技術者に，その分野を取り巻く研究状況，そして研究者の素顔などとともに，最先端の研究・開発の動向を紹介していただきます．この 1 冊で，取りあげた分野のどこが興味深いのか，現在どこまで研究が進んでいるのか，さらには今後の展望までを丁寧にフォローできるように構成されています．対象とする読者はおもに大学院生，若い研究者ですが，初学者や教育者にも十分読んで楽しんでいただけるように心がけました．

　内容はおもに三部構成になっています．まず本書のトップには，全体の内容をざっと理解できるように，カラフルな図や写真で構成された Graphical Abstract を配しました．

　それに続く Part Ⅰ では，基礎概念と研究現場を取りあげています．たとえば，インタビュー（あるいは座談会），そして第一線研究室訪問などを通して，その分野の重要性，研究の面白さなどをフロントランナーに存分に語ってもらいます．また，この分野を先導した研究者を紹介しながら，これまでの研究の流れや最重要基礎概念を平易に解説しています．

　このレビュー集のコアともいうべき Part Ⅱ では，その分野から最先端のテーマを 12～15 件ほど選び，今後の見通しなどを含めて第一線の研究者にレビュー解説をお願いしました．この分野の研究の進捗状況がすぐに理解できるように配慮してあります．

　最後の Part Ⅲ は，覚えておきたい最重要用語解説も含めて，この分野で役に立つ情報・データをできるだけ紹介します．「この分野を発展させた革新論文」は，これまでにない有用な情報で，今後研究を始める若い研究者にとっては刺激的かつ有意義な指針になると確信しています．

　このように，『CSJ カレントレビュー』はさまざまな化学の分野で読み継がれる必読図書になるように心がけており，年 4 冊のシリーズとして発行される予定になっています．本書の内容に賛同していただき，一人でも多くの方に読んでいただければ幸いです．

今後，読者の皆さま方のご協力を得て，さらに充実したレビュー集に育てていきたいと考えております．

　最後に，ご多忙中にもかかわらずご協力をいただいた執筆者の方々に深く御礼申し上げます．

　　2010年3月　　　　　　　　　　　　　　　　　　　　編集委員を代表して
　　　　　　　　　　　　　　　　　　　　　　　　　　　　　　大倉　一郎

はじめに

　化学者がタンパク質や核酸をまだ十分に扱えなかった時代にBiomimetic Chemistryが勃興し，酵素機能を人工系で再現することで，生命の化学的理解を追求する学問分野が生まれた．その後，分析機器や遺伝子工学の急速な進歩により，生命を司る分子の機能解析が飛躍的に進んだ．とくに最近では，タンパク質や核酸の合成と改変が自在に行える時代となり，超分子化学の進展とも相まって，化学的に生命分子を制御するBiofunctional Chemistryが発展している．現在では，生命分子を「真似る」，「飾る」のみならず，生命分子を「超える」時代となりつつある．また，化学者のターゲットは，分子レベルにとどまらず，複雑系である細胞，組織，動物，ヒトに至るさまざまな階層における学問分野へと浸透し，細胞工学，分子生物学，薬学，医学・医療分野において，生命分子化学は重要な役割を果たしている．たとえば，Bioanalysis, Bioimaging, Nanomedicine, Drug Delivery System分野での化学の果たす役割は必要不可欠となっている．

　このような背景のもと，本書では生命分子化学分野での新規機能性分子の開発について，そのニュートレンドを取り上げた．第Ⅰ部では，生命分子の機能を超えるための基礎概念をそれぞれの分野の第一人者の先生方に概観していただいた．第Ⅱ部では，第一線で活躍されている各執筆者によって，ペプチド・核酸・脂質・糖質・抗体などの改変やそれら生命分子を認識するリガンドの開発，さらにはそれらの機能性分子のネットワークに関して，概念や手法の解説，研究成果の説明とともに，今後の展望が述べられている．また，座談会では，化学的手法を活用した生命分子の研究最前線，および今後の見通しについて，熱く語っていただいた．

　読者のみなさまには，本書を新たなアイデアを生みだす情報源として大いに活用いただけると幸いである．また，本書が次世代の生命分子化学の発展の契機となることを編集担当者一同願っている．

2018年7月

編集WG
秋吉一成，二木史朗，杉本直己

CONTENTS

Part I 基礎概念と研究現場

1章 ★*Interview*
002 フロントランナーに聞く
　　　　　　　　菅 裕明・津本 浩平
　　　　　　　　司会：杉本 直己

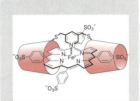

2章 生命分子の機能を超えるための基礎

★*Basic concept-1*
012 生命分子の機能を超えるための
　　設計化学　　　竹澤 悠典・塩谷 光彦

★*Basic concept-2*
020 生命分子の機能を超えるための
　　有機合成　　　花島 慎弥・村田 道雄

★*Basic concept-3*
028 生命分子の機能を超えるための
　　解析化学　　　吉村 英哲・小澤 岳昌

★*Basic concept-4*
034 生命分子の機能を超えるための
　　分子システム化学　　君塚 信夫

3章 生体関連分子化学の歴史と将来
042　　　　　　　　　　小宮山 眞

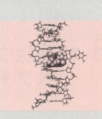

CONTENTS

Part II 研究最前線

1章 不飽和脂肪酸から探る生体膜の機能形成
050
栗原 達夫

2章 ペプチドの構造制御による筋肉増強薬を
056 めざしたマイオスタチン阻害ペプチドの創製
林 良雄・高山 健太郎

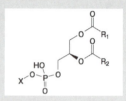

3章 生体膜の状態を変えるペプチドと細胞操作
062
二木 史朗

4章 人工複合糖質の精密合成と機能解析
068
深瀬 浩一

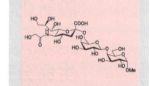

5章 糖鎖高分子をベースとした
074 糖鎖工学材料の開発
三浦 佳子

6章 分子シャペロン機能をもつ人工分子
079 システム：シャペロン機能工学
西村 智貴・秋吉 一成

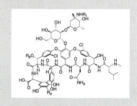

7章 核酸の高次構造を選択的に
086 化学修飾する新規プローブの開発
永次 史・鬼塚 和光

8章 球状ウイルスの自己集合を真似た
095 ペプチドナノカプセルの創製
松浦 和則

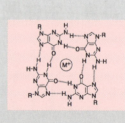

CONTENTS

Part II 研究最前線

9章 バンコマイシン耐性菌克服のための
101 化学的アプローチ　　有本 博一・一刀 かおり

10章 B型肝炎ウイルス外皮Lタンパク質粒子を
110 用いた感染機構解明および薬物送達
　　　　　　　　　　　　　黒田 俊一・曽宮 正晴

11章 人工金属酵素の次世代設計
116 　　　　　　　　　　　　　上野 隆史

12章 機能性抗体の創製
122 　　　　　　　　　　　　　山口 浩靖

13章 多糖/核酸複合体の創製と
130 核酸医薬デリバリー
　　　　　　　宮本 寛子・望月 慎一・櫻井 和朗

14章 新しい核酸医薬システムの構築
136 　　　　　　　　　　建石 寿枝・杉本 直己

15章 化学修飾DNAを利用したRNAi創薬
144 　　　　　　　　　　田良島 典子・南川 典昭

16章 天然物ペプチドの生合成機構を
151 活用した人工ペプチドの生産　　後藤 佑樹

17章 抗体医薬の新しい誘導体作成技術
157 　　　　　　　　　　　　　井川 智之

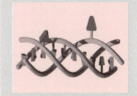

CONTENTS

Part III 役に立つ情報・データ

① この分野を発展させた革新論文 44 　*166*

② 覚えておきたい関連最重要用語 　*178*

③ 知っておくと便利！関連情報 　*182*

索　引　*185*

執筆者紹介　*189*

★本書の関連サイト情報などは，以下の化学同人 HP にまとめてあります．
→https://www.kagakudojin.co.jp/search/?series_no=2773

Part I

基礎概念と研究現場

フロントランナーに聞く ▶▶▶▶▶▶ 座談会

（左より）津本浩平先生（東京大学），杉本直己先生（甲南大学，司会），菅 裕明先生（東京大学）

生命にアプローチする化学

Profile

菅 裕明（すが ひろあき）
東京大学大学院理学系研究科教授．1963 年岡山県生まれ．1994 年米国マサチューセッツ工科大学化学科修了．Ph. D. ハーバード大学医学部 マサチューセッツ総合病院 博士研究員，1997 年ニューヨーク州立大学バッファロー校化学科助教授，准教授，2005 年東京大学先端科学技術研究センター教授を経て，2010 年から現職．東大発バイオベンチャー企業ペプチドリーム社を 2006 年に起業．現在のおもな研究テーマは「ケミカルバイオロジー，特殊ペプチド創薬」．

津本 浩平（つもと こうへい）
東京大学大学院工学系研究科教授．1968 年大阪府生まれ．1995 年東京大学大学院工学系研究科博士課程退学．博士（工学）．東北大学助手，同講師，同助教授，東京大学准教授を経て，2010 年東京大学医科学研究所 疾患プロテオミクスラボラトリー教授，2013 年から現職，医科学研究所兼務．現在のおもな研究テーマは「生命分子解析学，タンパク質溶液論，タンパク質工学」．

杉本 直己（すぎもと なおき）司会
甲南大学先端生命工学研究所（FIBER）所長・教授．1955 年滋賀県生まれ．1985 年京都大学大学院理学研究科博士後期課程修了．理学博士．1985 年米国ロチェスター大学リサーチアソシエイト，1988 年甲南大学理学部（現理工学部）講師，同助教授を経て，1994 年から同教授．2001〜2004 年甲南大学ハイテクリサーチセンター所長兼務，2003 年から現職．現在のおもな研究テーマは「生命分子化学，核酸化学，遺伝子発現化学」．

Chap 1 フロントランナーに聞く

化学的手法を活用した生命分子の革新

近年，生命科学の分野において，生命分子を改変・改良したり，あるいは新しい機能をもつ分子を開発したりするなど，新しい生体機能化学の研究が盛んにおこなわれはじめている．この流れは化学分野だけにとどまらず，医薬や工学などの分野でも熱い視線が注がれている．この座談会では，東大発ベンチャー起業・ペプチドリーム社を創業した菅 裕明先生，従来の抗体に新しい機能をもたせた次世代抗体医薬を開発する津本浩平先生，新しい核酸化学を展開している杉本直己先生（司会）にお集まりいただき，研究のフィロソフィーや研究をとりまく現状，日本と世界の動向，そして今後の展望を語っていただきました．

1 この分野の醍醐味・面白さ

化学はモノづくりから新しい生物学が理解できる点ですごく面白い

杉本 生命化学分野でバイオミメティックを超えるような研究をされているお二人に話を伺う「奇跡の時間」が今回実現しました．まず，この分野にどのような魅力があったのでしょうか．

菅 僕はもともと有機化学がバックグラウンドにあって，有機化学がどう研究の役に立つかを常に考えていました．化合物の使い道を考えて，材料系ではなく，バイオ系を選びました．多様性をどうコントロールするか，多様性で何ができるかに一番の魅力を感じています．研究は，ずっとRNAやペプチドのセレクションをしていますが，その多様性のなかから本当に新しい物質や機能が見つかるのかという疑問が根底にあって，そこからスタートしています．

津本 私もバックグラウンドが化学なので，有機化学も物理化学も面白く魅力的でした．ところが，配属先は分子生物学の研究室[*1]．当然，学んできた化学とは大きなギャップがあります．自分のやりたい化学と当時の分子生物学とをどう融合できるか考えているときに，テーマとしていたタンパク質の物理化学的な要素と，ケミカルバイオロジーの展開を自分なりに取り入れ，新しい切り口で研究してきました．化学の教育を受けた者が生物をどう研究するか，ずっと考え続けてきたわけです．

杉本 すると，生体機能化学，あるいはケミカルバイオロジーの本当の面白さや醍醐味は，どうお考えですか．

津本 生化学・分子生物学は現象を解析し，記述していくことが最大の魅力だと思います．ある生命現象を支配する分子がどう干渉するか，分子を探り出し，その機能を記述することを目的としています．一方，化学は基本的にモノづくりに大きな価値を見いだしますし，実際にそれが魅力でしょう．上の世代の先生がたが，そこを完全に融合させました．

菅 ケミカルバイオロジーは化学系も生物系も参入できる分野として発展しています．化学はモノをつくる，あるいはモノづくりから新しい生物学が理解できる点ですごく面白い．とはいえ，化学者にとって理解しにくい生物学を，どう取り入れるかが課題です．私自身は，いろいろ学んできたつもりだったので，最初は全部自分だけでできると

[*1] 東京大学工学部 三浦謹一郎研究室

思ってはじめました．でも最近は，あえて踏み込まず，共同研究をしていますね．化学と生物を融合あるいは相互作用させるところに，一番面白みを感じます．一人でできないところが面白いわけです．化学だけをやっていると，それだけで終わってしまう．構造生物学や医学系の研究者と一緒に学問を高めていける立場にいるのが醍醐味です．

津本 菅先生のバックグラウンドは広くて，化学やサイエンスだけじゃない．音楽もずっと続けられているし，起業もされた．

杉本 なるほど，化学や音楽，いくつかの選択肢があって，あえてこの分野を選んだと．

菅 音楽をやっている人は結構いるかもしれませんが，ずっと続けているのは珍しいかもしれません．一方で，起業してよかったと思います．いろいろなことを学びました．

杉本 たとえば，どのような．

菅 証券会社や銀行の人たちの考え方を知ることは，かなり勉強になりましたね．こういう人たちとの付き合いが一気に増えました．会社を立ち上げる際に手探りしていた情報が，いまはすぐに入ってきます．こうしたビジネスからの学びや人脈の構築という点で，大学の先生がビジネスをしていないのは，もったいないでしょう．

津本 菅さんがベンチャーの起業に成功したので，私はあえて立ち上げないようにしています（笑）．でも，周りの人には起業を薦めます．実は菅さんの人となりを聞かれることもしばしば．菅さんの駄目なところは，とか．だから，「ちょっと芸術肌ですからね」といったら，たいてい収まります．

菅 ははは．

津本 芸術家といえば，「そうかそうか」と．合理的にすべてを進めているだけではなく，人間味もあるのか，と．おそらく菅さんと，どう付き合うかを予習しているのでしょう．

菅 飲むのも好きですね．

津本 そう，飲むのも好きだし，音楽もやるし，仕事はキッチリする．どれが本物なのかと．

杉本 すべてが菅さんです．それがユニークさにつながっています．

津本 そう思います．

菅 津本先生もユニークでしょう．コンセプトとかフィロソフィーとか．

津本 関西人が東京大学へ行くと，こうなるという典型例ですよ．

杉本 どういうことですか．

津本 高校の同級生の多くが京都大学へ進学するなかで，あえて東京大学へ進学した．よくいえば野心です．悪くいえば負けてたまるかという気持ち．そう考えた人が東京へ出てきました．そして，あえて東京大学で化学を学ぶ．

杉本 そういいながら，普通は化学の主要なテーマを扱う研究室へ行くところを，生化学分野へ行ったということですね（笑）．

2 この分野の研究開発の一番の難しさ

生物学と化学では，うまくいかなかった理由の検討方法が根本的に違う

杉本 菅先生は，他分野の人との研究に醍醐味を感じるとのことですが，困難を伴う点はありませんか．

菅 もちろん，あります．化学者が費やした時間と努力を，生物学者に理解してもらえないこと．かといって，化学者が生物学をどれほど理解しているかも，よくわからない．このわからない者同士の共同研究は，互いの基礎概念が違うので，どこへ収束させるかという点で，かなり難しい．常にそう感じますが，難題を解決したときに面白い成果が生まれているので，そこが醍醐味でしょう．

杉本 なるほど．具体例はありますか．

菅 たとえば生物学者から依頼された環状ペプチドを，苦労の末やっと合成したときのこと．彼らに環状ペプチドの試料を渡すと，物性などを気にせず水で希釈して「活性がありませんでした」と．互いのベースラインが違うので，そのすり合わせからはじめなければなりません．逆に，いい活性が出たときに，その根拠が説明できないこともある．また柔軟さも必要で，頭が固いと，面白い現象があらわれても発見できず，取りこぼす．薬のスクリーニングでは，そういったケースが多いですね．化学側からすると，もっと柔軟に考えてもよいのではと思うことがあります．

津本 おのおのの学問が先端に行き過ぎていて，共同研究では齟齬というか，最終的にパラレルになりがちです．そこが皆さんの苦労されている点でしょう．たとえば，提供したタンパク質も，相手にpHや有機溶媒という基礎概念がないため，「うまくいかなかった」のひと言で終わってしまう．基盤になるべき概念が疎かになっている気がします．

菅 生物学は意外と基本に忠実で，別の条件をもっと検討してみてはどうか，とこちらが提案することもしばしば．

杉本 なるほど．いまの話は非常に重要で，化学と生物の融合したこの領域は，いい面も悪い面もあると．津本先生も基本的なところが疎かになっているという話でしたが，たとえば物理や化学には，一般的な原理や法則があります．生物学における法則と比べると，少し次元が違いますよね．

津本 違うと思いますね．

杉本 たとえば，セントラルドグマでDNAがコードしているのは，一つの法則ですが，それは地球上での話．他でそんなことが必ず起こっているか，成り立っているのかはわからない．つまりローカルな法則です．でも，ニュートンの法則やほかの力学的な法則は，宇宙のどこでも適用できる．だから全然次元が違うように思うのです．その

フェノタイプ
表現型ともいう．ある生物のもつ遺伝子型が形質（生物が持つ性質，特徴）として表現されたものをいう．その生物がもつ構造や形態，行動，生理学的所性質などを含む．

ような基本的な違いがあるのに，学問が融合して対話していかなければならないのは，研究の難しさだと思います．
菅 そのとおりですよね．
津本 共同研究でいえば，どこで満足するかですね．明らかに両者の着地点が違うと，議論をはじめてもパラレルに感じます．生物学者は，フェノタイプが出ればよいと仮説を立てて検証する．化学者は設計したうえでモノをつくります．そこは同じようで違う．うまくいかなかった理由の検討方法も，根本的に違います．医薬品合成や毒性の話でも同様．「毒性が出るから駄目だよね」という話も，立場が違うと，そこで必ずパラレルになる．ここが，化学・生物の両方からアプローチできるこの分野で一番難しいところです．

3 研究フィロソフィー

本当の先端研究は，最初はだれも評価できない

杉本 研究のフィロソフィーやメンタリティーはどこに重きを置いていますか．
菅 メンタリティーでは，柔軟な考え方でしょうか．二つの分野にまたがる研究では，自分の考えに固執してはいけない．だから相手との融合を最重要視しながら，互いをリスペクトしたうえで議論し，研究をさらに高めていく必要があります．そのメンタリティーがないと，融合的な分野での研究はできないでしょう．僕のフィロソフィーは，「人のやっていないことをやる」．逆をいうと「先端研究をしています」という人たちは，先端をやっているとは思えません．というのも，先端をやっていると自分で認識できる時点で，もう先端じゃない．まだ誰もやっていない分野に踏み込んで開拓しようとするフィロソフィーをもっていないと，新しいことはできない．日本はアメリカで流行ると，その分野に研究費をつぎ込もうとします．先端だと見えている時点で，かなりの研究者がすでに参入しているわけです．そこを重点化したところで，その最先端にはまずなれない．
杉本 やはり，人のやっていないことをやるべきと．
菅 同じような技術で同じことをやっても意味がない．やるのなら，別の技術を組み込んで，新しいものをつくる努力をしないと何も生まれません．二つの組合せは，みんな結構思いつきます．だけど三つの組合せとなると，実はあまり見つけられない．だから三つくらい違うものを組み合わせて，その分野への参入を考えたほうがいい．三つくらい異なる考え方を組み合わせて研究にアプローチしないと，本当の意味での先端ではないと思います．
杉本 津本先生の場合，いかがですか．
津本 同感ですね．誰もやっていない切り口で研究していると，そのときは

「なんでそんなことをやるの」といわれる．得てして，先端的成果というものは，トップジャーナルには掲載されなかったりする．ところが，5年後，10年後に「ものすごい研究」であった，と評価された経験を2度ほどしました．本当の先端は，最初はだれも評価できません．20年経って，ようやく論文に引用されたり，成果が広がったりする．当時，なぜ生体分子研究に熱力学を組み合わせるのか，すでにわかっていることなのに，といわれました．でも実は何も解明できていませんでした．振り返ると，周囲からの「追い詰め」にどこまで耐えられるか．融合領域だと，それぞれの専門家の意見に必ず揺さぶられます．「それは化学じゃないですよ」とか．それに対して，確固たる自分を強くもっている人が走るからこそ，先端研究となるのでしょう．その典型例が菅先生だと思います．

菅　そんなことはないと思うけど．
津本　菅先生をそばで見ていて，この人がこの分野に参画すると，どういう切れ味になるかを目の当たりにしました．そのメンタリティーの根底にあるのは，自分自身がフロンティアだという信念です．ブレークスルーを通じて，新しい常識をつくっていけるというところに，われわれ自身の大きなフィロソフィーがあると思います．

4 起業のススメ

「これをやる」と企業が決断したときの情報収集能力と先端性は強烈

杉本　日本や世界の研究者は何を考えて，どう研究を進めているのでしょう．
菅　CRISPER/Cas9 を使ったゲノム編集技術は，生物学者に大きなインパクトを与えています．昔から似た技術はありましたが，この CRISPER/Cas9 を使ったゲノム編集技術によって，ほしいノックアウトマウスを短期間で自在に作製できるようなってきています．こうなると個体レベルの研究は爆発的に進むようになります．ノーベル賞に値する技術だと思いますし，こうした展開はある意味憧れです．
杉本　確かにそうです．
菅　自分の研究に照らし合わせると，環状ペプチドや天然物に近いものをつくっていますが，当然世界中の同業者と競争しています．彼らに対しては，次は何をすべきかを探り合うよりは，互いにリスペクトしている感じがあります．「この人の研究は面白い」と思ったら，いきなり共同研究をしましょう，とか．たとえば，僕がつくった技術を発表すると，それこそ Kevan Shokat[*2] や Tom Muir[*3] のようなある意味競争相手のような研究者が，すぐに「一緒にやろう」といってくれる．そういうインターフェースが重要でしょう．
杉本　津本先生の分野では，どういう方がおられますか．

*2　カリフォルニア大学サンフランシスコ校

*3　プリンストン大学

津本 分野としては核酸が中心ですが，タンパク質も医薬品として使えるようになった点で大きな変革がありました．20 年前，抗体医薬品を目指して技術開発をしていましたが，研究の潮目が変わったおかげで，最近は研究の詳細な目的を説明しなくてよくなった．問題点はあるにしても核酸は医薬として使えそうだし，実際に使えばさらに大きく広がるでしょう．そうなると，「次の分子」をつくらないといけない．その急先鋒が菅先生でしょう．もう一つは，データですね．「何のためにデータを出すの」といわれた時代もありましたが，いまはとにかく AI，機械学習です．得たデータを利用して次のデータとして活用するという手法は，新しいモノづくりでは当然になっています．また，処理能力が向上すると，動力学で実験事実を説明できるようになり，シミュレーションの信頼性が高まってきたことも大きい．それがわれわれの研究を大きく変えているのは間違いないでしょう．

杉本 両先生ともアカデミアでもトップレベルですが，企業との関係も非常にうまくされています．立場の違いや研究の難しさ，研究以外の難しさはいかがでしょう．

菅 実は，僕はあまり産業との共同研究を自分の研究室ではやっていません．その代わりに自分の研究室の一種のコピーのような会社，ペプチドリーム社をつくり，そこで産産連携研究を進めています．産学連携でアカデミアと企業が共同研究をしても，アカデミア側がつい口をすべらしてしまいがちなので，企業側は核心的な最先端の情報を教えてくれません．企業同士での共同研究であれば，守秘義務がきちんと守られるので，最先端の研究が進む．この違いは衝撃的でした．とくに薬の発見や開発の部分は，かなり厳しい秘密保持契約を結びます．アメリカのアカデミアの研究者がベンチャーをつくっているのは，研究をどんどん進めたいという面もあると思います．その点，日本は遅れている．企業と共同研究を簡単にできると思っていますが，実際は難しい．僕は一応，会社にかかわっていて，外部に漏らさない約束をしているので，極秘事項も見ることができますが，もう見ないようにしようかと思うくらい．あまりにも内情を知ってしまうと，自分たちの研究が面白くなくなります．どうやっても，企業には追いつけないので，それならまかせたほうがよいでしょう．

杉本 それは，非常に新しい観点の情報だと思います．

菅 自分でやってみてはじめてわかりました．もしまた新しい技術ができたら，別の会社をつくってやりたいと思います．自分たちで基礎技術を積み上げることはできますが，本当に最先端で速く進めたいなら，起業したほうが安心できます．

杉本 若い人にも，起業せよと．

菅 それも難しい問題です．いいかげ

んな起業は絶対にうまくいかない．かなり自信をもってやらないと．次世代の研究者に，アカデミアにいながら起業したいという人がいてもいいと思う．ただし，リスクはかなり高いので，覚悟する必要があるでしょう．

津本 まったく同感で，「これをやる」と企業が決断したときの情報収集能力と先端性は強烈です．いまの話のとおり，企業の人と話をしたり聞いたりしているうちに，気がついたら自分の思考回路に織り込まれています．それをうっかり話してしまう場面は，正直ゼロではありません．ただ，それは避けたいので，完全に自分を二つに分ける訓練をしました．

日本人には，欧米とは違う企業の起こし方があると思います．人間関係やコミュニケーションの取り方が，明らかにアメリカとは違いますから，そこを理解しながら，日本の標準的な事例が出てくることが，重要でしょう．

5 世界の研究の動向

日本は，すぐアメリカの後追いをするのがよくない

杉本 昔は欧米がトップを走り，日本が追いつこうと頑張ってきました．最近の主要なジャーナルを見ると，中国がものすごい勢いで論文を出しています．

菅 実はこの分野，中国はそれほど力をつけていません．ですが，いずれ力をつけてくる．シンガポールは相当力がついていますし，韓国もかなり追い上げています．日本では伝統的な分野のほうが，人口も予算も多いので研究費をとりやすい．だからそこへ力が向いてしまいがちです．そうなると，新しい分野が爆発的に発展していくことはありません．逆に，アメリカは新奇性がないと研究費を取れないので，どんどん変化する流れになっています．一方，中国は日本が後追いしている分野へは「もう十分にやられていて，たいした成果が出ていない」と参入しないかもしれない．中国の人材は豊富なので，力はあります．日本は，すぐアメリカの後追いをするのがよくないのです．

杉本 よくわかります．

菅 すぐ後ろを追い掛けようとしています．フロントランナーがどこにいるかという問題ではなく，出てきたものを追い掛ける．それを5～10年というスパンでモノにしようとするので，結局は追いつけずに，アメリカが「やめた」といったときに，「あれっ」という感じになる．

津本 日本は0を1にしたという絶対的な評価よりも，海外での動きをうまく取り入れて加工するほうに力点を置いた国だと思います．われわれ抗体医薬の研究者にとってもそうです．たとえばアメリカでは，新しいものをつくった点が絶対的に評価されます．一方日本では，それをどう取り入れて，

使えるようにしたかが評価される．中国はおそらく両方を天秤にかけて，どちらをとればいいかを常に狙っている感じですね．それこそ，私の研究領域がそうです．現状では，まだ圧倒的に日本のほうが強いし，フロントランナーだと思いますが．

菅 そうだと思います．

津本 どうすれば次へ向かうことができるか，中国の研究者はつねに考えています．今後10年，15年と経つと，気がついたら彼らがフロントランナーになっていることはあるでしょう．実は生物学分野もそうで，現時点では日本が圧倒的に強いですが，日本の動きを見ながら，相当作戦を練って方針を立てていると思います．中国の有名大学は，よく「アメリカしか見ていないよ」といわれますが，それは大うそでしょう．アメリカに対する日本の動きを見たうえで自分たちはどうするか，議論を真剣に重ねています．それは国際交流で現場の話をしていると，よくわかります．なので，これからどう発展するかは，非常に注目すべきでしょう．

6 今後の展望

各分野の情報を集約して先鋭化しなければならない

杉本 この分野はどこへ向かいますか．

菅 「役に立つ」が重要なキーワードになるでしょう．ただ，それを目指すには，きちんとした基礎研究が必須です．新しいことをするなら，基礎がしっかりないと．ケミカルバイオロジーの分野はイメージングで爆発的な進歩がありましたし，ゲノム編集という革新的技術も出てきました．今後，化学がどれくらい参入するかが，とても難しいけれど重要なポイントになるでしょう．最近いわれるモダリティを新しく開拓できるようなインターフェースの化学をつくらないと駄目．私は環状ペプチドという一つのモダリティをつくって，それを医薬品にしてきました．モダリティは分子としてはかなりたくさんあって，研究者も低分子や抗体など，それぞれこだわっていますが，本来は，もっといろいろな分子がありうると思います．モダリティをどう人の役に立つ物質に仕上げられるかが，生物と化学の境界領域では，とても重要です．

津本 単にコンセプトを出せばよいわけではなく，実際にモノを出して，それで世の中を変えるという考えが今後は増えていくでしょう．そのときに重要なのが，さきほどのモダリティという視点です．たとえば，環状ペプチドより，もう少し大きい分子にしたほうがよいとか，より小さくとか，もっと柔らかくなど，世に出すことで完成形に近づけていく．つまり，「つくって考える」．まずつくってコンセプトを出し，そこから世間でもまれながら磨く．これまでは研究室内でこのような方針で進めてきましたが，こうすれば，この分野はもっと広げられます．企業とのコラボレーションなら，彼らとも一緒にもんで，さらに磨く．菅先生の例でいえば，製品を出すことで，その波及効果を含め，菅先生の研究の評価や立場が上がっていくわけです．そういった展開の仕方になると思います．

菅 ペプチドリーム社の例でみても，そう思います．ペプチドリーム社が提

モダリティ

モダリティの本来の意味は「きっと～かもしれない」といった推測を含んだいい回しのことだが，医薬品業界では固定概念化されている薬剤物質，低分子やバイオロジクス（抗体）といったもの以外のさまざまな骨格，分子量をもった「これから期待できる」分子と解釈すればよい．

供したものをそのまま使っているわけではなく，製薬企業から驚くようなモノが出ている．こちらではわからないようなもみ方をしているのです．

杉本 なるほど．

菅 だから企業同士でも，かなり厳しい秘密保持をしながら彼らはもんでいて，結局，世の中へ投入されたときには，元とはだいぶ違うかたちになっています．製品化のプロセスでは，非常に多くの人たちがさまざまな知識を駆使して，いろいろなもみ方をすることで，より完成度を高められます．

杉本 この分野の一番明るい展望と，問題点をあげていただけますか．

津本 生命にかかわる研究なので，扱う現象が相当あることは明るい展望につながります．治療薬に限定しても，材料はかなりあります．今後，健康と医療に対して化学が磨かれていけば，さらに広がるでしょう．問題点は，これまで以上に各分野の情報を集約して先鋭化しなければならないこと．もう一つ，力で押し切ればいいという戦略が通用しなくなってきました．いかに新しい切り口を打ち出せるかを意識せざるをえないでしょう．

菅 生命機能を制御しうる人工生体分子は小宮山眞先生[*4]や杉本先生も含め，多くの先生がたが研究してこられました．でも動物レベル，究極的は人レベルに応用できている分子はほとんどなく，まだ化学が貢献できてない部分がたくさんあります．たとえばイメージングも，細胞に対してはもう十分ですが，動物に入ったときにどうなるのか．これを解決するために，今後は化学の立場から研究しなければならないでしょう．逆にそれでハードルが高くなるので，それをどう乗り越えるか．いま30代・40代のアカデミアの研究者はそこへ踏み込んでいかないと，フロントランナーにはなれません．このハードルを越える準備をして，しっかりした考えをもっておかないと通用しなくなる時期が，遅かれ早かれくると思います．恩師の故正宗 悟先生[*5]に「菅君ね，有機化学のゴールデンタイムは終わりだよ．そんなことをずっとできると思わないほうがいいよ」と，いつもいわれました．ということは，いまやっている，自分がかかわっている分野がいまはゴールデンタイムだとしても，いずれ終わる日がくるということです．だから，次のハードルを越えるために準備し，しっかりした考え方もつ努力をしておかなければならないでしょう．そのために，実際に生物学者とコミュニケーションをしっかりとるべきだと思います．

津本 博士論文試問で「化学でわかっていることが，生命現象の中にあった」と実感でき誇りに思っていますと話をしたら，「そんなことをやって何が面白いのだ．化学だけで終わってしまっているだろう」と小宮山眞先生にいわれたことを，いまも鮮明に記憶しています．常に生意気でありたいです．

杉本 お二人とも最後は非常に近い意見を述べていただいて，この分野はバイオミメティックからはじまって，いまバイオファンクショナルですが，細胞の化学から生体の化学へ向かうことになるだろうとの将来展望をいただきました．非常に有意義な時間となりました．今日は，お忙しいところをありがとうございました．

[*5] 当時，マサチューセッツ工科大学教授

[*4] Part1 Chap 3章参照

Chap 2
Basic Concept-1
生命分子の機能を超えるための設計化学

竹澤 悠典　塩谷 光彦
（東京大学大学院理学系研究科）

1 はじめに

　生命機能はさまざまな生命分子によって支えられている．近年の構造生物学やケミカルバイオロジーの発展に伴い，生命分子の分子構造と生命機能の相関も飛躍的に解明されてきている．これらの生命分子を模倣し，さらにそれを凌駕する機能分子を創製することは，生体関連化学の中心的な目標の一つである．その要となるのが，生体機能分子の分子設計である．一口に分子設計といっても，対象は天然分子の改変から完全人工分子の合成まで幅広く，絶対的な方法論があるわけではない．むしろ，分子設計こそが化学者のオリジナリティーであり，腕のみせ所ともいえるだろう．ここでは，筆者らがかかわってきた人工核酸の分子設計を中心に，設計化学について紹介する．

2 自然が設計した生命分子

　生命分子，とくに生体高分子の大きな特徴は，限られた数のビルディングブロックから構成され，その構造に階層性がある点であろう（図1）．DNAやRNAといった核酸はヌクレオチドから，タンパク質はアミノ酸から成る．これらのビルディングブロックが連結し，さらにフォールディング（折り畳み）や会合により，機能をもった核酸やタンパク質が形成される．「生命分子の機能を超えるための設計化学」でも，ビルディングブロックである有機小分子の設計だけでなく，オリゴマーの配列設計や立体構造や会合構造の設計が重要である．とくに，水素結合などの分子間相互作用や，疎水効果などの水中での挙動も考慮に入れる必要がある．

3 生命機能を超えるための分子設計：人工DNAを例として

　本章では人工DNAの分子設計を例として取りあげる．DNA鎖を構成するビルディングブロックは，核酸塩基・糖・リン酸基からなるヌクレオチドである（図2）．DNA鎖はA-T, G-C間の相補的な水素結合により塩基対を形成し，配列特異的に会合して逆平行の二重らせん構造となる．人工DNAの開発は，(1)ケミカルバイオロジーのツールや核酸医薬の創製，(2)遺伝暗号の拡張などの合成生物学分野，(3)DNAを基盤とした人工機能材料の開発といった目的で幅広く研究されている．その分子設計の戦略はおおまかに，(1)天然DNA分子と機能分子との複合化，(2)DNA分子構造そのものの改変，(3)DNAの機能を模倣した人工分子の設計に分類できる．ここでは，(2)の分子構造を改変した人工DNA〔最近ではゼノ核酸（Xeno nucleic acid: XNA）ともよばれる〕の分子設計を中心に見ていこう．

4 主鎖を改変した人工核酸の設計化学

　図3に示したのは，主鎖の構造を改変した人工核酸の例である[1]．天然核酸塩基の構造を維持しておリ，A-T, G-Cの相補的な塩基対形成に基づく二重鎖形成が可能な設計である．これらの人工核酸はおもに核酸医薬などへの応用を念頭に，核酸分解酵素に対する耐性の付与や二重鎖形成能の向上を狙ってデザインされた．たとえば，リボースの2′位と4′位を架橋したLNA(locked nucleic acid)/BNA(bridged nucleic acid)は，標的RNAとの高い結合親和性を示す人工核酸である．これらは糖のコンフォメーショ

Chap 2　生命分子の機能を超えるための設計化学

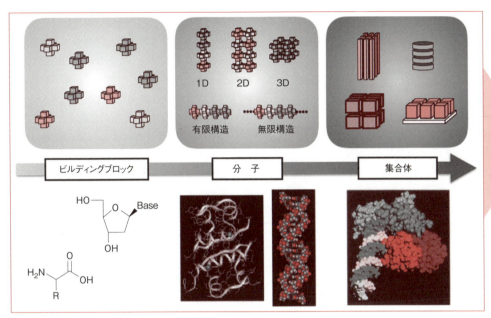

図1　生命分子の階層性

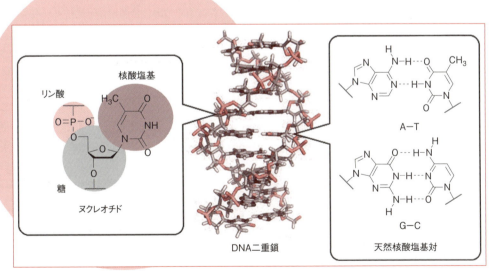

図2　DNAの分子構造

ンを固定化することで，二重鎖を形成したときのエントロピー損失を低減するよう分子設計された．ほかにも，TNA（threose nucleic acid）や HNA（hexitol nucleic acid）など，糖骨格を改変したさまざまな人工核酸が設計・合成されている．ヌクレアーゼ耐性をもつだけでなく，DNA ポリメラーゼによる転写・複製やインビトロセレクションへの応用も行われている[2]．

一方で，糖骨格をもたない非環状構造の人工核酸も設計されている[3]．GNA（glycol nucleic acid/glycerol nucleic acid）や SNA（serinol nucleic acid）は，糖部位をもつ核酸アナログと比べて合成が容易であり，機能性核酸の開発や DNA ナノテクノロジー分野での応用も期待されている．さらに，リン酸ジエステル結合を置き換えた例として，ペプチドを主鎖にもつペプチド核酸（peptide nucleic acid：PNA）がある[4]．負電荷をもたないため，天然 DNA と安定な二重鎖を形成するという特長がある．

5 人工核酸塩基対の設計化学

もう一つの人工 DNA の設計戦略として，ワトソン-クリック型の天然核酸塩基対の改変があげられる．天然核酸塩基の化学修飾による機能化の例は枚挙にいとまがないが，ここでは核酸塩基対そのものを新たに設計した例を示す（図4）．人工塩基対の開発は，遺伝暗号の拡張や高機能 DNA アプタマーの創製など，合成生物学から創薬応用まで進展が著しい分野である[5]．

人工核酸塩基対の分子設計においては，塩基対のサイズ・形状が DNA 二重鎖構造にフィットすることに加えて，相補的な塩基対形成のための分子認識の設計が重要となる．最初に提案された人工塩基対の設計戦略は，天然塩基対の形状を維持したまま，水素結合パターンを組み替えるというものであった〔図4（a）〕．天然核酸塩基のグアニン（G）およびシトシン（C）のアミノ基とカルボニル基を入れ替えたイソグアニン（iG）とイソシトシン（iC）は，水素結合を介した iG-iC 塩基対を形成する．ケト-エノール互変異性による選択性の低下などの問題があったため，それを改良した P-Z 塩基対などが設計された．

一方で，水素結合をもたない疎水的な人工塩基対の例もある〔図4（b）〕．たとえば，最初に開発された疎水性人工塩基対を出発点として，広範なスクリーニングにより 5SICS-NaM 塩基対などの塩基対がつくられている．Ds-Px 塩基対は，核酸塩基の形状の相補性を主眼に設計された人工塩基対である．天然塩基とペアをつくらないように，ニトロ基を導入するなどの工夫がなされている．

いずれの人工塩基対も DNA ポリメラーゼによる複製・PCR 反応で機能することが報告されている．DNA ポリメラーゼによる基質の認識には，チミンやシトシンの 2 位カルボニル基のように，マイナーグルーブ（副溝）側のプロトンアクセプターが重要であることが知られている．このような生体機能のメカニズムに関する知見も，人工塩基対の分子設計に活かされている．

6 金属錯体型人工塩基対の設計化学

筆者らは 1999 年に，新たな人工核酸塩基対の設計原理として，核酸塩基間の水素結合を金属配位結合に置き換えた「金属錯体型人工塩基対」を提案した[6,7]（図5）．核酸塩基部位として金属配位子を導入した人工ヌクレオシドを設計し，特定の金属イオン存在下でのみ，金属錯体形成により塩基対をつくるというアイデアであった．金属錯体型人工塩基対の分子設計においては，（1）サイズや形状が天然核酸塩基対に近いこと，（2）DNA 二重鎖の塩基対間に積層するよう平面的な配位構造をとること，さらに（3）用いる金属イオンが配位子型人工ヌクレオシドと選択的に金属錯体を形成すること，（4）目的の濃度・pH 範囲での定量的な金属錯体形成が可能であることなどを考慮する．金属イオンはその種類や酸化数によって，配位構造や熱力学的安定性（錯体形成定数），速度論的特性（配位子交換速度）が異なるため，配位子・金属イオン種双方の設計・選択が重要である．

当初の分子設計は，ヌクレオシドの核酸塩基部位を二座配位子である o-フェニレンジアミンに置き換えたものであった（図6）．平面四配位構造をとる Pd（II）イオンを用い，ヌクレオシドレベルで Pd（II）イオンを介した金属錯体型塩基対 **1** の形成を示した[6]．これを皮切りに，二置換ベンゼン型や類似構

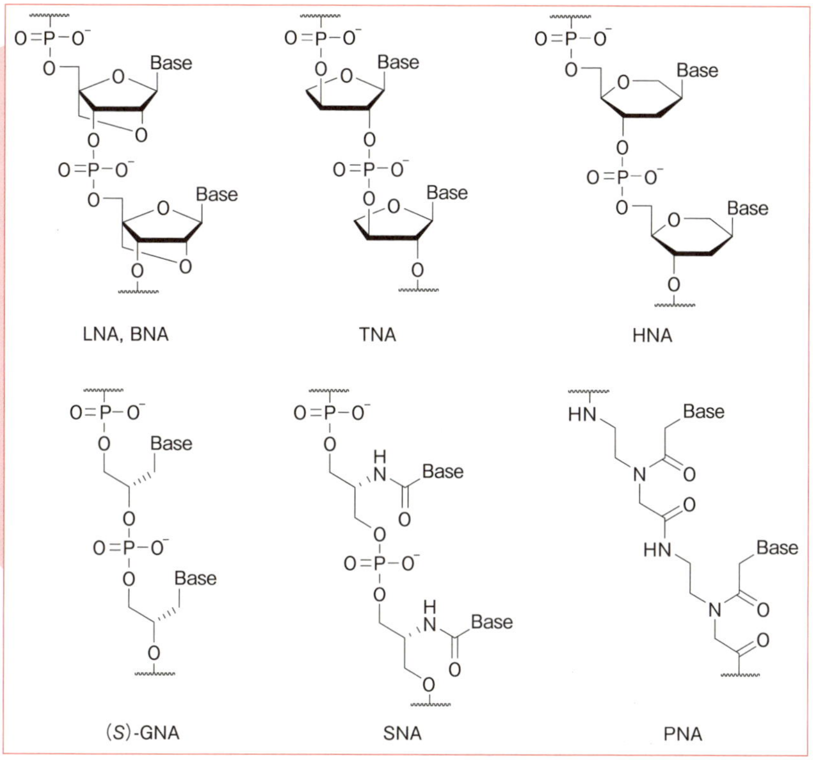

図3 主鎖を改変した人工核酸の分子設計

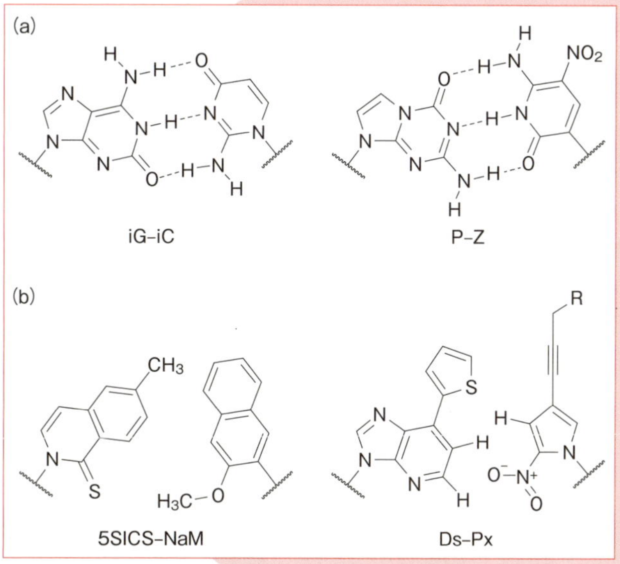

図4 人工核酸塩基対の分子設計
（a）水素結合型人工塩基対，（b）水素結合をもたない人工塩基対．

造のさまざまな配位子を設計し，金属錯体型塩基対の構築を試みた．なかでも，平面四配位型のヒドロキシピリドン-Cu(Ⅱ)錯体を用いた H-Cu(Ⅱ)-H 塩基対(**2**)は，DNA 二重鎖中でも安定に形成することがわかった[8]．複数の H-Cu(Ⅱ)-H 塩基対を連続して DNA 二重鎖中に導入することも可能であり，DNA を鋳型とした Cu(Ⅱ)イオンのナノ集積化も実現された[9]．さらに集積した Cu(Ⅱ)イオン間の磁気相互作用の発現[9]や，DNA の導電性制御[10]にも応用できた．最近では，鋳型非依存性 DNA ポリメラーゼを用いた酵素合成にも展開している[11]．

目的とする性質・機能をもつ分子の開発に成功したとき，その化合物を出発点として，分子設計に改良を加えたり，より高次の機能を目指した設計変更を行ったりすることも，しばしば採用される戦略である．筆者らも，塩基対 **2** をリード化合物として，金属錯体型人工塩基対の分子設計を行ってきた(図 6)．塩基対 **3** では，金属配位部位である H ヌクレオシドのカルボニル酸素を硫黄原子に置換した[12]．Pt(Ⅱ)や Pd(Ⅱ)などソフトな金属イオンとの親和性が高くなり，金属種選択的な塩基対形成が可能な設計である．塩基対 **4** は，配位部位の構造は塩基対 **2** と類似しているが，天然塩基のウラシルの 5 位に配位性官能基(OH 基)を導入したヒドロキシウラシル(U^{OH})を配位子型核酸塩基として用いた[13]．U^{OH}塩基は金属錯体型塩基対 **4** のみならず，天然のアデニン(A)とワトソン-クリック型の U^{OH}-A 塩基対も形成しうる．Gd(Ⅲ)イオンを介した塩基対 **4** は平面構造でない可能性が高いが，金属イオンによる塩基対形成のスイッチングや DNA 鎖交換反応，DNA 合成酵素による U^{OH} の導入といった新機能を期待した設計である．

ほかにも，多様な分子設計戦略に基づいた金属錯体型塩基対が報告されている[7]．Ag(Ⅰ)，Hg(Ⅱ)，Cu(Ⅱ)，Ni(Ⅱ)，Mn(Ⅲ)などのさまざまな金属イオン種が使われており，配位原子の種類(O, N, S など)や配位子の構造も多岐にわたる．その多くは，[1+1]型あるいは[2+2]型の対称性の高い配位構造である(図 7 (a))．単座配位子に基づく分子設計の例として，ピリジン-Ag(Ⅰ)やイミダゾール-Ag(Ⅰ)(**5**)の 2：1 錯体をもとにした人工塩基対が，また二座配位子を用いた例には，ビピリジン-Cu(Ⅱ)錯体やキノリノール-Cu(Ⅱ)錯体(**6**)があげられる．最近では，2 個の金属イオンを介した二核錯体型の金属錯体型塩基対(**7**)も報告されている．一方，天然塩基対と同様の非対称な塩基対を目指して設計されたのが，三座配位子と単座配位子の組合せによる[3+1]型のヘテロ塩基対である(図 7 (b))．ほかにも，さまざまな特徴のある金属錯体型人工塩基対[10]が設計されており，たとえばサレン錯体型の塩基対は，可逆的共有結合による架橋構造をもち，非常に高い熱的安定性を示す(図 7 (c))．最近では，有機金属錯体を用いた人工塩基対[11]も報告されている(図 7 (d))．なお，塩基対 **9** および塩基対 **10** は DNA ポリメラーゼに認識され，プライマー伸長反応や PCR 反応が進む点でも興味深い．

7　金属錯体型 DNA 超分子

配列設計や自己集合の設計も，生命分子の構造形成や機能発現において重要な点である．たとえば，DNA はその塩基配列に基づき，分岐構造や四重鎖構造など多様な構造をつくることができる．さらに DNA オリガミなど，うまく配列を設計することでナノスケールの二次元・三次元構造体の構築も可能となっている．

金属錯体型人工 DNA の場合でも，二重鎖中で形成する金属錯体型塩基対(2：1 錯体)だけでなく，多種多様な構造を設計できる[14]．筆者らは，三叉路型 DNA 分岐構造の中央にビピリジン配位子(bipyridine ligand：bpy)を共有結合で連結し，3：1 錯体[$Ni^{II}(bpy)_3$]の形成によりクロスリンクされる金属錯体型 DNA 分岐構造を構築した[15](図 8 (a))．さらに，Ni(Ⅱ)イオンの添加・除去をトリガーとした「DNA 二重鎖構造⇄三叉路構造」の相互変換へと展開した．またピリジン配位子(pyridine ligand：py)を導入した DNA 鎖を用い，4：1 錯体[$Cu^{II}(py)_4$]形成に基づく G 四重鎖の構造制御やアプタマーの機能制御を行った報告もある[16](図 8 (b))．

8　完全人工分子の設計化学

生命分子ならではの機能を人工分子で再現・模倣することも，興味深いアプローチである．自己複製

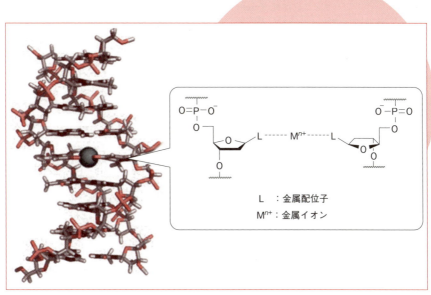

図5 金属錯体型人工塩基対の設計

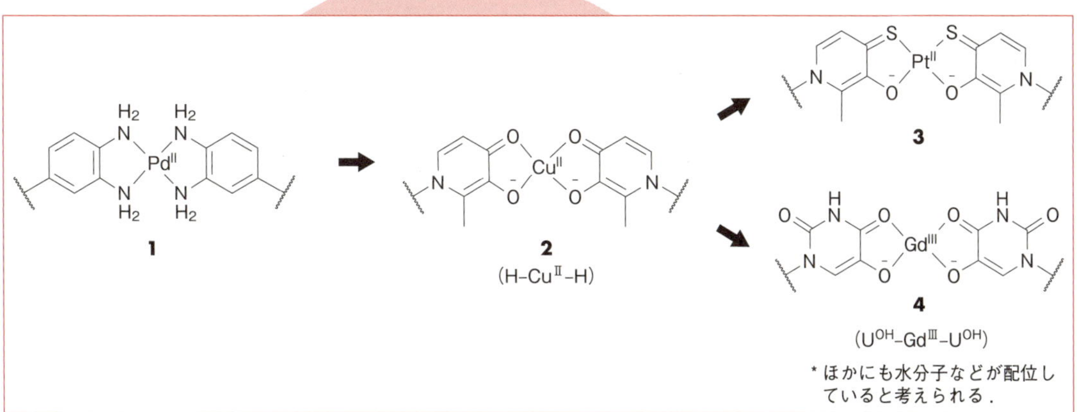

図6 金属錯体型人工塩基対の分子設計の変遷

系や情報伝達系の実現や，ホモキラリティーの発現などを目指し，さまざまな人工分子が設計されてきた．たとえば，Leighらは超分子のロタキサン構造を利用して，環状分子が軸分子上を移動しながら，順番にアミノ酸の化学的ライゲーション反応が進行するペプチド合成システムを報告している[17]．生体内のリボソームと比べると未熟ではあるが，分子設計の妙である．このように分子設計の探究は，生命の本質の理解や生命機能を凌駕する人工分子システムの創製につながると期待される．

9 おわりに

生命分子を基にした機能分子の設計を考えていると，生命分子がいかに巧妙にできているかに気付かされる．本章では，筆者らの研究分野を中心に分子設計の方針を概説したが，生命分子の機能を超えるための分子設計にはさまざまなアプローチがある．分子シミュレーションをはじめとする有力なツールも増えてきた．また，スクリーニングの戦略やセレクションの方法を確立することも，広い意味での分子設計といえるだろう．本書には最前線の研究内容が多数述べられている．生命分子の構造と機能を分子設計という視点で眺めることは，次世代の科学を牽引する新たなリード化合物の誕生につながるであろう．

◆ 文 献 ◆

[1] G. Houlihan, S. Arangundy-Franklin, P. Holliger, *Acc. Chem. Res.*, **50**, 1079 (2017).

[2] V. B. Pinheiro, A. I. Taylor, C. Cozens, M. Abramov, M. Renders, S. Zhang, J. C. Chaput, J. Wengel, S.-Y. Peak-Chew, S. H. McLaughlin, P. Herdewijn, P. Holliger, *Science*, **336**, 341 (2012).

[3] H. Kashida, K. Murayama, H. Asanuma, *Polymer J.*, **48**, 781 (2016).

[4] P. E. Nielsen, M. Egholm, R. H. Berg, O. Buchardt, *Science*, **254**, 1497 (1991).

[5] (a) K. H. Lee, K. Hamashima, M. Kimoto, I. Hirao, *Curr. Opin. Biotechnol.*, **51**, 8 (2018); (b) A. Feldman, F. E. Romesberg, *Acc. Chem. Res.*, **51**, 394 (2018).

[6] K. Tanaka, M. Shionoya, *J. Org. Chem.*, **64**, 5002 (1999).

[7] Y. Takezawa, J. Müller, M. Shionoya, *Chem. Lett.*, **46**, 622 (2017).

[8] K. Tanaka, A. Tengeiji, T. Kato, N. Toyama, M. Shiro, M. Shionoya, *J. Am. Chem. Soc.*, **124**, 12494 (2002).

[9] (a) K. Tanaka, A. Tengeiji, T. Kato, N. Toyama, M. Shionoya, *Science*, **299**, 1212 (2003); (b) K. Tanaka, G. H. Clever, Y. Takezawa, Y. Yamada, C. Kaul, M. Shionoya, T. Carell, *Nat. Nanotech.*, **1**, 190 (2006).

[10] S. Liu, G. H. Clever, Y. Takezawa, M. Kaneko, K. Tanaka, X. Guo, M. Shionoya, *Angew. Chem., Int. Ed.*, **50**, 8886 (2011).

[11] T. Kobayashi, Y. Takezawa, A. Sakamoto, M. Shionoya, *Chem. Commun.*, **52**, 3762 (2016).

[12] Y. Takezawa, K. Tanaka, M. Yori, S. Tashiro, M. Shiro, M. Shionoya, *J. Org. Chem.*, **73**, 6092 (2008).

[13] (a) Y. Takezawa, K. Nishiyama, T. Mashima, M. Katahira, M. Shionoya, *Chem. Eur. J.*, **21**, 14713 (2015); (b) K. Nishiyama, Y. Takezawa, M. Shionoya, *Inorg. Chim. Acta*, **452**, 176 (2016).

[14] "DNA in Supramolecular Chemistry and Nano-technology," ed. by E. Stulz, G. H. Clever, Wiley (2015).

[15] (a) J.-L. H. A. Duprey, Y. Takezawa, M. Shionoya, *Angew., Chem., Int. Ed.*, **52**, 1212 (2013); (b) Y. Takezawa, S. Yoneda, J.-L. H. A. Duprey, T. Nakama, M. Shionoya, *Chem. Sci.*, **7**, 3006 (2016).

[16] D. M. Engelhard, J. Nowack, G. H. Clever, *Angew. Chem., Int. Ed.*, **56**, 11640 (2017).

[17] (a) B. Lewandowski, G. De Bo, J. W. Ward, M. Papmeyer, S. Kuschel, M. J. Aldegunde, P. M. E. Gramlich, D. Heckmann, S. M. Goldup, D. M. D'Souza, A. E. Fernandes, D. A. Leigh, *Science*, **339**, 189 (2013); (b) G. De Bo, M. A. Y. Gall, S. Kuschel, J. De Winter, P. Gerbaux, D. A. Leigh, *Nat. Nanotech.*, **13**, 381 (2018).

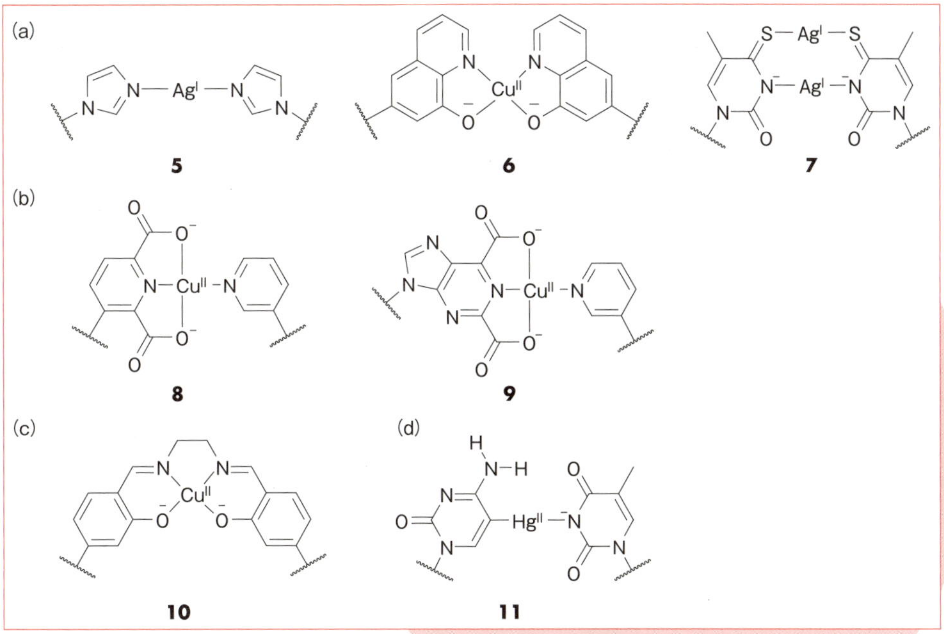

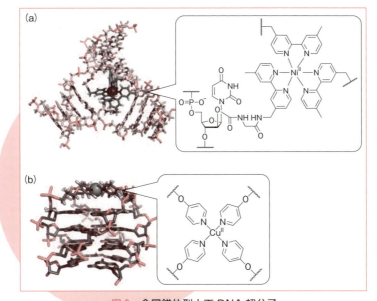

図7 さまざまな金属錯体型人工塩基対
（a）対称な金属錯体型人工塩基対，（b）非対称な金属錯体型人工塩基対，（c）共有結合で架橋された金属錯体型人工塩基対，（d）有機金属錯体型人工塩基対．

図8 金属錯体型人工DNA超分子
（a）三叉路型分岐構造，（b）四重鎖構造．

Chap 2
Basic Concept-2
生命分子の機能を超えるための有機合成

花島 慎弥　村田 道雄
(大阪大学大学院理学研究科)

1　はじめに

　生命機能を司る有機小分子は，有用成分として細胞に取り込まれたり，受容体に結合してシグナルを伝えたりすることで細胞を制御する分子として働くほか，脂質二重膜のような細胞構造を構成する要素として存在する．このような生体分子はわれわれの体内で生合成されるものも多いが，栄養素や薬剤のように，ほかの生物が産生したものや，人工的に合成されたものも含まれる．生命現象を司る有機分子の機能を明らかにするためには，高純度の化合物が充分供給されることが重要である．

　さらに，これらの分子プローブを作製するためには，生体分子の全合成や化学的修飾が必要となる．それには，生体分子の化学合成に関する基礎知識が重要となるので，本章では生体分子の基本的な化学合成法と合成した分子プローブの使い方を中心に解説する．

2　生体分子の合成方法

2-1　核酸やペプチドの合成

　核酸やタンパク質などは一次代謝物とよばれており，これらの化学合成研究は医学・薬学を含む生命科学全般にわたって重要な役割を果たしてきた．1984年にノーベル化学賞を受賞したMerrifieldによってはじめられた固相法が契機となり，アミノ酸の直鎖状ポリマーであるタンパク質(ここではおもにペプチド)の化学合成の効率化・迅速化が格段に進んだ．核酸やペプチドは，ガラスビーズやポリスチレン樹脂上に共有結合させて，ポリマー鎖の伸長-脱保護反応を繰り返す合成法が確立され，委託合成によっても比較的に安価に調達できるようになった．

　液相合成では，反応せずに残った原料や過剰の試薬の除去が大きな問題となるが，固相合成では担体を溶媒でよく洗うだけで容易に取り除くことができるのが最大の利点である．また，天然型の核酸やアミノ酸の種類が限定されているため，適切な保護基の入った合成ユニットを購入すれば，すぐに連結反応が開始できる．固相法の原理を利用した自動合成装置が市販されており，一般的な配列であればある程度の鎖長までは比較的容易に化学合成することが可能である．

　現在，化学合成した核酸はDNA伸長のプライマーや遺伝子発現を制御するアプタマー合成をはじめ，広範な研究開発に利用されている．DNAの化学合成は，1968年にノーベル生理学・医学賞を受賞したKhoranaの先駆的研究が契機となって飛躍的に発展した．この方法は，核酸ユニットを多孔質ガラス単体に担持させて，構成単位であるヌクレオシドのアミダイトユニットをデオキシリボース5'位に連結する(図1)．つづいて一部の未反応のヒドロキシ基をアセチルキャッピングし，リン酸部分をヨウ素によって酸化する．さらに，次のヌクレオシドの連結に必要な，ヒドロキシ基を再生するためにDMTr基〔ジ(p-メトキシフェニル)フェニルメチル基〕をトリクロロ酢酸で脱保護する．このサイクルを繰り返してDNAを順次伸長させる．なお，反応系中の塩基(base)中に存在するアミノ基はアミド基保護しておく必要がある．最後に，固相から切りだして，脱保護，精製することで目的のDNA鎖が合成される[1]．

　ペプチド合成は，タンパク質ドメインや抗原ペプチドのような数十残基程度の鎖の調製に用いられる．

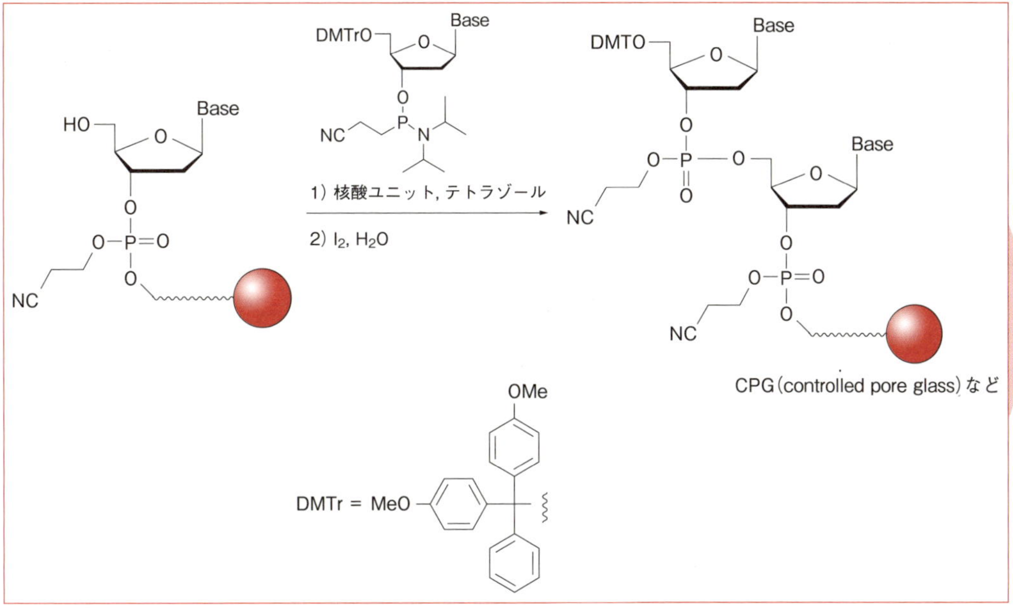

図1 合成装置に用いられる DNA 固相合成反応の例

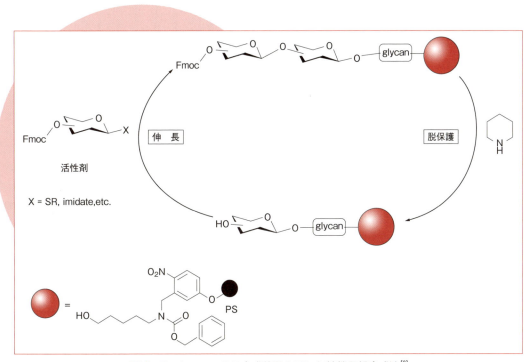

図2 Seeberger らの合成装置を用いた糖鎖固相合成法[3]

タンパク質は生体内では頻繁にリン酸化や糖鎖導入などの翻訳後修飾を受けるため，これらの調製は一般的なタンパク質工学的手法では困難なことが多く，化学合成の出番となる．ペプチド固相合成はアミノ酸ユニット主鎖の保護基に酸性で除去する tert-ブトキシカルボニル(Boc)基と塩基性で除去する 9-フルオレニルメトキシカルボニル(Fmoc)基を用いる場合がある．これらはそれぞれ Boc 法，Fmoc 法とよばれ，配列や修飾残基などにより，適切なほうが選択される．詳細は大学院レベルの教科書に収載されているので参照されたい[2]．

2-2 糖鎖や脂質の合成

糖鎖や脂質のような生体分子は，タンパク質や核酸より分子量が小さく，生体中では類縁体の混合物として存在している(構造多様性)．それぞれの分子の役割や構造活性相関を知るためには，有機合成を用いて純粋な分子を得る必要がある．糖鎖に関しては，核酸やペプチドのような固相合成法はいまだ開発途上であり，ごく一部が実用化されているに過ぎない．

近年，Seeberger らはペプチド固相合成法を発展させた糖鎖固相合成法を開発して，さまざまな糖鎖の自動合成が達成できることを報告している(図2)[3]．この方法では，Fmoc 基で保護した糖ユニットと，ポリスチレン固相樹脂上に担持した糖受容体をカップリングして糖鎖伸長を行う．さらに必要に応じてアセチルキャッピングを施し，未反応のヒドロキシ基をブロックする．これを 1 サイクルとして糖鎖伸長を行い，最後に樹脂からの切りだしと脱保護，精製をすることで目的の糖鎖が得られる．しかし，糖鎖は複雑かつ多様な分岐構造をもつため，それらの選択的合成にはヒドロキシ基保護のパターンを異にする膨大な数の糖ユニットが必要になる．これらを市販品として提供することは将来的にも困難であると思われる．糖鎖の自動合成を実用化するためには，選択的に脱保護できる複数の保護基を導入した保護糖を含めて，新しい糖ユニットの創出が必要であろう．また，固相合成法以外にもマイクロ流路を用いた新たな効率的合成法などが利用できる可能性があり，現在も研究途上である．

細胞膜は，リン脂質やステロール，糖脂質などの多種多様な脂質分子で構成されている．さらに，リン脂質のもつアシル鎖は C_{14}〜C_{24} を中心とした炭素鎖長と 0〜6 の不飽和結合をもつものが混在しており，高い構造多様性を与えている[4]．一方で，脂質分子それぞれの構造は比較的単純であるため，脂質分子を合成する場合は液相での有機合成法が行われている．ここでは，細胞膜の主要な脂質の一つであるスフィンゴミエリンの化学合成を例として挙げる(図3)．スフィンゴミエリンは二つの不斉炭素をもつが，このうち一つを天然アミノ酸の L-セリンの不斉中心を利用して，合成を進める[4]．得られたビニルケトンを還元すると，望む立体配置をもつアルコールが選択性よく得られる．ここに第 2 世代の Grubbs 触媒によるオレフィンメタセシス反応を用いてアルケン側鎖を導入し，鍵中間体を得て，さらにリン酸コリン頭部基と脂肪酸を導入すれば，スフィンゴミエリンの合成が達成できる．

2-3 天然物の合成

有機分子の生物機能を明らかにするために，有機合成化学が活躍してきた．天然から微量にしか得られない天然物なども，化学合成により原理的には純粋な分子を必要な量だけ調達することができる．強力な生物活性をもつ天然物は数多く知られており，抗生物質は感染症の治療にとどまらず，抗がん剤や免疫抑制剤として幅広く実用化されている．図 4 には，歴史的に重要な化合物であり，いまなお重用されているペニシリン G，ストレプトマイシン，アンフォテリシン B の化学構造を示した．このように多様で複雑な天然物の化学合成は数多く達成されているが，職人芸的な合成技術と深い洞察力を必要とするものが多く，ペプチドや DNA のような自動合成は不可能と考えられている．

最近，炭素－炭素結合形成反応とその後の精製操作を自動化することによって，天然物や薬物を含む多様な構造を合成する戦略が注目を集めている[7]．たとえば，Burke らは，炭素－炭素カップリング反応を巧みに用いて，図 5 に示す化合物群を自動的に合成する手法とその装置を開発している[8]．ここでは図 6 に示すように，最初の炭素－炭素結合形成は根岸カップリングが用いられている．注目すべきは，一方のヨードオレフィンにはボロン酸エステルが存

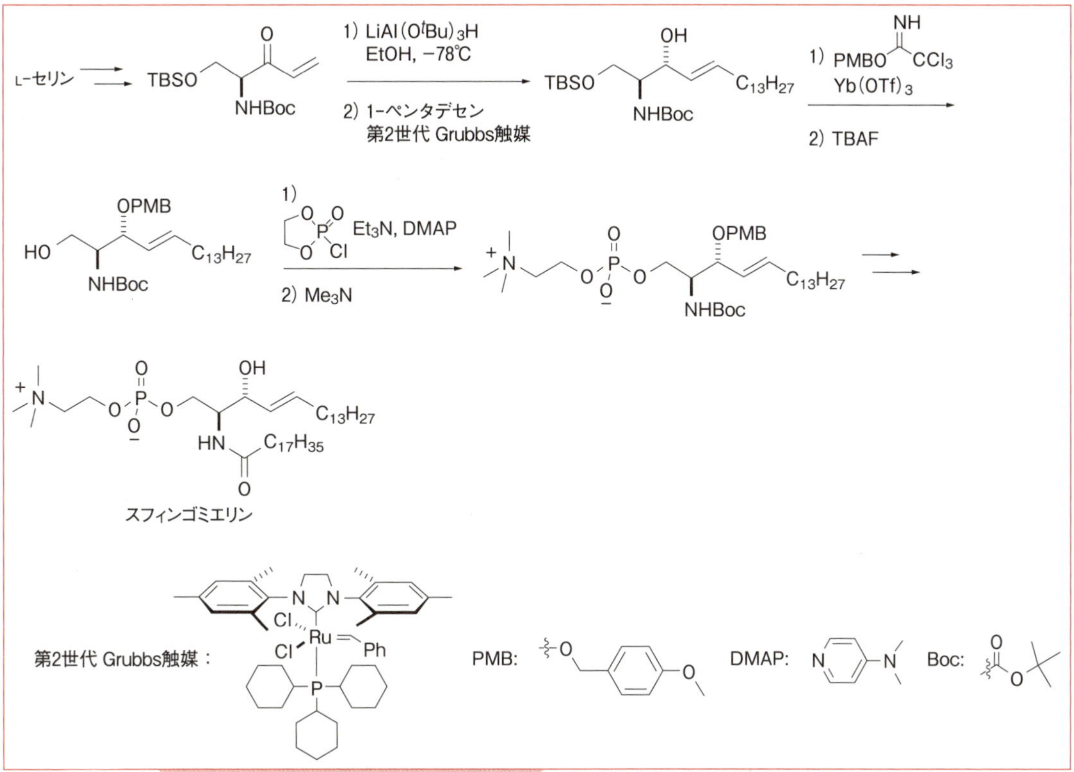

図3 細胞膜の主要な脂質であるスフィンゴミエリンの合成[5, 6]

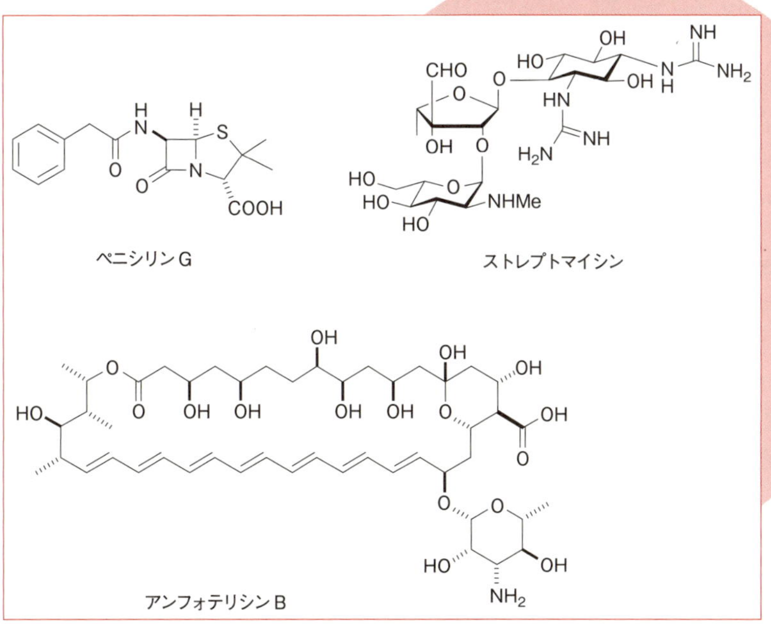

図4 抗生物質の構造

在するが，触媒のパラジウムでは活性化されないことである．次のステップで，生成物を塩基で処理することによって活性なボロン酸エステルを再生して，2回目の炭素−炭素結合形成である鈴木−宮浦カップリングに供している．すなわちこの種の合成法では，ペプチド合成と同様に保護した官能基をカップリング後に脱保護し，次のカップリングを行うことが可能となっている．カップリングによって炭素−炭素結合が生成しているので，原理的には天然物をはじめとした多様な炭素骨格構造をつくることができる手法であるといえる．

3 生体分子の機能を探る分子プローブの合成

天然物の作用メカニズムを解明するためには，構造活性相関を知ることが重要である．つまり，元の分子の構造を少しずつ変えた誘導体を数多く合成し，その生物活性の大小の比較を行う．その際，生物活性に直接関係のない構造部分を知ることもまた役に立つ．このような部分にビオチンや蛍光基のような標識を導入することで，元の分子の生物活性を保ったまま，分子の機能を探るための分子プローブをつくることができる．

蛍光部位をもつ分子プローブは，元の生物活性分子の代謝や，結合する標的分子（タンパク質など）の細胞中での局在を可視化するためのイメージング実験に用いられている．一つの分子プローブのなかに，生物活性を担う部位と標識となる部位の両方をもたせるためには，合成上の工夫が必要である．すなわち，分子の全合成や部分合成によってあらかじめ標識基を含めて合成する方法，または標識基を導入できる「ハンドル」を合成途中で導入しておく方法がよく用いられる．合成困難な天然物や容易に調達できる化合物の場合には，もともとある官能基に選択的に標識を導入することも行われる．

標識の種類はその検出方法に依存して多岐にわたる．水素，炭素，ヨウ素の放射性同位体で標識するとシンチレーション検出やβ線での検出が可能となり，^2H，^{13}C，^{15}Nなど安定同位体で標識するとNMR，質量分析，赤外・ラマン分光による検出が可能となる．あらかじめ目的の分子構造の一部にこのような同位体を導入できれば，分子本来の化学的および生物学的性質が保たれるので，最も望ましい標識法の一つである．たとえば，図3に示すスフィンゴミエリンの合成において，あらかじめ^{15}N標識や^{13}C標識が施された市販のL-セリンを出発原料に用いることで，このような標識体を得ることができる[5]．重水素を用いてアルキル鎖のような部位をすべて標識する場合は，おもに分子間相互作用の変化によって化合物の性質が少し変化することもあるので注意を要する．同位体標識を導入する際は，化学合成が一般的であるが，産生生物が培養可能なときには，標識アミノ酸や糖のような生合成前駆体を培地から取り込ませることによって，目的化合物の標識体を入手することが可能である．

放射性同位体による標識は非常に高感度であるが，専用の施設と設備が必要であることなど実験を実施するうえで不便な点も多い．そこで現在では標識の一つとして蛍光基が広く用いられている．蛍光標識も非常に感度よく検出でき，顕微鏡と組み合わせることも容易なので，細胞生物学における強力なツールとなっている[9]．蛍光団として，末端にアミノ基やカルボキシ基をもつもの，その活性化エステルとなっているもの，アジド基や末端アルキンをもつものなど，多様な標識試薬が市販されている．蛍光標識を行う際の化学反応についても，無水条件や高温を必要としない比較的温和な条件の下で，生体分子に導入できるものが多い．たとえば，頭部のメチル基の一つをプロパルギル基で置換したスフィンゴミエリンを合成しておくことで，アジド基をもつ蛍光団を容易に導入することができる（図7）．

多様な励起−蛍光波長をもつ蛍光分子がすでに市販されているが，優れた蛍光団は大きなπ電子系をもつものが多く，分子量が比較的大きく，疎水的になる傾向がある．とくに分子量の小さな生体分子へと導入する場合は，蛍光団の種類や親水性，導入位置などに細心の注意を払う必要がある．また，蛍光基などの標識基を導入することによって本来の生物活性がしばしば損なわれることがある．生物活性のメカニズム研究に用いる分子プローブでは，標識を導入した後に，元の活性がある程度保持されていることを確かめる必要がある（これを怠ると実験結果はまったく無意味なものになる）．

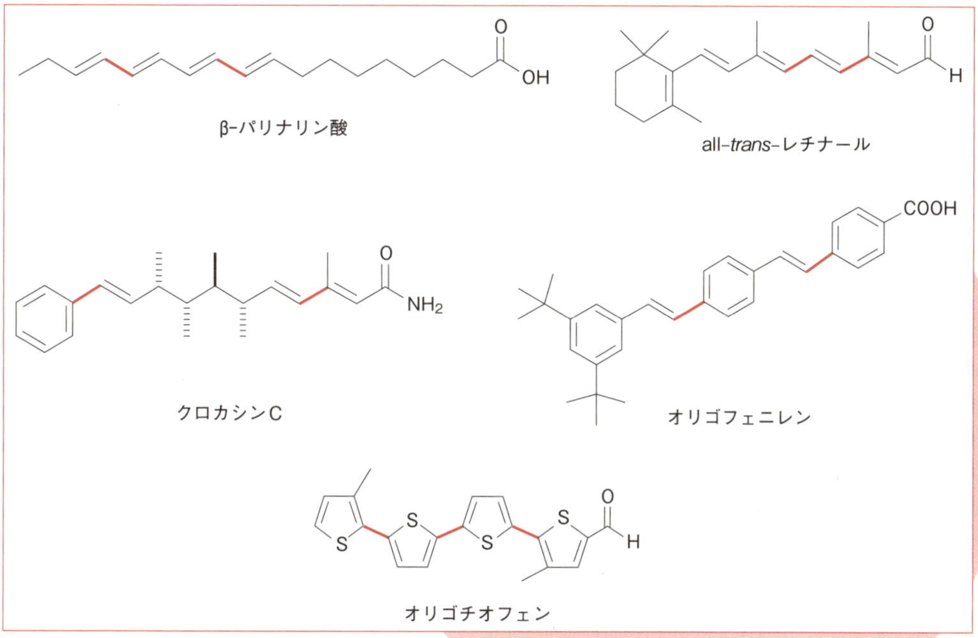

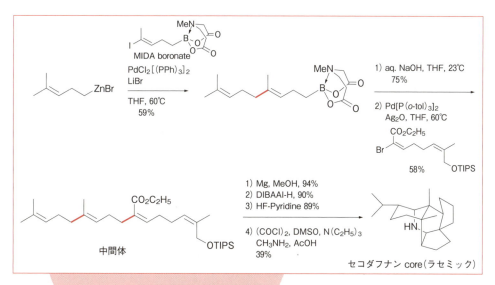

図5　自動合成装置によって全合成が達成された化合物の例
太線(赤線)は構成ユニットをカップリングして生成した結合を示す(文献8).

図6　自動合成装置を利用した天然物合成の例
上の2ステップでは太線(赤線)で示した結合の形成が生じており，中間体までは自動化が可能である．最後の矢印の反応群は通常の合成法による(文献8).

タンパク質と低分子リガンドとの複合体解析をするうえでも分子プローブが役に立つことが多い．たとえば，糖鎖や脂質のように結合状態でもリガンドの運動性が高いような複合体の結晶X線構造解析では，標識の導入が有効である[11,12]．この場合，とくにリガンドの電子密度が検出しにくく，結合位置の決定がむずかしい．そこで，リガンドの一部に電子密度が高いセレンのような重原子をあらかじめ導入しておく方法がある[13]．セレン原子はバックグラウンドと比較して高い電子密度をもつとともに，その異常散乱を観測できれば，タンパク質-リガンド複合体の電子密度の海に浮かぶセレン原子の位置を見つけることができる（図8）．

おわりに

生体分子のなかでも，核酸やペプチドでは自動合成がルーティン化しており，これらの調達は迅速で安価になった．しかし，ペプチド合成が容易になったといえども，翻訳後修飾タンパク質や，疎水的な膜貫通領域に対するペプチドなどの合成や精製はいまだ困難であり，挑戦的な研究課題といえる．糖鎖は自動合成などの開発が試みられているが，広く普及するにはまだまだ時間を要する．それまでは脂質合成のように必要な構造を個別に化学合成していくことになるだろう．

生体分子の機能解明のためには，標識を施した分子プローブを作製することがきわめて重要である．ポジトロン断層法（positron emission tomography：PET）の例が示すように標識基の選択は検出方法に依存するため，生命科学の原子レベル化とともに画期的な検出法（および標識法）の研究に注目が集まるようになってきた．生体分子の機能解明は，生物学者・医学者と合成化学者が密接に共同研究を行うことによって，初めて可能となることが広く認識されつつある．幸い日本の大学には，理学，工学，農学，薬学に化学合成を行う研究室が存在する．これら多様な環境において多くの合成化学者が化学・生物学融合分野の発展に貢献している．今後も生体分子や天然物の化学合成が関連技術の開発や発達とともに多様な展開を見せることであろう．

◆ 文 献 ◆

[1] 橋本祐一，村田道雄 編著，『生体有機化学』，東京化学同人（2012）．
[2] 例として，野依良治 編，『大学院講義有機化学II（第2版）』，東京化学同人（2015）．
[3] H. S. Hahm, M. K. Schlegel, M. Hurevich, S. Eller, F. Schuhmacher, J. Hofmann, K. Pagel, P. H. Seeberger, *Proc. Natl. Acad. Sci.*, **114**, E3385（2017）．
[4] 梅田真郷 編，『生体膜の分子機構』，化学同人（2014）．
[5] T. Yamamoto, H. Hasegawa, T. Hakogi, S. Katsumura, *Org. Lett.*, **8**, 5569（2006）．
[6] N. Matsumori, T. Yasuda, H. Okazaki, T. Suzuki, T. Yamaguchi, H. Tsuchikawa, M. Doi, T. Oishi, M. Murata, *Biochemistry*, **51**, 8363（2012）．
[7] M. Sanderson, *Nat. Rev. Drug Discovery*, **14**, 299（2015）．
[8] J. Li, S. G. Ballmer, E. P. Gillis, S. Fujii, M. J. Schmidt, A. M. E. Palazzolo, J. W. Lehmann, G. F. Morehouse, M. D. Burke, *Science*, **347**, 1221（2015）．
[9] 原口徳子，木村 宏，平岡 泰 編，『新・生細胞蛍光イメージング』，共立出版（2015）．
[10] M. Kinoshita, K. G. N. Suzuki, N. Matsumori, M. Takada, H. Ano, K. Morigaki, M. Abe, A. Makino, T. Kobayashi, K. M. Hirosawa, T. K. Fujiwara, A. Kusumi, M. Murata, *J. Cell Biol.*, **216**, 1183（2017）．
[11] 長谷俊治，高尾敏文，高木淳一 編，『タンパク質をみる』，化学同人（2009）．
[12] T. Nakane, S. Hanashima, M. Suzuki, H. Saiki, T. Hayashi, K. Kakinouchi, S. Sugiyama, S. Kawatake, S. Matsuoka, N. Matsumori, E. Nango, J. Kobayashi, T. Shimamura, K. Kimura, C. Mori, N. Kunishima, M. Sugahara, Y. Takakyu, S. Inoue, T. Masuda, T. Hosaka, K. Tono, Y. Joti, T. Kameshima, T. Hatsui, M. Yabashi, T. Inoue, O. Nureki, S. Iwata, M. Murata, E. Mizohata, *Proc. Natl. Acad. USA*, **113**, 13039（2016）．
[13] M. I. Hossain, S. Hanashima, T. Nomura, S. Lethu, H. Tsuchikawa, M. Murata, M. H. Kusaka, S. Kita, K. Maenaka, *Bioorg. Med. Chem.*, **24**, 3687（2016）．
[14] L. Buts, J. Bouckaert, E. De Genst, R. Loris, S. Oscarson, M. Lahmann, J. Messens, E. Brosens, L. Wyns, H. De Greve, *Mol. Microbiol.*, **49**, 705（2003）．

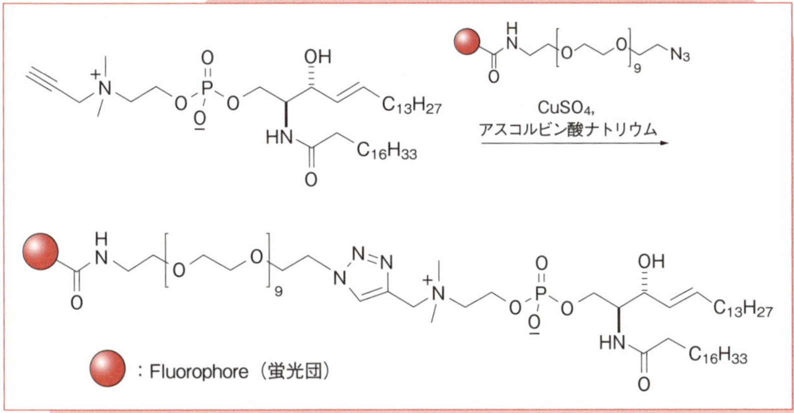

図7 Huisgen反応を用いた蛍光部位のスフィンゴミエリン頭部への導入[10]

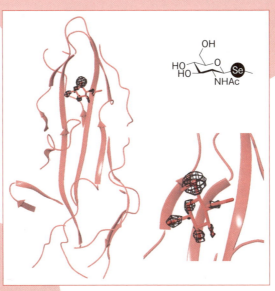

図8 セレン標識糖を用いた細菌レクチンとの結晶構造解析の例
黒のメッシュは電子密度を示す（PDB ID: 1O9V，文献14）.

Chap 2
Basic Concept-3
生命分子の機能を超えるための解析化学

吉村 英哲　小澤 岳昌
(東京大学大学院理学系研究科)

1　はじめに

　生物・生体は，微視的に捉えるとさまざまな生命分子が織りなす巨大システムである．これまでそのシステムの部品である生命分子の性質について，生化学的解析やX線散乱，核磁気共鳴などによる構造解析など，さまざまな手法を通じて知見が集められてきた．これらの知見を包括し，生命システムの作動原理を理解するためには，その部品が組み上がって作動しているシステムそのもの，すなわち生細胞や生物個体などのなかでまさに機能している部品(分子)について，観る(選択的に標識して標的を観察する)技術が必要となる．ここでは観る技術のうち，とくに生体分子を材料としたプローブ・ツールについて，生体内の物質や現象を可視化する原理と事例を概説する．

2　生体分子を観る化学

　「観る技術」には，二つの要素が必要となる．一つは標的分子を選択的に標識する技術，もう一つは標的分子に結合した情報を検出する技術である．すなわち，標的分子と選択的に結合し，何らかの手段で可視化検出できるプローブが必要となる．可視化検出の手法として，簡便性や感度，時間分解能などを考慮すると，光を用いる手法，とくに蛍光や発光が広く用いられている[1]．

　これまでにさまざまな蛍光タンパク質や有機蛍光色素が生体内の生命分子を観るために用いられてきた．とくに標的分子がタンパク質の場合は，遺伝子工学的手法により標的タンパク質と蛍光タンパク質の融合タンパク質を生体サンプル内に発現させる技術が確立している．この技術は標的分子の発現量が大きく変化することによる生理機能への影響や，蛍光タンパク質との融合による標的タンパク質の機能阻害が懸念されることもあるが，簡便かつ標的分子のみを選択的に標識できることから生命化学研究で広く用いられている．

　一方，小分子やイオン，核酸などを標的とする場合は，標的に結合する部分と結合に応答して蛍光性を示す部分からなるプローブを利用する必要がある．

2-1　蛍光タンパク質と発光タンパク質

　蛍光タンパク質は，1962年に下村 脩(当時，プリンストン大学)によりオワンクラゲから単離された緑色蛍光タンパク質(green fluorescent protein：GFP)が最初のものになる[2]．GFPは11本のβシートが円筒状のモチーフを形成する特徴的な構造(βバレル構造)をとり，その内部でセリン65，チロシン66，グリシン67が酸化反応を起こすことで，外部からの補因子などを必要とせず発色団が形成される(図1)．

　これまでに，クラゲ類に加えてサンゴなどの海洋生物由来のものや，天然の蛍光タンパク質をもとにランダムミューテーションなどの手法を経て人工的に開発された蛍光タンパク質も多数報告されている．また近年，異なるファミリーに属する蛍光タンパク質が微生物から発見されている[3]．微生物由来の蛍光タンパク質は海洋生物由来のものと比較して蛍光波長が長く，生体透過性の高い近赤外領域の蛍光を示すことから注目されている．微生物由来の蛍光タンパク質は海洋生物由来のものと異なり，ビルベリジンなどの補因子を発色団として必要とする．

　蛍光タンパク質が外部からの励起光を必要とする

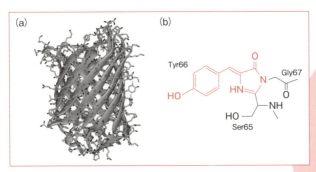

図1　蛍光タンパク質GFP構造
（a）GFP全体の立体構造．11本のβシートから成るバレル構造をとっている．（b）活性部位の化学構造．セリン65，チロシン66，グリシン67が反応することで，緑色蛍光を示す発色団（赤色で示した部分）が形成される．

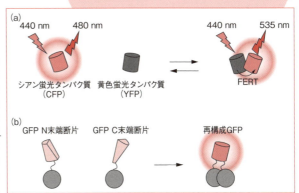

図2　FRETと二分割蛍光タンパク質再構成
（a）シアン蛍光タンパク質（CFP）と黄色蛍光タンパク質（YFP）間のFRET．二つのタンパク質間距離が離れている場合，CFPを励起するとそのままCFPの蛍光が放出される．CFPとYFPが近接すると，励起したCFPのエネルギーがYFPに移り，YFP由来の蛍光が放出される．（b）二分割GFPの再構成反応．二分割されたGFPの断片は蛍光性を失う．各断片に融合したタンパク質同士が相互作用すると，二つのGFP断片が近接することで再構成反応を起こし，全長GFPと同様の蛍光性を回復する．

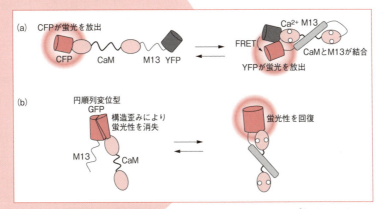

図3　蛍光タンパク質をツールとして用いた生体内 Ca^{2+} プローブ
（a）FRET型カルシウムセンサーCameleonの作動原理．CaMに Ca^{2+} が結合すると，同じセンサー内にあるM13とCaMが相互作用を示す．その結果CFPとYFPが近接しFRETを起こす．（b）カルシウムセンサーGCaMPの作動原理．構造歪みにより単独では蛍光性を示さない円順列変位型GFP（cpGFP）にCaMとM13が融合している．CaMへの Ca^{2+} 結合によりCaM-M13間相互作用が生じることでcpGFPの構造歪みが解消し，蛍光性を回復する．

のに対し，暗所で光を発する生物はそれ自身が光を生みだす発光タンパク質をもつ．その生物発光を生みだす代表的な発光タンパク質であるルシフェラーゼは，発光基質を酸化し，その際のエネルギーを光として放出する．ルシフェラーゼはホタルなどの昆虫由来のものと海洋生物由来のものに大きく分けられる．昆虫由来のルシフェラーゼはおもに D-ルシフェリンを基質とするのに対し，海洋生物由来のルシフェラーゼはおもにセレンテラジンを基質とする．発光タンパク質は励起光が不要であるため，励起光がとどきにくい生体深部の可視化検出に優れている．励起光由来の背景光も抑えられるため，高いシグナルノイズ比を示す利点もある．一方で発光強度の絶対値が低いため，高時間分解能の可視化観察には一般に向かない．ただし近年，発光タンパク質からの発光強度を改善する手法や強光度の発光タンパク質が開発されつつある（2-7 節）．

2-2　FRET と BERT

蛍光・発光プローブを用いて標的分子を検出するためには，標的分子に結合することでそのプローブの蛍光・発光特性が変化する必要がある．そのために用いられる手法の代表例が共鳴エネルギー移動である．蛍光共鳴エネルギー移動（FRET，近年は Fluorescence resonance energy transfer の略とされることもあるが，本来は Förster resonance energy transfer）は，二つの蛍光分子間で生じる共鳴エネルギー移動である．一方の蛍光分子（ドナー）の蛍光スペクトルと他方の蛍光分子（アクセプター）の励起スペクトルに重なりがあり，かつ二つの蛍光分子が近接している場合に，励起されたドナーのエネルギーがアクセプターに移動する．その結果，ドナーを励起するとアクセプターの蛍光が検出される〔図 2（a）〕．

エネルギー移動は蛍光団の双極子間相互作用により，エネルギー移動効率は距離の 6 乗に反比例する．したがって，ドナー・アクセプター間の距離の変化を FRET の有無によって鋭敏に検知できる．蛍光タンパク質を用いたものでは，シアン蛍光タンパク質（cyan fluorescent protein：CFP）をドナー，黄色蛍光タンパク質（yellow fluorescent protein：YFP）をアクセプターとした FRET が生体分子プローブに利用

される．また，ドナーとして発光タンパク質を用いた系は BRET（bioluminescence resonance energy transfer）とよばれる．

2-3　二分割蛍光・発光タンパク質の再構成

蛍光タンパク質や発光タンパク質を特定の位置で二つに切断した断片は，互いに近接すると全長の構造を取り戻し，蛍光・発光活性を回復する〔図 2（b）〕[4]．この二分割蛍光・発光タンパク質再構成法も生体分子プローブに用いられる．FRET や BRET と異なり，二分割断片は再構成することで蛍光・発光能を初めて示すため，FRET や BRET より高いシグナルノイズ比で標的分子を検出できる．一方で蛍光タンパク質再構成法の場合は再構成反応が不可逆であること（一度再構成したら解離しない）や，再構成反応に時間がかかる（発色団形成反応も含むため数十分程度，発光タンパク質再構成でも数分）などの欠点がある．

2-4　蛍光タンパク質を用いた Ca^{2+} プローブ

蛍光タンパク質や FRET などの手法を用いて開発されたプローブの一つとして，生細胞内で機能するカルシウムイオンプローブ（Ca^{2+} プローブ）が代表例としてあげられる．既存の蛍光タンパク質ベース Ca^{2+} プローブの多くは，Ca^{2+} との結合に依存して相互作用するカルモジュリン（Calmodulin：CaM）と M13 ペプチドを用いている．CaM に Ca^{2+} が結合することで CaM と M13 が相互作用してプローブ構造が変化することで，プローブの蛍光性が変化する[5]．蛍光性が変化するしくみは，大きく分けて二つある．一つは Cameleon や YC3.60 など，プローブに FRET ペアとなる二つの蛍光タンパク質が融合されており，Ca^{2+} に結合することでプローブの構造変化により FRET 効率の変化が生じるもの〔図 3（a）〕．もう一つは GCaMP や Pericam など，構造歪みの状態によって蛍光性を ON/OFF 変化する円順列変位型蛍光タンパク質をプローブに用い，プローブの構造変化により蛍光性が変化するものである〔図 3（b）〕．

2-5　RNA の可視化標識

メッセンジャー RNA（messenger RNA：mRNA）の細胞内局在がその細胞の運命決定や機能に重要な役

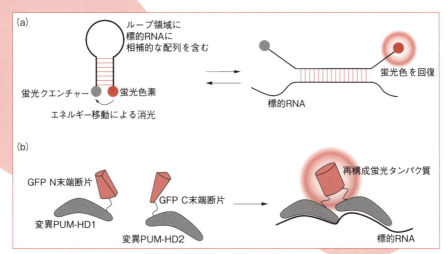

図4 RNA 可視化プローブ
(a) モレキュラービーコン．標的 RNA との相補鎖を含むオリゴ核酸の両末端に蛍光色素とクエンチャーを融合したもの．標的 RNA 非存在下ではステムループ構造をとることで蛍光色素とクエンチャーが近接し，蛍光性が失われる．標的 RNA に結合するとステムループ構造がほどけ，蛍光色素とクエンチャーが離れることで蛍光性を示すようになる．(b) PUM-HD を用いた RNA 標識可視化法．標的 RNA の2か所に結合するよう設計した PUM-HD 変異体2種類に二分割蛍光タンパク質断片をそれぞれ融合する．標的 RNA に2種類の PUM-HD 変異体が同時に結合することで蛍光タンパク質再構成反応が起こり，蛍光性が回復する．

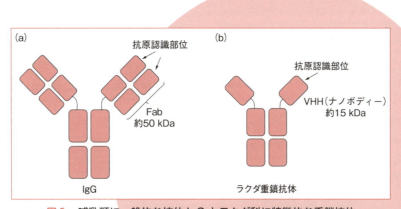

図5 哺乳類に一般的な抗体 IgG とラクダ科に特徴的な重鎖抗体
(a) 一般的な IgG の構造．2本の重鎖と2本の軽鎖からなる．パパイン処理して得られる抗原認識ドメインである Fab 領域は約 50 kDa の分子量をもつ．(b) ラクダ重鎖抗体．2本の重鎖のみから成る．単離できる抗原認識ドメイン VHH は約 15 kDa の分子量で，Fab と比較して非常に小さい．

割を果たしていることが知られている．また，機能性RNAが細胞機能を支えている事例や，異常RNAが疾患を引き起こすなど，RNAの重要性が脚光を浴びている．そこで生細胞内の標的RNAを可視化する技術が求められている．

RNA可視化プローブでは，標的RNA中の塩基配列を認識して結合し，蛍光を発する性質が求められる．これまでは，モレキュラービーコン法などのオリゴ核酸と有機蛍光色素を組み合わせた手法が代表的であった[6]．モレキュラービーコン法では，標的RNAと相補的な配列をもつオリゴ核酸の両末端に蛍光色素とクエンチャーを連結する．標的RNA非存在下では，モレキュラービーコンはヘアピン構造を取るように設計されており，蛍光色素は消光する．プローブが標的RNAに結合するとヘアピン構造が解消し，蛍光色素とクエンチャー間の距離が開くことで，蛍光が観察される〔図4（a）〕．

また，RNA結合タンパク質と蛍光タンパク質を用いて標的RNAを標識する技術が存在する[7]．RNA結合タンパク質ドメインPUM-HDは8回繰り返し構造をもち，特定の8塩基RNA配列と選択的に結合する．PUM-HDは，アミノ酸に部位特異的置換を施すことで，任意の8塩基RNA配列に結合する変位型PUM-HDをデザインできる．標的RNAの配列に2か所にあわせた変異PUM-HDを2種類作成し，それぞれに二分割した蛍光タンパク質を融合させRNAプローブとする．このプローブが標的RNAに結合すると，二分割蛍光タンパク質が近接し，再構成することで蛍光性を回復する〔図4（b）〕．また最近Cas9を用いた標的RNAの標識法も開発されており[8]，RNAの可視化技術は現在も発展中である．

2-6 ナノボディを用いた分子認識

近年，一般的な抗体IgGより小さく安定な人工抗体様分子が開発され，注目されている．代表的な抗体様分子として，ラクダ抗体由来分子であるナノボディがある[9]．通常，哺乳類の抗体IgGは重鎖と軽鎖からなるが，ラクダ抗体の一部は重鎖のみからなる（重鎖抗体）（図5）．このラクダ重鎖抗体の抗原認識ドメイン〔VHH（variable domain of heavy chain of heavy-chain antibody）ドメイン〕は約13 kDaからなり，IgGをパパイン処理して得られる分子認識ドメイン〔Fab（antigen-binding fragment），約50 kDa〕より小さく，熱やpH変化に対しても安定であるという利点がある．

このVHHを利用した分子認識ツールはナノボディとよばれている．ナノボディは高い分子認識能と小さなサイズにより，標的分子の特定の活性状態に対してのみ結合能をもつ．ナノボディの一つであるNb80はβアドレナリン受容体（ADRB2）の活性型にのみ結合する．Nb80とGFPを融合することで，細胞内のADRB2のうち活性状態にある物のみを選択的に標識できる．

2-7 生物個体発光イメージング

発光タンパク質は励起光が不要であることから，生体深部の観察プローブとして期待されてきた．一方で，発光タンパク質の欠点は輝度の低さである．ルシフェリンの酸化反応により放出されるエネルギーのうち，発光に使われる割合は少なく，量子収率が低い．量子収率の低さを克服するため，BRETを用いたプローブが開発されている．永井らはルシフェラーゼと蛍光タンパク質を融合させ，BRETを起こし，量子収率を向上した発光ツールであるナノランタンを開発した（図6）[10]．量子収率の向上により輝度が高くなったことで，自由運動可能なマウス個体内におけるナノランタンのリアルタイム撮影が実現した．

また2018年には，発光基質アカルミネにより適合するようホタル由来ルシフェラーゼを改変した発光タンパク質Akalucが宮脇らにより開発された[11]．Akalucとアカルミネを用いることで，近赤外領域に高輝度の発光が実現された．近赤外領域は生体透過性が高く，生物個体のより深部の可視化検出が期待できる．実際に自由運動するマウスやマーモセットの脳内に導入したAkaluc発現細胞からの発光をリアルタイムで検出したことが報告されている．

おわりに

以上のように，生命分子（とくにタンパク質）を道具として用いて，生体内の標的分子を可視化検出するさまざまなツールが開発されてきた．これらツールは，標的分子を選択的に結合する機能性タンパク

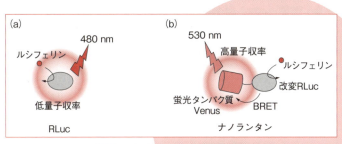

図6 ナノランタンの作動原理
（a）ナノランタンの部品として用いられるRLucの特性．ルシフェリンの酸化反応を起こすことで，480 nm付近にピークをもつ発光を示す．励起エネルギーの多くは熱として放出されるため，発光の量子収率は低い．（b）ナノランタンの作動機構．より高いBRET効率を示すよう改変されたRLucがルシフェリンの酸化反応を誘導すると，生じたエネルギーがBRETにより黄色蛍光タンパク質Venusに移動し，530 nm付近の発光を示す．励起エネルギーが速やかにVenusに移り，光として放出されるため，高い量子収率を示す．

質と蛍光・発光タンパク質とを融合し，標識分子に結合すると，蛍光・発光タンパク質部分の性質が変化するという共通の原理をもつ．タンパク質を利用した分子プローブは，そのプローブタンパク質をコードする遺伝子を生体に導入することで，容易に生体内で産生できるという利点がある．近年，多様な波長特性や輝度を示す蛍光・発光タンパク質や，光応答性タンパク質など多くの機能性タンパク質が発見・開発されている．今後もより高選択性・高感度・低侵襲性の分子プローブの開発が期待される．

◆ 文　献 ◆

[1] T. Ozawa, H. Yoshimura, S. B. Kim, *Anal. Chem.*, **85**, 590 (2013).
[2] O. Shimomura, F. H. Johnson, Y. Saiga, *J. Cell Comp. Physiol.*, **59**, 223 (1962).
[3] K. D. Piatkevich, F. V. Subach, V. V. Verkhusha, *Chem. Soc. Rev.*, **42**, 3441 (2013).
[4] H. Yoshimura, T. Ozawa, *Chem. Rec.*, **14**, 492 (2014).
[5] T. Knopfel, *Nat. Rev. Neurosci.*, **13**, 687 (2012).
[6] S. Tyagi, *Nat. Methods*, **6**, 331 (2009).
[7] H. Yoshimura, *Biochemistry*, **57**, 200 (2018).
[8] D. A. Nelles, M. Y. Fang, M. R. O'Connell, J. L. Xu, S. J. Markmiller, J. A. Doudna, G. W. Yeo, *Cell*, **165**, 488 (2016).
[9] D. Schumacher, J. Helma, A. F. L. Schneider, H. Leonhardt, C. P Hackenberger, C. P. R., *Angew. Chem. Int. Ed.*, **57**, 2314 (2018).
[10] K. Saito, Y. F. Chang, K. Horikawa, N. Hatsugai, Y. Higuchi, M. Hashida, Y. Yoshida, T. Matsuda, Y. Arai, T. Nagai, *Nat. Commun.*, **3**, 1262 (2012).
[11] S. Iwano, M. Sugiyama, H. Hama, A. Watakabe, N. Hasegawa, T. Kuchimaru, K. Z. Tanaka, M. Takahashi, Y. Ishida, J. Hata, S. Shimozono, K. Namiki, T. Fukano, M. Kiyama, H. Okano, S. Kizaka-Kondoh, T. J. McHugh, T. Yamamori, H. Hioki, S. Maki, A. Miyawaki, *Science*, **359**, 935 (2018).

Chap 2
Basic Concept-4
生命分子の機能を超えるための分子システム化学

君塚 信夫
(九州大学大学院工学研究院・分子システム科学センター)

1 はじめに

本章に与えられた標題は「生命分子の機能を超えるための超分子化学」であった．自己組織化と超分子化学の関係を踏まえ，生命機能を超えるための方向を考察するためには，生命分子，生命超分子と超分子化学の関係，さらにその上位階層である生命分子システムについて整理することが出発点となろう．

2 生命分子の構造・機能からみた階層

図1(a)に生物における生命分子の構造と機能レベルを階層的に表す．生命分子はアミノ酸，ヌクレオチドや単糖などのさまざまな素構造をもち，これらが連結した一次構造，らせん構造などの二次構造を経て，特定の立体構造(三次構造)にいたる．さらに生命分子は，分子認識に基づく自己組織化を示し，DNA二重らせん，ヘモグロビンなどのタンパク質複合体，ウィルス粒子などのタンパク質-核酸複合体をはじめとする，多彩な生体超分子群を与える．

一方で，高度な細胞機能にかかわる多くの生命分子(超分子)は，細胞内で孤立した存在ではない．たとえば，光合成の電子伝達系チラコイド膜では，光化学系Ⅱ，電子伝達系，シトクロム b_6-f 複合体，光化学系Ⅰをはじめとするさまざまなタンパク質複合体やATP合成酵素が細胞膜上に特定の配向で組織化され，高度に連携している(図2)[1]．

光化学系Ⅱにおいては，光エネルギーを利用して水を酸化し，酸素を発生する．その際に得られた電子は，膜内ならびに膜表面に配置された電子伝達経路を介して膜の反対側に位置するフェレドキシンNADP還元酵素にわたされ，NADPHが合成される．このベクトル的な電子伝達を担うおのおのの構成素子は，生体膜に対して異方性をもって埋め込まれており，酸化還元に伴ってプロトン(H^+)はチラコイド内腔へ一方向的に輸送される．光エネルギーは，この見事な電子伝達系の働きによりチラコイド膜を挟んだ H^+ の電気化学的ポテンシャル差に変換され，この電気化学的勾配を駆動力としてATP合成酵素によるアデノシン三リン酸(ATP)の合成が行われる．このようにして，二酸化炭素の還元に必要なNADPHとATPがつくりだされる．

ここで特筆すべきは，チラコイド膜におけるATP合成(uphillな化学反応)と膜輸送過程(浸透)の機能共役は，イオン透過に対してバリア性のある生体膜組織の存在によってはじめて可能となり，またベクトル性を獲得している点である．このように，光合成におけるエネルギー変換プロセスは，個々の生命分子やそのランダム集合体の特性・機能の単純和では表すことができない．つまり，uphillな仕事をする生命分子システムの働きとその構成要素の単機能の間にはギャップがある(図2)．これが何に由来するかは，「生命とは何か」という生命化学における根源的な問いにかかわるであろう．

3 分子集合体・分子集積体の化学

次に，関連する分子集合体の化学，ホスト-ゲスト化学，分子組織化学，超分子化学の流れを眺める〔図1(b)〕．水溶液ミセル，あるいは脂肪酸などが気-液界面に形成する単分子膜は，コロイド・界面化学分野における古くからの研究対象であった[2]．Kuhnらは1960～70年代に，気-液界面単分子膜を累積膜化するラングミュア・ブロジェット(LB)法

Chap 2 生命分子の機能を超えるための分子システム化学

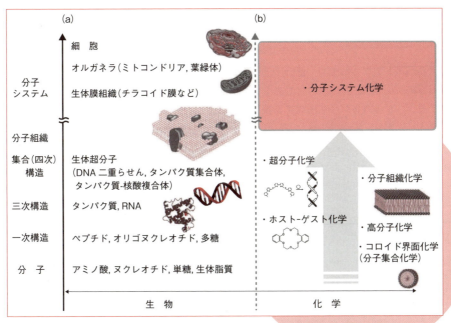

図1 生命分子の構造・機能からみた階層(a)および関連する化学分野(b)

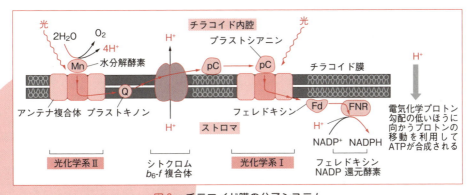

図2 チラコイド膜の分子システム

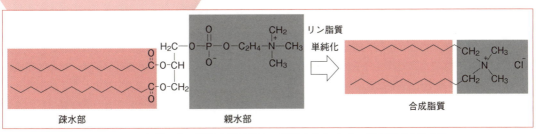

図3 リン脂質の分子構造を単純化して設計された合成二分子膜形成化合物

を駆使して分子集積化学を展開した．アルキル長鎖を含む色素ならびに脂肪酸から成る LB 膜において，分子組織の空間構造を制御して一重項エネルギー移動と分子間距離の関係を調べるなどの先駆的研究を行った[3]．

タンパク質によるハイドロゲル形成や，低分子化合物による有機溶媒のゲル（オルガノゲル）化も古くから観察されている[4]．オルガノゲルを形成する多種多様な有機分子が与える結晶は多形（polymorphic）を示す場合が多く，結晶状態とゲル状態における分子集合状態を必ずしも一義的に議論できないために，現象論的かつ各論的様相を呈していた．立花らは，グリース潤滑剤として用いられてきた 12-ヒドロキシステアリン酸塩の D 体，L 体が鏡像関係のラセン結晶であることを示し[5]，オルガノゲル中における結晶的分子秩序の存在が認識されることとなった．しかしながら，これら固体や結晶秩序を対象とする研究においては，構造や濃度のゆらぎ，柔軟性や融通性，適応性（adaptiveness）などの生命組織に特有のダイナミズムを伴う自己組織化現象が必然的に影を潜める．

合成二分子膜と分子組織化学

1972 年に Singer と Nicolson は，生体脂質二分子膜のなかに内在タンパク質がモザイク状に埋め込まれた生体膜の流動モザイクモデルを提唱した[6]．当時，このわずか分子二層から成る二次元秩序構造と流動性をあわせもつ生体膜の構造は，特殊な分子構造をもつ生体脂質によってのみ得られると考えられていた．1977 年に國武らは，リン脂質の分子構造の本質を単純化した合成両親媒性化合物であるジアルキルアンモニウム塩が，細胞膜の基本構造である二分子膜を形成することをはじめて明らかにした（合成二分子膜，図 3）[7]．

さまざまな親水基をもつ二鎖型両親媒性化合物や多鎖型化合物，芳香族発色団を含む一鎖型化合物など，数百にものぼる多様な両親媒性分子が系統的に合成され，その分子構造に依存して，ベシクルやチューブ構造などの多彩なモルフォロジーをもつ分子膜組織が得られることが確認された．合成二分子膜においては，ゲル-液晶相転移などの熱力学的特性を分子構造や分子間相互作用に基づいて理解することができ，次元構造秩序と流動性をあわせもつ生体膜の理解を深める上でも貢献した．これら一連の研究によって，二分子膜の形成は生体脂質に限らない，きわめて普遍的な物理化学的現象であることが確立された．分子膜形成化合物は数種の部分構造（モジュール）の組合せにより設計できることが結論されるとともに，モジュール構造と分子膜の高次形態との関連が明らかにされた（図 4）．

コロイド化学分野で臨界充填パラメータ（$v/a_0 l_c$，a_0：界面における界面活性剤の分子占有面積，v：疎水基の体積，l_c：疎水基の最大有効鎖長）と分子集合構造の相関図[2]は，伝統的に受け入れられているが，三本鎖や四本鎖型の両親媒性分子による二分子膜形成は，この相関図では説明されない．臨界充填パラメータは，両親媒性分子のアルキル鎖が液体状態にある（したがって分子の形を議論しない）ことを前提とし，臨界充填パラメーターを分子集合構造に結び付ける論理は循環論法を含むのである．Fuhrhop がその著書[8]においていみじくも述べたように，「（相関図にあるような）先端の尖った円錐（コーン）型なる分子は，実在分子としても，あるいは種々の配座異性体の平均としても現実には存在しない」．

それまでの水溶液ミセルやオルガノゲルとは異なり，水中に安定に分散し，かつ次元構造が明確に規定された分子組織体がデザインされた分子の自己組織化によって得られることを示した合成二分子膜の一連の研究は，「分子の自己組織化」を化学における新たな研究分野にした[9]．二分子膜を与える両親媒性分子の親水部と疎水部に相補的水素結合官能基を適切に導入すれば，DNA 二重らせんさながらに，水中でありながら相補的水素結合を介した超分子膜構造が瞬時に構築される（図 5）[10]．水中における合成二分子膜の形成は有機媒体系にも拡張された．「親媒部」としてオレイル鎖などの柔軟なアルキル鎖を，また炭化水素と相溶しにくいフルオロカーボン鎖を「疎媒部」とする両親媒性分子は，非極性有機媒体中において二分子膜構造を基本とする秩序性分子組織体を与え，両親媒性の概念が有機媒体系に拡張できる（水中における親水性-疎水性の関係は，有機溶媒中では親媒性-疎媒性の関係に置き換えられる）

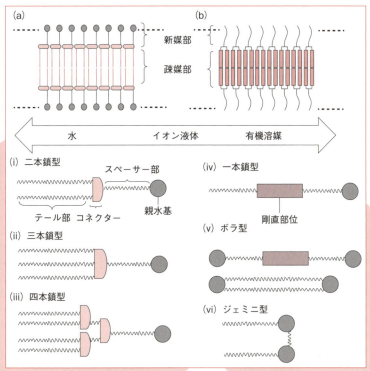

図4　水中(a)および有機媒体中(b)における両親媒性化合物の二分子膜形成
(i)〜(vi)合成二分子膜形成化合物とモジュール構造.

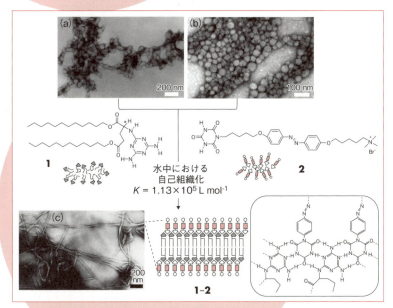

図5　水中における相補的水素結合の形成と超分子膜の形成
(a) 水中におけるキラルな長鎖メラミン誘導体 **1** の集合構造(TEM像). (b) 水中におけるアゾベンゼン基を含むカチオン性シアヌル酸誘導体 **2** の集合構造. (c) 水中で **1**, **2** を混合することにより形成されるキラルな両親媒性水素結合ネットワーク(**1-2**)とヘリカル超構造体.

ことが実証された[11].

水中における疎水性相互作用に基づく分子会合現象は，溶質分子の周囲に束縛されていた水分子が，分子の会合によりバルク水中に放出され，エントロピー損失を最小化するプロセスとして理解されている．一方，水と異なり水素結合を形成しない有機溶媒中における秩序性分子膜構造の形成は，溶媒と溶質分子の凝集力の差（疎媒性）が本質であることを示している．すなわち，水中，有機溶媒中における分子集合体形成における共通のドライビングフォースは，溶質（両親媒性化合物）と溶媒の凝集エネルギーの差に由来する非相溶性である〔図4（a，b）〕．ちなみに，この原理はイオン液体においても成り立ち，筆者らは，イオン液体中においても二分子膜ベシクルが形成され，ハライドアニオンを含むイオン液体中にアミロースなどの多糖や糖脂質が溶解すること，またイオン液体をゲル化することをはじめて示した（イオノゲル）[12]．ここで，二分子膜という集積次元構造の規定された構造を，水あるいは有機媒体中に安定に分散させるためには，その表面が溶媒和により安定化されることが必要であり，オルガノゲルやハイドロゲル形成化合物，結晶，液晶などの三次元分子集合系に比べて高度な分子設計が要求される．

⑤ 超分子化学と分子の自己組織化

超分子化学の源流については，ホスト–ゲスト化学の幕開けをもたらしたPedersenによるクラウンエーテルの発見（1967年）[13]に遡るといって差し支えないであろう．それにつづくLehnによるクリプタンドの開発（1969年）[14]，Cramによるスフェランドの合成（1979年）[15]によって，ホスト–ゲスト化学は勃興から隆盛期を迎えた（図6）．Lehnはクリプタンドの総説[16]の導入部において，分子認識化学に基づく「supramolecular chemistry」という言葉を紹介しているが，超分子の姿が具体的に示されたのは，Pedersen, Lehn, Cramらが「Development and use of molecules with structure-specific interactions of high selectivity」の業績でノーベル化学賞を受賞した1987年に発表された，たくみに分子設計された配位子と金属イオンの自己組織化による二重らせん金属錯体 helicates〔図6（d）〕[17]である．

当初，「超分子化学」は，個々の分子を結びつける相互作用が明確に規定されるように設計されたものとして考えられたが，ホスト–ゲスト化学が超分子化学に進化する上で取り入れた概念は「自己組織化」であり，発見から10年を経て展開を見せていた合成二分子膜の研究が影響を及ぼしたことは想像に難くない．その後，超分子化学と関連する研究が広がるにつれ，分子集合は分子を超えた現象とであるとする，より幅広い捉え方が生まれた．当初の限定的な「超分子」の定義は，自発的に熱力学的安定な構造が形成されるプロセス全般（結晶化，ゲル化やさまざまな分子集合・分子組織化現象）を包括して，現在の広大な領域となっている．

⑥ 超分子化学から分子システム化学へ

図1（a）で示した生命の構成分子はまぎれもなく化学で記述されるが，生命分子システムの機能は，「熱力学エネルギー最小の原理」に支配された分子組織化学や超分子化学の延長線上で超えられるであろうか．分子組織化学，超分子化学によって生体膜や生体超分子の構造形成原理は化学の言葉に翻訳され，展開することが可能となった．一方，先に述べたチラコイド膜におけるように，生命分子システムが熱力学的エネルギーミニマムを指向する自己組織化現象と熱力学的にuphillなプロセスを連動させていることとの間には，依然として大きな隔たりがある．すなわち，われわれが生体分子システムの機能に対峙するためには，自己組織化による構造形成に加えて，分子システム化学[18]という新しい視点が必要である〔図1（b）〕．

筆者らは近年，分子システム化学を拓くために必要な，「分子の自己組織化と有用な仕事を生みだす物理・化学的現象を時間的・空間的に共役組織化させる方法論」の開発に取り組んでいる．自己組織化を有用な仕事に結びつけるためには，複数の構成要素の分子組織化に基づき，基底状態，励起状態や遷移状態を含めたエネルギーランドスケープを分子レベルで制御する技術が必須であり，そのためには，次の①〜③を具体化する必要があろう．

① 複数の機能要素を，分子組織のなかに適応性

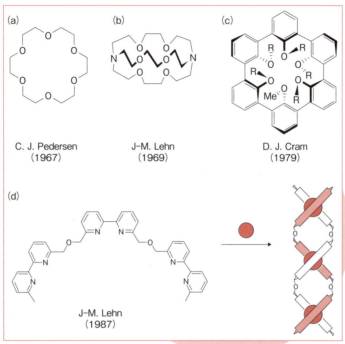

図6 クラウンエーテル(a),クリプタンド(b),スフェランド(c),二重らせん錯体の形成(d)

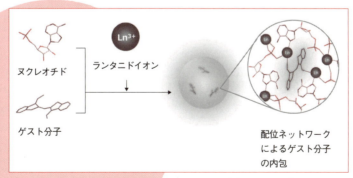

図7 ヌクレオチドとランタニドイオンから形成される配位ネットワークによるゲスト分子のアダプティブな取り込み

(adaptiveness)をもって自己組織化かつ連携させる方法論

② 分子組織の次元構造や空間構造の制御に基づくベクトル性のある電子，エネルギーや物質（イオン・分子）の輸送と有用な仕事（化学変換・エネルギー変換など）の連動

③ 従来の熱力学平衡近傍を舞台とする静的な自己組織化(static self-assembly)のみでなく，平衡から離れた条件下の自己組織化現象(dynamic self-assembly)を界面で実現し，もって物理的，化学的に非対称な環境が分子レベルの創発機能を誘導するしくみ

①に関連して，筆者らは生命分子であるヌクレオチドと金属錯体の配位ネットワークが，さまざまな形状，大きさの分子を包接する現象を見いだし，アダプティブな自己組織化とよんでいる（図7）[19]．②について，筆者らは近年，分子の自己組織化に基づくフォトン・アップコンバージョンの化学を展開してきた（図8）[18]．また③については，液-液界面における散逸ナノ構造の発見（図9）[20]があげられる．散逸構造は通常巨視的スケールで現れるが，散逸ナノ構造は非平衡条件における静的な自己組織化において観測される．これらのアプローチは，分子システム機能設計の観点から新しい化学を展開するための基盤を与えるであろう．

7 おわりに

構成要素のハード（構造・機能）に関する研究からネットワークシステムへのパラダイムシフトは，生命化学分野にはじまったことではない．20世紀におけるコンピュータ・通信技術の発展は，機械をシステムに変えた．超分子化学から分子システム化学へ踏みだし，さらに分子情報ネットワークの融合をはかることによって，人工知能(AI)時代に相応しい分子システム化学の幕開けにつながるものと期待される．

◆ 文 献 ◆

[1] B. Alberts, A. Johnson, J. Lewis, M. Raff, K. Roberts, P. Walter, "Molecular Biology of the Cell (5th ed.)," Garland Science (2008).
[2] 日本化学会編，『現代界面コロイド化学の基礎——原理・応用・測定ソリューション（第4版）』，丸善出版（2018）．
[3] H. Kuhn, D. Möbius, *Angew. Chem. Int. Ed.*, **10**, 620 (1971).
[4] P. Terech, R. G. Weiss, *Chem. Rev.*, **97**, 3133 (1997).
[5] T. Tachibana, H. Kambara, *J. Am. Chem. Soc.*, **87**, 3015 (1965).
[6] S. J. Singer, G. L. Nicolson, *Science*, **175**, 720 (1972).
[7] T. Kunitake, Y. Okahata, *J. Am. Chem. Soc.*, **99**, 3860 (1977).
[8] J-H. Fuhrhop, J. Köning, "Membranes and Molecular Assemblies: The Synkinetic Approach," The Royal Society of Chemistry (1994).
[9] T. Kunitake, *Angew. Chem. Int. Ed.*, **31**, 709 (1992).
[10] T. Kawasaki, M. Tokuhiro, N. Kimizuka, T. Kunitake, *J. Am. Chem. Soc.*, **123**, 6792 (2001).
[11] Y. Ishikawa, H. Kuwahara, T. Kunitake, *J. Am. Chem. Soc.*, **116**, 5579 (1994).
[12] N. Kimizuka, T. Nakashima, *Langmuir*, **17**, 6759 (2001).
[13] C. J. Pedersen, *J. Am. Chem. Soc.*, **89**, 7017 (1967).
[14] B. Dietrich, J. M. Lehn, J. P. Sauvage, *Tetrahedron Lett.*, **10**, 2889 (1969).
[15] D. J. Cram, T. Kaneda, R. C. Helgeson, G. M. Lein, *J. Am. Chem. Soc.*, **101**, 6752 (1979).
[16] J-M. Lehn, *Acc. Chem. Res.*, **174**, 49 (1978).
[17] J-M. Lehn, A. Rigault, J. Siegel, J. Harrowfield, B. Chevrier, D. Moras, *Proc. Natl. Acad. Sci.*, **84**, 2565 (1987).
[18] N. Kimizuka, N. Yanai, M-a. Morikawa, *Langmuir*, **32**, 12304 (2016).
[19] R. Nishiyabu, C. Aime, R. Gondo, T. Noguchi, N. Kimizuka, *Angew. Chem. Int. Ed.*, **48**, 9465 (2009).
[20] T. Soejima, M-a. Morikawa, N. Kimizuka, *Small*, **5**, 2043 (2009).

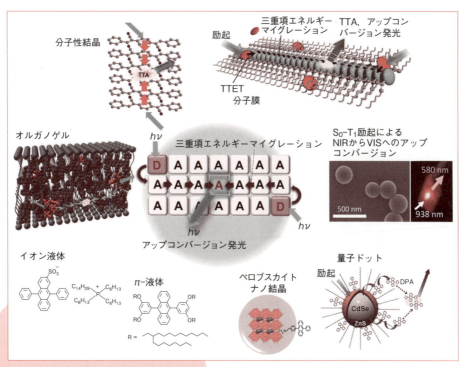

図8 自己組織化を基盤とするさまざまなフォトン・アップコンバージョン分子システム
総説[N. Kimizuka et al., *Langmuir*, 32, 12304 (2016); N. Yanai, N. Kimizuka, *Chem. Commun.*, 53, 655 (2017); N. Yanai, N. Kimizuka, *Acc. Chem. Res.*, 50, 2487 (2017)].

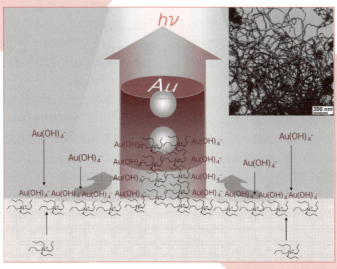

図9 液-液界面における散逸ナノ構造の形成と光還元による金ナノワイヤー化

Chap 3
生体関連分子化学の歴史と将来

小宮山 眞
(東京大学名誉教授・中国海洋大学客座教授)

➡ はじめに ⬅

生体関連分子化学は，1950〜1960年ごろに，生物学と化学の間のギャップを埋める学問として誕生した．当初は，「酵素の働きを化学の言葉で理解する」のがメインテーマであった．ところが，その後驚異的な進展をとげ，研究対象も細胞から生体へと拡大し，いまではケミカルバイオロジーとよばれる新分野へと大きく展開してきた．「生物の機能を超える人工ツール」が次つぎと生みだされ，この分野に比較的初期からたずさわってきた筆者にとっては，まさに驚愕の極みである．

本章では，生体関連分子化学のこれまでの流れを，筆者が理解している範囲で総括する．とくに強調したいことは，初期に蓄積された基礎研究の成果の重要性である．必ずしも派手な研究ばかりではないが，これらの研究を通じて，酵素の高活性・高選択性の根幹に関する基礎原理が数多く確立され，関連研究の基盤が構築された．そのおかげで，その後の研究が「trial-and-error」から「logical」かつ「theoretical」なものへと変貌し，関連科学の飛躍的進歩とあいまって，今日の隆盛をもたらした．

➡ 生体関連分子化学の黎明期 ⬅

生命の誕生は約40億年前のことであり，人類の誕生から数えても数十万年もの歳月が流れている．しかし，「生命の神秘」の根源は，長いこと闇のなかであった．生物が細胞で構成されていることがわかったのでさえ，わずか数百年前のことである．また，ジアスターゼ(デンプン分解酵素，アミラーゼの旧称)の発見により，「生命(細胞)が存在しなくても，酵素さえあれば生体反応(発酵)が進行すること」が示されたのは19世紀前半である．さらに，尿素を分解するウレアーゼが結晶化され，酵素はアミノ酸で構成されるタンパク質であり，酵素機能こそが生命活動の根幹であることが実証されたのは，20世紀初頭のことである．生命の長い歴史を考えれば，いずれもごくごく最近のことである．

その後，20世紀半ばまでに，(1)酵素反応の速度がMichaelis-Menten式に適合すること，(2)タンパク質が変性すると酵素活性が失われること，(3)酵素のなかの特定のアミノ酸側鎖を選択的に化学修飾すると活性が消滅すること，(4)酵素反応には至適pHがあることなどが次つぎに明らかになり，(5)酵素の顕著な基質特異性が定量化されて鍵と鍵穴説が提示された．さらに，(通常の)溶液内における触媒反応の機構の詳細な解析により，(6)一般酸塩基触媒作用や(7)触媒経路におけるプロトン移動などのように，酵素機能に必須な要因も徐々に解明された．こうして，酵素の真の姿がおぼろげながらも次第に明らかになっていった．しかし，最も基本的な疑問である「単なるポリペプチドである酵素が，どのようにして化学反応を高選択的かつ超高効率に進めるのか？」はまったく不明のままで，とくに「酵素のなかのそれぞれの官能基がどのように働いているのか？」はまさに"神のみぞ知る領域"であった．

このような状況のなか，世界中の優れた化学者たちが，「化学的手法を駆使して酵素の作用機構を分子の言葉で理解し，さらにこれを超える人工酵素を化学的に合成する」ことを目指して研究を開始した．これが生物有機化学ならびに生物無機化学という新領域の誕生である．参入した研究者も多彩であり，すぐに頭に浮かぶだけでも，M. L. Bender, S. J. Benkovic, R. Breslow, T. C. Bruice, W. Jencks, D. E. Koshland Jr., 村上幸人，國武豊喜，田伏岩夫，井上祥平，新海征二……と，まさに大御所のオ

ンパレードである.

ここで, 20世紀半ばの関連科学の状況を見てみよう. まず酵素に関する構造情報として, リゾチームとα-キモトリプシンとが比較的高い解像度で結晶構造解析されていた. リゾチームでは, タンパク質表面にできた溝に基質(多糖類)が結合し, その結果, 切断されるグリコシド結合の両側に酵素の二つのAsp(アスパラギン酸)が巧みに配置される. これらのうち, 一方のAspのカルボキシ基が酸触媒として機能し, 他方はカルボキシラートとして反応の遷移状態を静電的に安定化する. さらに, 酵素への結合に伴って基質が変形し, そのひずみエネルギーが反応を促進する[1]. またα-キモトリプシンでは, Ser(セリン)-His(ヒスチジン)-Aspの三つのアミノ酸の間に水素結合の連鎖(charge-relay system)が形成されている. この連鎖のなかで, SerからHisへ, またHisからAspへと協同的にプロトンが移動してHisの一般塩基触媒作用を促進し, Serのヒドロキシ基を活性化してアミド結合を効率的に加水分解する[2]. いずれの反応機構も, 通常の溶液反応では考えられないほど精緻で斬新なものであり, われわれを大いに興奮させたものであった. しかし, これら二つの酵素以外は, 構造解析は行われていたものの, 分子機構を議論するには解像度が十分ではなかった.

一方, 研究の素材となるオリゴペプチドの合成もまだまだ開拓されておらず, 素材の入手はきわめて困難であった. 今日の合成技術の基盤であるMerrifield法が, ようやく文献に登場した時期である. 自動合成機が開発されていなかったのはいうまでもない. もちろん, 遺伝子工学によるポリペプチド合成法も知られていなかった(最初の遺伝子組換え実験が報告されたのは1970年代のことである).

さて, もう一つの必須要素である分析機器はというと, HPLC(高速液体クロマトグラフィー)装置は市販されておらず, 反応の進行を追跡するすべは実質的には可視吸収スペクトル測定だけであった. そのために, 反応の進行に伴って発色することが必要であり, フェノール類を脱離基とするもの(酢酸p-ニトロフェニルが代表例)が基質として使用された.

以上のように, 「天然酵素の作用機構を解明し, それに基づいてさらに優れた人工材料を構築する」には, 情報も, 素材も, 分析手法もすべて不十分な状態であったのがよくおわかりになるだろう. それにもかかわらず, 先達たちは, 生物の本質を化学の言葉で明らかにするために, 果敢にチャレンジして素晴らしい成果を上げていったわけである.

➡ 初期の代表的な研究成果 ⬅

多くの研究者が, 結晶解析により作用機構が比較

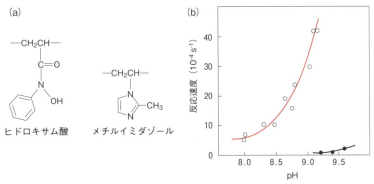

図1 ヒドロキサム酸とメチルイミダゾールの構造(a), およびこれを含む高分子触媒を用いた酢酸p-ニトロフェニルの加水分解の第2段階(脱アシル化)の反応速度(b)
白丸はメチルイミダゾールを含む高分子を触媒とした場合, 黒丸はメチルイミダゾールを含まない高分子を触媒とした場合の反応速度を表す.

的よくわかっていたα-キモトリプシンの機能を人工系で模倣することを目指した．そこで，アミド加水分解と機構が似ていて，しかも反応が追跡しやすいモデルとして酢酸 p-ニトロフェニルの加水分解が幅広く採用された（どちらの反応でも，水がカルボニル炭素を求核攻撃し，脱離基を遊離する）．たとえば，図1(a)はヒドロキサム酸とメチルイミダゾールを側鎖にもつポリマーを触媒として，酢酸 p-ニトロフェニルを加水分解したものである[3]．反応の第1段階(p-ニトロフェノールの脱離を伴うヒドロキサム酸のアセチル化)の速度は，メチルイミダゾールがあってもなくても大差はない．しかし，第2段階(アセチル化ヒドロキサム酸の加水分解)では，メチルイミダゾールが分子内触媒として働くため，これを含むポリマー〔図1(b)の白丸〕のほうが，含まないもの〔図1(b)の黒丸〕よりも圧倒的に速い．分子内触媒作用の有用性を如実に示している．

さらに，分子内触媒作用が有効に働くには，触媒基と反応点が適切な位置に正しく配置されることが必須であることがわかった．図2では，4-ブロモフェニルエステルとカルボキシラートの両者をもつ一連の分子を用いて，分子内反応による酸無水物生成の反応速度を比較している[4]．両者が4本のC−C結合で結合されているときの分子内反応速度を1とすると〔図2(a)〕，C−C結合の数を3にして回転の自由度を減らした場合に分子内反応は230倍も速くなる〔図2(c)〕．さらに，C−C結合の回転の自由度を完全に凍結して両者を正確に固定すると，実に53,000倍もの加速効果が実現する〔図2(d)〕．このように，(1)近接効果(反応点相互の分子配向の正確な制御)の顕著な効果が証明された．さらに，(2)複数官能基の協同触媒作用の有効性，ならびに(3)触媒官能基の化学環境の重要性が，一連の基礎反応の解析により定量的に明らかにされた．

こうして，タンパク質のもつ限られた官能基でも，反応点に十分に近い位置に正しい配向で固定し，適当な官能基と協同的に作用させ，さらに適切な化学環境を与えれば，通常の溶液反応では想像できないほどに大きな触媒作用をもたらすことが実証された．長い間謎であった難問，「酵素はなぜ驚異的に高活性であるのか？」に対して，初めて科学的な解答が与えられたわけである．なお，(1)～(3)の3要因が，今日でも優れた実験系を設計し，また実験結果を解釈する基本原理として普遍的に使われていることは，周知のとおりである．

ホスト・ゲスト化学の台頭と人工酵素への展開

1967年のクラウンエーテルの発見を契機としてホスト・ゲスト化学が急激に進展し，特定の化合物を選択的に結合するホスト分子の合成が可能となって，シクロデキストリン，シクロファンをはじめとする多くのホスト分子が開発された．それ以前は，基質・酵素複合体を模倣するには，たとえば，アニオン性の基質に対してカチオン性の高分子触媒を使用し，両者の間にイオンコンプレックスをつくるのが代表的手法であった．しかしこの場合，反応系内には多種多様な構造をもつ複合体が形成され，それぞれが異なる速度で反応するので，ここから詳細な分子情報を得ることは不可能であった．一方，人工ホスト化合物は1：1のモル比で特定の基質を選択的に結合するように設計できる．さらに，人工ホスト化合物に触媒官能基を導入すれば，ただちに人工酵素が得られ，ここから精密な分子情報が得られる．複数の官能基をホスト化合物のなかに正確に導入すれば，さらに複雑な触媒機能が容易に実現できる．

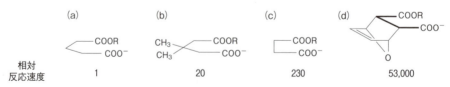

図2　分子内反応による酸無水物形成の反応速度の分子配向依存性
Rは4-ブロモフェニル基，数字は化合物の環化速度に対する相対速度を示す．

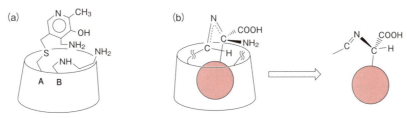

図3 シクロデキストリンの化学修飾により合成された人工酵素（a）と，トランスアミノ化反応によるキラルアミノ酸の生成（b）

こうして，基質・酵素複合体の形成こそが酵素反応の高活性と基質特異性の主因であることが実験的に証明され，それと同時に望みの人工酵素構築への道が開かれ，生体関連分子化学の大きなエポックとなった．

図3（a）では，二つの触媒基（ビタミンB_6補酵素であるピリドキサールとアミノ基）が，シクロデキストリン分子の所定の位置に導入されている（図中のAB体は，結合位置を逆にしたBA体とは異性体であることに着目してほしい）[5]．この人工酵素はアミノトランスフェラーゼの非常に優れたモデルであり，疎水性アミノ酸をキラリティー選択的にトランスアミノ化する．たとえば，フェニルアラニンに対応するケト酸（$C_6H_5CH_2COCOOH$）にこの人工酵素を作用させると，ほぼ100％の選択性でL-フェニルアラニンが得られる．ここでは，天然酵素の場合と同様に，ケト酸がまずピリドキサールとSchiff塩基中間体を形成する（図3（b））．ここで，ケト酸の疎水性官能基（この例ではベンゼン環）がシクロデキストリンの空洞に包接されるために，Schiff塩基中間体の分子面が固定され，アミノ基の触媒作用によるプロトン化が分子面の一方からだけ起こる．その結果，非常に高いキラリティーが誘導され，L-フェニルアラニンが選択的に生成するわけである．天然酵素と類似した機能を正確に再現する高度な設計である．

その後の十数年は成熟期であり，それまでに蓄積された知識が，分析機器の急激な進歩と分子生物学の進展とあいまって，関連分野は著しい進展をとげた．さらに，「天然酵素をしのぐ機能をもつ人工酵素」が開発され，実用材料として使用されるようになった．

▶ 生体内の金属錯体の模倣 ◀

生体内のいたるところで金属イオンは必須の働きをしており，その機能の重要性は広く認識されている．しかし，なかには化学的手法で模倣するのが困難な機能も少なくない．その一つが，ミオグロビンによる酸素の吸脱着である．通常の溶液系で反応を行うと，活性中心であるFe(II)・ポルフィリン錯体が不可逆的に酸化されてしまい，すぐに活性を失ってしまう．生体では，グロビンタンパク質がFe(II)錯体を包み込んで周囲から遮蔽し，これが可逆的な酸素吸脱着の鍵となる．これを模倣した人工系として「ピケットフェンス・ポルフィリン」が開発された（図4（a））[6]．ここでは，かさ高い疎水性官能基がグロビンタンパク質と同様にFe(II)を保護し，そのために不可逆的酸化が抑制され，（有機溶媒中に限定されるものの）可逆的に酸素分子を吸脱着した．その後，環状ホストであるシクロデキストリンを2分子使ってポルフィリン錯体をより完全に保護した人工酵素が開発された[7]．純粋な水のなか（pH 7.0）でも十分に安定であり，そのなかでの可逆的な酸素吸脱着が実現し，実用材料としての応用が展開されている（図4（b））．

▶ 生命科学の活用による 第2世代生体関連分子化学への展開 ◀

次に生体関連分子化学に大きな転機を与えたのは，1980年以降の生命科学の急激な進歩と，それに伴う関連技術の汎用化である．今日でこそ生命科学と化学とはきわめて深い関係にあるが，それまでの長

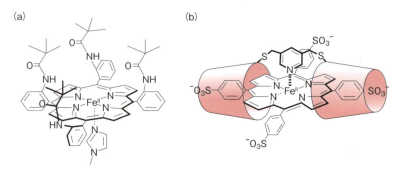

図4 ピケットフェンス・ポルフィリン（a）と，2分子のシクロデキストリンで保護されたポルフィリン錯体（b）

い間，相互の交流はほとんどなかった．たとえば，DNAの二重らせん構造は，1950年ごろにJ. D. WatsonとF. H. C. Crickにより解明されたものの，望みのDNAが入手できないために化学的アプローチは不可能であった（自動合成機が汎用化されるのは1990年以降である）．もちろん，塩基配列を決定する方法もまだ開発されていない．すなわち，核酸を取り扱うのは生物学のスペシャリストだけであり，化学者が容易に参画できる分野ではなかった．細胞にいたっては，化学者にとってさらに遠い存在であった．

ところが，ご存知のとおり，ここ20年ほどの間に情勢は一変した．特定の配列をもつ核酸が高純度に容易に入手でき，解析も短時間に正確に行えるようになったのである．核酸はWatson-Crick則により一義的に二重鎖を形成し，しかもさまざまな立体構造も取りうるので，これを使うと簡便にしかも多元的に，多様な分子の会合構造を制御できる[8, 9]．また，細胞の操作技術も汎用化し，化学者でも少し経験を積めば扱えるようになった．一方，生命科学で得られる情報も分子レベルになり，相互の情報交換が密になった．こうして，両分野は切っても切れない関係になり，第2世代の生体関連分子化学への道が切り拓かれた．

核酸を化学修飾して二重らせん，三重らせんを安定化し，さらには酵素耐性を与えて in vivo へ応用展開する試みが活発に行われている．天然核酸の修飾に加えて，非天然の骨格をもつ核酸誘導体も開発されている．リボース骨格を共有結合で橋架けし，

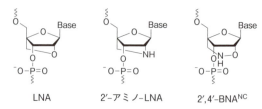

図5 リボース骨格を橋架けした核酸誘導体

オリゴヌクレオチド鎖のコンホメーションを固定すると，相補鎖に対する結合力が飛躍的に高まる（図5）[10, 11]．核酸の化学修飾はわが国の得意分野であり[12]，新材料開発の国際競争に打ち勝つためにも，今後ますます発展することが期待される．一方，筆者らがスーパー制限酵素（二本鎖DNAを所定位置で選択的に切断する人工酵素）に使用したペプチド核酸（peptide nucleic acid: PNA）も核酸誘導体である〔図6（a）〕[13]．この人工酵素は，切断したい位置に2本のPNAをインベージョンさせてここを一本鎖構造にし〔図6（b）の赤線部〕，この部分を一本鎖特異的な触媒（Ce(IV)/EDTA）で切断している[14]．切断位置や切断特異性が自在に設計できるので，ゲノムから所定の断片を切りだすのに有用である．

核酸化学のブレークスルーのなかでも生体関連分子化学にとくに大きな影響を与えたのは，アプタマー（特定の分子を選択的に結合するオリゴヌクレオチド）の開発である．アプタマーはSELEX（systematic evolution of ligands by exponential enrichment）法により大きなプールのなかから優れた結合力をもつものが選抜される．たと

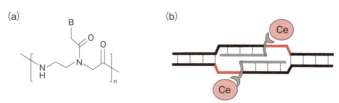

図6 PNAの構造（a）およびこれを用いた位置選択的ゲノム切断ツール（b）

えば，この方法を使った，所定の位置に医薬を運ぶドラッグデリバリーシステム（drug delivery system：DDS）が提案されている[15]．また，触媒として機能するRNA（リボザイム）やDNA（DNAzyme）も発見された[16,17]．これらはいずれも，タンパク質酵素とは似ても似つかない構造をもつが，十分な活性と選択性で反応を触媒する．とくに重要な点は，これらの核酸系触媒もアプタマーも，適当なタグ（相補的オリゴヌクレオチド）を結合することにより，好きな場所に好きなように並べられることである．しかも，DNAオリガミ技術が飛躍的に発展し，設計どおりの三次元ナノ構造体が容易に合成できるようになった．これらを駆使して構築された規則的集合体が，次世代技術の中核となることは必定であろう．

➡ 将来展望 ⬅

以上のように，「天然を真似る」からスタートした生体関連化学は，ついに「天然を超える」レベルにまで到達した（もちろん，「天然を超えた」というのはわれわれの傲慢であり，単に「天然は実施する必要がないが人には必要なこと」を実現したにすぎないのだが……）．研究者の数も増え，また他の学問領域との交流も盛んになり，この分野の研究はまさに爆発的な速度で進んでいる．今後，こうして開発された人工材料の生体への適用がさらに進み，真の意味で「天然を超える」材料が生まれ，人類の幸せに貢献できることを期待している．

◆ 文　献 ◆

[1] D. M. Chipman, N. Sharon, *Science,* 165, 454 (1969).
[2] D. M. Blow, J. J. Birktoft, B. S. Hartley, *Nature,* 221, 337 (1969).
[3] T. Kunitake, Y. Okahata, R. Ando, *Macromolecules,* 7, 140 (1974).
[4] T. C. Bruice, U. K. Pandit, *Proc. Natl. Acad. Sci. USA,* 46, 402 (1960).
[5] I. Tabushi, Y. Kuroda, M. Yamada, H. Higashimura, R. Breslow, *J. Am. Chem. Soc.,* 107, 5545 (1985).
[6] J. P. Collman, R. R. Gagne, C. A. Reed, T. R. Halbert, G. Lang, W. T. Robinson, *J. Am. Chem. Soc.,* 97, 1427 (1975).
[7] K. Kano, H. Kitagishi, M. Kodera, S. Hirota, *Angew. Chem. Int. Ed.,* 44, 435 (2005).
[8] M. Komiyama, K. Yoshimoto, M. Sisido, K. Ariga, *Bull. Chem. Soc. Jpn.,* 90, 967 (2017).
[9] S. Nakano, D. Miyoshi, N. Sugimoto, *Chem. Rev.,* 114, 2733 (2014).
[10] S. Obika, D. Nanbu, Y. Hari, J. Andoh, K. Morio, T. Doi, T. Imanishi, *Tetrahedron Lett.,* 39, 5401 (1998).
[11] A. A. Koshkin, J. Wengel, *J. Org. Chem.,* 63, 2778 (1998).
[12] 関根光雄，齋藤 烈 編，『ゲノムケミストリー』，講談社（2003）．
[13] P. E. Nielsen, M. Egholm, R. H. Berg, O. Buchardt, *Science,* 254, 1497 (1991).
[14] M. Komiyama, Y. Aiba, Y. Yamamoto, J. Sumaoka, *Nat. Protoc.,* 3, 655 (2008).
[15] H. Yang, H. Liu, H. Kang, W. Tan, *J. Am. Chem. Soc.,* 130, 6320 (2008).
[16] （a）T. R. Cech, A. J. Zaug, P. J. Grabowski, *Cell,* 27, 487 (1981); （b）A. J. Zaug, P. J. Grabowski, T. R. Cech, *Nature,* 301, 578 (1983).
[17] R. B. Breaker, *Nat. Biotech.,* 15, 427 (1997).

Part II

研究最前線

Chap 1

不飽和脂肪酸から探る生体膜の機能形成

Organization and Functionalization of Biological Membranes: From the Studies on Unsaturated Fatty Acids

栗原 達夫
(京都大学化学研究所)

Overview

生化学の教科書にある生体膜のモデル図では，膜を構成する脂質の多様性が示されていないことが多い．モデル図の多くでは，リン脂質が丸（親水性頭部）から2本の線（疎水性尾部）がでたシンプルな形で表され，それらが多数会合して生体膜の二重層を形成するように描かれている．そこからは，脂質が無個性で，膜タンパク質のための単なる溶媒のようなものといった印象をもたれるかもしれない．しかし，実際には生体膜を構成する脂質分子には大きな多様性がある．生物が多様な脂質分子から生体膜をつくりあげていることには何らかの意義があるはずで，それを解明することは膜が関与する生命現象を分子レベルで理解することや，バイオテクノロジーにおける細胞の高度利用につながる．本章では，脂質分子多様性の意義の理解に向けて，多価不飽和脂肪酸含有リン脂質の機能解析から迫りつつある研究を紹介する．

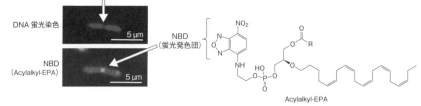

▲多価不飽和炭化水素鎖に依存した蛍光標識リン脂質の細胞分裂部位への局在化
Acylalkyl-EPA 添加 *Shewanella livingstonensis* Ac10 の蛍光顕微鏡観察像．分裂中の細胞で，二つの核様体をもつものを観察[口絵参照].

■ **KEYWORD** 📖マークは用語解説参照

- ■生体膜(biological membrane)
- ■脂質二分子膜(lipid bilayer)
- ■流動モザイクモデル(fluid mosaic model)
- ■マイクロドメイン(microdomain)📖
- ■リン脂質(phospholipid)
- ■多価不飽和脂肪酸(polyunsaturated fatty acid)
- ■エイコサペンタエン酸(eicosapentaenoic acid)
- ■ケミカルシャペロン(chemical chaperone)📖
- ■クリックケミストリー(click chemistry)

はじめに

細胞は脂質二分子膜を基本構造とする膜で囲まれている．グリセロリン脂質は生体膜の主成分であり，それらが会合することで脂質二分子膜が形成される．膜は細胞内外のインターフェースとして，物質の選択的な輸送や情報の伝達などを担い，生命活動に必須の役割を果たしている．Singer と Nicolson の流動モザイクモデルに示されるように，生体膜の脂質二分子膜にはさまざまな膜タンパク質がモザイク状に埋め込まれている[1]．脂質二分子膜には流動的な性質があり，それにより生命活動の維持に必須な膜タンパク質の側方拡散や構造変化が可能になる．

脂質二分子膜の主成分であるグリセロリン脂質は，真正細菌や真核生物では図 1-1 のような基本構造をもつ．親水性頭部と疎水性尾部のいずれにも大きな構造多様性があるが，脂質二分子膜の流動性に大きく影響するのは疎水性尾部のアシル鎖の構造である．脂質分子が会合して生体膜を構築する際，飽和のアシル鎖は直線的な構造をとりやすく，密に充塡された会合体を形成しやすいが，cis 型の二重結合をもつアシル鎖は，二重結合において折れ曲がった構造をとるため，密に充塡された構造を取りにくい．そのため，cis 型二重結合をもつアシル鎖を多く含む生体膜のほうが高い流動性をもつ．

脂質二分子膜は一定の温度を下回ると相転移を起こしてゲル化するが，cis 型二重結合をもつアシル鎖を多く含む膜では相転移温度が低く，低温条件でも比較的高い流動性が保持される．実際，低温環境に適応した生物では，生体膜に二重結合をもつアシル鎖が多い傾向にある[2]．このように，生体膜を構成するグリセロリン脂質中の不飽和アシル鎖は，膜の流動性保持に重要な役割を担っている．

種々の真正細菌や真核生物の生体膜には，二重結合を分子内に一つもつモノ不飽和脂肪酸を含有するグリセロリン脂質に加えて，複数の二重結合をもつ多価不飽和脂肪酸を含有するグリセロリン脂質も含まれる．多価不飽和脂肪酸含有リン脂質には，モノ不飽和脂肪酸含有リン脂質と同様に，膜流動性を高める機能があるが，そのような機能に加えて，多価不飽和脂肪酸含有リン脂質に特有の機能があること

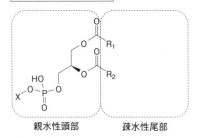

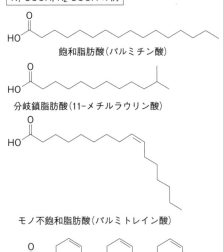

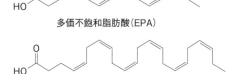

図 1-1　生体膜を構成するグリセロリン脂質の基本構造
R_1, R_2：炭化水素鎖，X-OH：エタノールアミン，グリセロール，コリン，L-セリン，*myo*-イノシトール，ホスファチジルグリセロールなど．

が近年の研究によって明らかにされつつある．多価不飽和脂肪酸はヒトの健康にも強く関係し，エイコサペンタエン酸(eicosapentaenoic acid: EPA)やドコサヘキサエン酸(docosahexaenoic acid: DHA)といった多価不飽和脂肪酸は，健康食品としても近年，脚光を浴びている．本章では，生体膜における多価不飽和脂肪酸含有リン脂質の機能について，最近の研究成果と今後の展望について紹介する．

1 多価不飽和脂肪酸含有リン脂質の構造と生合成

生体膜リン脂質のアシル鎖成分として存在する多価不飽和脂肪酸のうち，とくに脚光を浴びているものに，炭素鎖長 20 で cis 型二重結合を五つもつ EPA と炭素鎖長 22 で cis 型二重結合を六つもつ DHA がある．いずれの脂肪酸でも隣接する二重結合は共役しておらず，二つの二重結合の間にメチレン基（$-CH_2-$）が介在している（図 1-1）．これらの脂肪酸は，ω 末端に最も近い二重結合が ω 末端から炭素 3 個分離れた位置に存在することから，ω3 多価不飽和脂肪酸と呼ばれる．ヒトは ω3 多価不飽和脂肪酸を de novo 合成することができず，食物からこれらの脂肪酸，あるいはその前駆体（α-リノレン酸など）を摂取する必要がある[3]．一方，海洋性微生物には，EPA や DHA を de novo 合成できるものが多く知られている[4,5]．これらの微生物が産生する EPA や DHA は食物連鎖によって魚類に蓄積し，魚類を介してヒトにも摂取されると考えられている．EPA や DHA は，ほかの脂肪酸と同様，アシル鎖としてグリセロリン脂質に取り込まれるが，これらは主として sn-2 位のアシル鎖（図 1-1，R_2-CO-）として存在する[6]．

2 多価不飽和脂肪酸含有リン脂質の生理機能

EPA や DHA はさまざまな生理活性をもつ脂質メディエーターの前駆体として機能することが広く知られているが，そのような機能に加えて，グリセロリン脂質のアシル鎖成分として生体膜の物性や機能にも影響を及ぼす．近年，EPA 生産性細菌を用いて，生体膜の機能発現における EPA 含有リン脂質の様々な役割が明らかにされつつある[5]．

海洋性細菌 Shewanella livingstonensis Ac10 は 0℃ 付近の低温環境で，全脂肪酸の 5％程度を占める EPA を産生し，EPA は膜リン脂質の sn-2 位アシル鎖として存在する．この細菌において，EPA 生合成酵素の遺伝子を破壊して EPA を欠損させると，低温での生育速度が著しく減少することが見いだされた[7]．その際，細胞が異常に伸長し，それらの細胞中には複数の核様体が見いだされた．一般に，細菌の細胞分裂では，細胞の伸長に伴って DNA の複製・分配が起こり，それらにつづいて細胞が分離する．この EPA 欠損株の結果は，EPA 含有リン脂質が細胞分裂における細胞分離の過程で機能することを示唆するものである．また，EPA 欠損株と野生株では細胞全体の膜流動性に顕著な差が見いだされなかったことから，膜流動性はこの菌の主要な脂肪酸であるパルミトレイン酸（モノ不飽和脂肪酸の一種）を含むリン脂質によって保持されており，微量成分である EPA 含有リン脂質には膜全体の流動性保持とは異なる特有の機能があると考えられた．

生体に見られる EPA や DHA などの多価不飽和脂肪酸の多くは，前述のように，隣接する二重結合間にメチレン基が介在する構造をもつ．メチレン基炭素原子と隣接する不飽和炭素原子間の単結合は飽和炭素原子間の単結合と比べて，回転のエネルギー障壁が低いことが計算機科学的手法によって明らかにされている[8]．このことにより，EPA や DHA のような非共役型多価不飽和脂肪酸は，炭素鎖の湾曲度が異なるきわめて多様なコンフォメーションを容易にとることができる．つまり，EPA や DHA を含むグリセロリン脂質は，疎水性尾部がかさ高いコーン型のコンフォメーションから，シリンダー型に近いコンフォメーションまで，多様な構造を取りうるものと考えられる．

細胞分裂部位では分裂の進行に伴う細胞膜の陥入・分離によって膜の曲率が大きく変化するが，このような膜曲率の変化に適合するうえで，コンフォメーション変化が容易なアシル鎖をもつリン脂質の存在が有利に働くのかもしれない．あるいは，このような多価不飽和脂肪酸含有リン脂質のユニークな特性が，細胞分裂関連タンパク質の生合成や機能発現に関与する可能性も考えられる．

一方，本菌の膜タンパク質組成は EPA の有無で大きく異なることが見いだされ，EPA 含有リン脂質が膜タンパク質の生合成に関与することも示唆された[7]．実際に in vitro で変性させた膜タンパク質をリポソームの膜内でフォールディングさせる実験では，EPA 含有リン脂質を含むリポソームを用いた際に，EPA 非含有のリポソームを用いた場合よ

りも速やかにフォールディングが進むことが見いだされ，EPA含有リン脂質には膜タンパク質のフォールディングを促進させるケミカルシャペロンとしての機能があることも示された[9]．タンパク質の膜内でのフォールディングは，タンパク質表面と膜の主成分であるグリセロリン脂質が相互作用した状態で進行するものと考えられる．フォールディングの進行に伴って変化するタンパク質表面の凹凸に，コンフォメーション変化が容易なグリセロリン脂質が結合していることが，フォールディングの促進に寄与するのかもしれない．

3 多価不飽和脂肪酸含有リン脂質の細胞内挙動の解明に有用な化合物の設計・合成・活用

生体膜中では脂質やタンパク質が完全に自由に拡散しているわけではなく，さまざまな脂質やタンパク質が特定の領域に集積し，マイクロドメインと呼ばれる機能領域をつくることが知られている[10]．たとえば動物細胞では，スフィンゴ脂質とコレステロールに富むマイクロドメインがあり，GPIアンカー型タンパク質が集積し，シグナル伝達において重要な役割を担うと考えられている[11]．よって，多価不飽和脂肪酸含有リン脂質も何らかのマイクロドメインを構成し，生理機能を発現している可能性が考えられる．しかし，細胞に存在する多価不飽和脂肪酸含有リン脂質そのものを可視化して，そのようなマイクロドメインの存在を直接的に示すことはむずかしい．そこで筆者らは，可視化可能なEPAやEPA含有リン脂質のアナログ分子を合成し，それらの細胞内挙動の解析を行ってきた．

生体分子を蛍光標識し，蛍光顕微鏡で観察することは，目的分子の細胞内挙動を明らかにするうえで有効な手段である．筆者らは，EPA含有リン脂質の蛍光標識アナログとして，図1-2に示す化合物を合成した[12]．

この化合物（Acylalkyl-EPA）は，蛍光発色団として7-ニトロ-2,1,3-ベンゾオキサジアゾール-4-イル（7-nitro-2,1,3-benzoxadiazol-4-yl: NBD）基を親水性頭部にもち，*sn*-2位にはエーテル結合を介してエイコサペンタエニル基が結合している．天然型EPA含有リン脂質では，*sn*-2位にエステル結合を介してエイコサペンタエノイル基が結合しているが，リン脂質のエステル結合は細胞内でホスホリパーゼの作用などで容易に加水分解されるため，それを回避するためにエーテル結合で置き換える設計とした．対照として，エイコサペンタエニル基の代わりにオレイル基をもつ化合物（Acylalkyl-OLA）も合成した．

これらの化合物を *S. livingstonensis* Ac10 に添加したところ，いずれの化合物においても*sn*-1位のアシル鎖が，この菌の主要な脂肪酸に由来するアシル鎖に置換されたことが見いだされ，これらの化合物が細胞に取り込まれ，細胞中の酵素で代謝変換されたことが示された．これらの細胞を蛍光顕微鏡で観察した結果，Acylalkyl-EPA添加細胞では，二

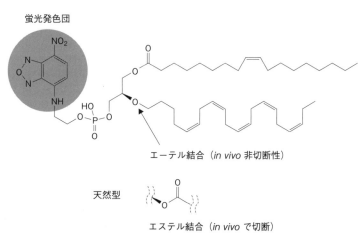

図1-2 蛍光標識EPA含有リン脂質アナログAcylalkyl-EPAの構造

つの核様体をもつ分裂中の細胞において，分裂部位の核様体閉鎖領域に強い蛍光シグナルが見られた（口絵参照）．一方，Acylalkyl-OLA添加細胞では，そのような蛍光シグナルの局在化は認められなかった．これらの結果は，リン脂質が sn-2 位の多価不飽和炭化水素鎖の構造依存的に細胞分裂部位に濃縮されることを示している．EPA欠損株において細胞分裂阻害が生じた結果と考え合わせると，EPA含有リン脂質が細胞分裂部位に濃縮されて細胞の分離に重要な役割を果たしていることが示唆される．具体的な役割は未解明だが，前節で述べたように，コンフォメーション変化が容易な多価不飽和脂肪酸含有リン脂質の存在が，膜の大きな曲率変化が生じる細胞分裂部位において有利に働く可能性や，細胞分裂関連タンパク質の機能発現を多価不飽和脂肪酸含有リン脂質が介助している可能性などが考えられる．

このように蛍光標識リン脂質を用いることで sn-2 位の炭化水素鎖依存的なリン脂質の局在化が示されたが，その一方，筆者らは，このアナログ分子が天然型リン脂質の機能を完全には代替できないことも見いだしている．すなわち，S. livingstonensis Ac10 の EPA 欠損株に天然型 EPA 含有リン脂質を添加すると細胞分裂不全などの異常が抑制されるが，Acylalkyl-EPA を添加しても異常の抑制は見られない．したがって，この蛍光標識化合物で見られた局在性が，天然型 EPA 含有リン脂質の局在性を厳密に反映したものか，検討の余地もある．

そこで筆者らは，天然型 EPA をよりよくミミックしたアナログとして，図 1-3 に示す化合物（eEPA）を設計・合成した[13]．eEPA は，EPA の ω 末端メチル基がエチニル基（−C≡CH）で置換された構造をもつ．エチニル基はクリックケミストリーの手法により，アジド基と特異的に結合させることができるため，アジド基をもつ蛍光化合物と結合させて，蛍光顕微鏡で細胞内分布を解析することが可能である[14]．また，エチニル基は特徴的なラマンシグナルをもつため，ラマン顕微鏡による可視化も可能である[15]．エチニル基は一般に生体分子には含まれないことから，外部添加した eEPA を取り込んだリ

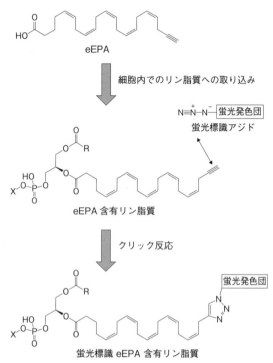

図 1-3　ω-エチニル型 EPA アナログ（eEPA）の構造および蛍光標識アジドとの反応による可視化

ン脂質をこのような手法によって特異的に検出できると期待された．

エチニル基はかさが低く，EPA の生理機能発現に顕著な影響を及ぼさないことが期待されたため，S. livingstonensis Ac10 において，天然型 EPA の機能を eEPA が代替できるか検討した[13]．その結果，この菌の EPA 欠損株に eEPA を添加した場合，天然型 EPA を添加した場合と同様，リン脂質のアシル鎖として細胞に取り込まれるとともに，細胞分裂阻害が抑制されることを見いだした．したがって，S. livingstonensis Ac10 では eEPA が天然型 EPA と同等の生理機能をもつことを示しており，eEPA が天然型 EPA と同等の細胞内局在性をもつことが考えられた．

そこで，アジド基をもつ蛍光化合物をクリックケミストリーの手法で特異的に結合させることによって，eEPA の可視化を試みた（図 1-3）．対照として，S. livingstonensis Ac10 の主要な脂肪酸であるパルミトレイン酸の ω 末端メチル基をエチニル基で置

換したePALを合成し，ePAL添加細胞についても，同様の処理を行った．その結果，eEPA添加細胞，ePAL添加細胞のいずれにおいても，細胞周縁部の細胞膜と考えられる部位において強い蛍光シグナルが観察され，膜リン脂質に取り込まれたeEPAとePALが蛍光標識されたものと考えられた．

さらに詳細にeEPAとePALの細胞内分布を観察した結果，eEPA添加細胞では，強い蛍光強度をもつドット状のシグナルが多く観察され，ePALに比べて不均一な分布をしていることが見いだされた．これは局所的にEPA含有リン脂質が濃縮された細胞膜領域が存在することを示唆するもので，物理化学的性質や生化学的性質がほかとは異なるこのような膜領域の存在が，細胞分裂や膜タンパク質生合成において重要な役割を果たすことが考えられた．これまでのところ，ドット状のシグナルが細胞の全域に散在する結果が得られているが，これらが細胞分裂時に分裂部位に集積する可能性などについて今後の検討が必要である．

4 まとめと今後の展望

以上のように，多価不飽和脂肪酸含有リン脂質には特有の生理機能があり，細胞膜中の特定領域に集積して生理機能を発揮することが示唆されている．生体膜には多価不飽和脂肪酸以外にも多様なアシル鎖をもつリン脂質が存在しており，それらにも独特な生理機能があることが考えられる．膜リン脂質多様性の生理的意義について，親水性頭部に着目した研究とともに，今後，本章で紹介したような疎水性尾部の多様性に着目した研究が展開し，生体膜の機能発現機構の詳細が分子レベルで明らかにされていくことが期待される．そこで得られる知見は，生体膜の精密な機能制御にも道を拓くと考えられ，細胞の高度利用によるバイオテクノロジーの進展にも寄与することが期待される．

◆ 文 献 ◆

[1] S. J. Singer, G. L. Nicolson, *Science*, **175**, 720 (1972).
[2] J. R. Hazel, E. E. Williams, *Prog. Lipid Res.*, **29**, 167 (1990).
[3] J. G. Wallis, J. L. Watts, J. Browse, *Trends Biochem. Sci.*, **27**, 467 (2002).
[4] J. G. Metz, P. Roessler, D. Facciotti, C. Levering, F. Dittrich, M. Lassner, R. Valentine, K. Lardizabal, F. Domergue, A. Yamada, K. Yazawa, V. Knauf, J. Browse, *Science*, **293**, 290 (2001).
[5] K. Yoshida, M. Hashimoto, R. Hori, T. Adachi, H. Okuyama, Y. Orikasa, T. Nagamine, S. Shimizu, A. Ueno, N. Morita, *Mar. Drugs*, **14**, 94 (2016).
[6] T. Ogawa, A. Tanaka, J. Kawamoto, T. Kurihara, *J. Biochem.* **164**, 33 (2018).
[7] J. Kawamoto, T. Kurihara, K. Yamamoto, M. Nagayasu, Y. Tani, H. Mihara, M. Hosokawa, T. Baba, S. B. Sato, N. Esak, *J. Bacteriol.*, **191**, 632 (2009).
[8] S. E. Feller, *Chem. Phys. Lipids*, **153**, 76 (2008).
[9] X. Dai, J. Kawamoto, S. B. Sato, N. Esaki, T. Kurihara, *Biochem. Biophys. Res. Commun.*, **425**, 363 (2012).
[10] H. Strahl, J. Errington, *Annu. Rev. Microbiol.*, **71**, 519 (2017).
[11] K. Simons, E. Ikonen, *Nature*, **387**, 569 (1997).
[12] S. Sato, J. Kawamoto, S. B. Sato, B. Watanabe, J. Hiratake, N. Esaki, T. Kurihara, *J. Biol. Chem.*, **287**, 24113 (2012).
[13] T. Tokunaga, B. Watanabe, S. Sato, J. Kawamoto, T. Kurihara, *Bioconjug. Chem.*, **28**, 2077 (2017).
[14] H. C. Kolb, M. G. Finn, K. B. Sharpless, *Angew. Chem. Int. Ed.*, **40**, 2004 (2001).
[15] H. Yamakoshi, K. Dodo, M. Okada, J. Ando, A. Palonpon, K. Fujita, S. Kawata, M. Sodeoka, *J. Am. Chem. Soc.*, **133**, 6102 (2011).

Part II 研究最前線

Chap 2

ペプチドの構造制御による筋肉増強薬をめざしたマイオスタチン阻害ペプチドの創製

Structural-based Optimization of Myostatin Inhibitory Peptides

林 良雄　高山 健太郎
（東京薬科大学薬学部）

Overview

マイオスタチンは筋肉増殖の負の調節因子であり，その欠損により筋肉重量が増加する．したがって，その阻害剤開発は多様な筋萎縮性障害の治療につながる．筆者らは，マウスプロペプチド配列中の23残基（21～43位）からなるペプチドがヒトマイオスタチンを有意に阻害するという発見を礎に，その構造的特性に注目して高活性阻害ペプチドの創製研究を展開している．本章では，Ala および Pro スキャンによる阻害活性発現に必須な構造の系統的探索と CD (circular dichroism, 円二色性) スペクトルに基づいた二次構造解析から，サブマイクロモルの IC_{50} 値をもつ直鎖ペプチド（22残基）の創製を紹介する．この直鎖ペプチドは実用的なマイオスタチン阻害剤の創製に重要なリード化合物として貢献できると思われる．

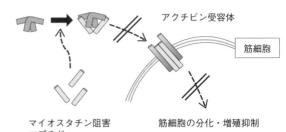

▲阻害ペプチドによるマイオスタチン筋抑制作用の解除

■ **KEYWORD** 📖マークは用語解説参照

- マイオスタチン (myostatin)
- 筋萎縮性障害 (amyotrophic disorder)
- 筋ジストロフィー (muscular dystrophy)
- マイオスタチン阻害剤 (myostatin inhibitory)
- ペプチド二次構造 (peptide secondary structure)
- 円二色性 (CD) スペクトル (circular dichroism spectra)
- 中分子ペプチド創薬 (mid-sized peptide drug discovery)
- Ala スキャン (alanine scanning)

はじめに

マイオスタチンは，トランスフォーミング増殖因子-β(TGF-β)スーパーファミリータンパク質に属する25KDaのホモ二量体タンパク質で，筋肉の増殖を負に調節する因子である[1]．この因子の遺伝的機能不全は，筋肉量の増加を伴うことが知られている．マイオスタチン阻害剤は，筋ジストロフィーや筋肉崩壊に伴うがん悪液質，加齢などの筋肉減少症および不使用筋萎縮を含む筋萎縮性障害に対する治療薬になる可能性がある[2]．最近，抗体を用いたマイオスタチン阻害剤の研究も報告されているが[3]，筆者らはマイオスタチンを効果的に阻害する20残基程度の中分子ペプチドの創製研究を進めている[4~8]．

骨格筋で産生されるマイオスタチン前駆体タンパク質は，furin様プロテアーゼで切断され，切断除去されるプロペプチドと成熟マイオスタチン（ジスルフィドホモ二量体）に分割される[9]．成熟マイオスタチンは，筋肉細胞上のキナーゼ型受容体であるアクチビン受容体に結合し，細胞内でのSmadタンパク質のリン酸化を介して遺伝子発現を制御する．しかし，生成した成熟マイオスタチンは，まず自身のプロペプチド2分子と相互作用し，細胞外マトリックス上に不活性複合体として保持される（図2-1）[2,10,11]．TGF-β1においても同様な不活性複合体が報告されているが，プロペプチドのN末端側αヘリックス領域が，成熟マイオスタチンのI型受容体結合ポケット（C末端側）と相互作用し，受容体結合を阻害することが明らかとなっている[12~14]．

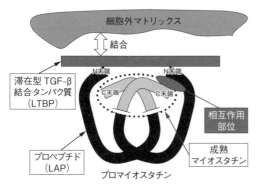

図2-1 不活性状態のマイオスタチン

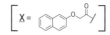

図2-2 マイオスタチン阻害ペプチド

下線部はペプチド1から改変したアミノ酸残基．IC$_{50}$：マイオスタチン阻害活性（文献8より改変）．

これらの知見をもとに，川崎医科大学の砂田らは，抗体Fc融合タンパク質として発現したマウスプロペプチド区分配列のスクリーニングから，N末端側のαヘリックス領域含むプロペプチド19~47位に相当する29残基の区分ペプチドに，顕著なマイオスタチン阻害活性があることを発見した（ヒト・マウスの成熟配列は同一である）[4]．筆者らは，この区分ペプチドを起点として阻害活性に必須な最小ペプチド配列の同定を化学合成により検討した．

マイオスタチン応答性レポーターベクターを用いたルシフェラーゼレポーターアッセイにより評価したところ，23残基（21~43位）からなるマウスプロペプチド配列由来のペプチド1（IC$_{50}$ = 3.53 ± 0.25 μmol L^{-1}，図2-2）が，有効なヒトマイオスタチン阻害活性を示す最小配列であることを突き止めた[5,6]．なお，マウスプロペプチド配列に相当するヒトプロペプチド配列は弱い阻害活性しか示さなかった．ペプチド1のマイオスタチンに対する解離定数（K_D）が29.7 nmol L^{-1}であったことから，ペプチド1はマイオスタチンに直接作用し，受容体への結合を強力に阻害することが示唆された．しかし，ペプチド1の阻害活性は，プロペプチド自体のIC$_{50}$値（数nmol L^{-1}）[14]と比べて約2500倍弱く，プロペプチドに対するペプチド1の分子量比（プロペプチドの約1/130）を考慮しても実用的な筋肉増強剤の創製には阻害活性の強化が必要であった．本章では，ペプチド1の構造特性の解明とさらなる活性増強をめざした最新の構造活性相関研究を述べる．

1 N末端構造の最適化

ペプチド1のN末端Trp残基は阻害活性に必須であったが，阻害活性と生体内安定性の向上のため，

この Trp 残基のアシル基への置換を検討した[6]. 具体的には, Trp 残基をさまざまなアシル基に置換した 36 種類のペプチド **1** 誘導体を Fmoc 固相法にて合成した. 合成ペプチドの純度は, 逆相 HPLC による分析において 95% 以上とし, 前述のルシフェラーゼレポーターアッセイによりマイオスタチン阻害活性を評価した. その結果, Trp 残基を 2-ナフチルオキシアセチルに置換したペプチド **2**(図 2-2)が, ペプチド **1** より 3 倍強い阻害活性(IC_{50} = 1.19 ± 0.11 μmol L^{-1})をもつことを見いだした. なお, ペプチド **2** は activin A や TGF-β1 の作用に対して顕著な阻害活性を示さなかった.

2 阻害活性に重要なアミノ酸の同定

活性発現の鍵となるアミノ酸残基を同定するために, ペプチド **1** の 32 位の Ala(Ala32)以外のすべての残基をそれぞれ Ala に置換した 22 種のペプチドを合成(Ala スキャン)し, マイオスタチンプロペプチドおよびペプチド **1** をポジティブコントロールとしてマイオスタチン阻害活性を評価した. その結果, 図 2-3 に示すように, 活性に重要なアミノ酸残基では, Ala 置換により阻害活性が大幅に低下(相対ルシフェラーゼ活性の上昇)した[7]. それらは, Trp21, Tyr27, Ile30, Ile33, Ile35, Ile37, Leu38, Leu41 および Leu43 であった. すべて疎水性アミノ酸であることから, ペプチド **1** はおもに疎水性相互作用によりマイオスタチンと相互に作用することが示唆された.

次に, 活性に重要な Tyr27 に焦点をあてた最適化を行った. 27 位の Tyr を別のアミノ酸に置換したところ, Y27H[†], Y27Q, Y27R および Y27E では活性が減弱し, Y27F, Y27y[*] および Y27W では同等な活性が維持された(図 2-4). この結果から, 27 位は疎水性の芳香環をもつ L- または D- アミノ酸で代替できることが示唆された.

[†] Y27H は 27 位の Tyr(Y)を His(H)に置換したことを意味する.
[*] 小文字は D 体アミノ酸.

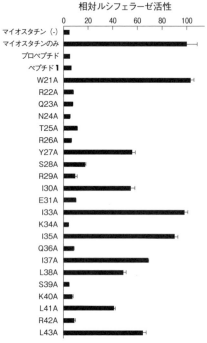

図 2-3 Ala 置換体におけるマイオスタチン阻害活性
ルシフェラーゼレポーターアッセイ. 細胞株: HEK293; 濃度: ペプチド 10 μmol L^{-1}, ポジティブコントロール(組換えマウスプロペプチド)10 nmol L^{-1}, マイオスタチン 8 ng mL^{-1} (0.32 nmol L^{-1}); 培養: 4 h. 値は平均値±標準偏差(n = 3)で示す(文献 7 より改変).

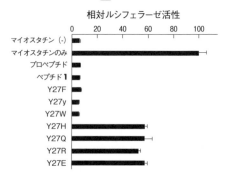

図 2-4 ペプチド 1 の Tyr27 置換体のマイオスタチン阻害活性
ルシフェラーゼレポーターアッセイ. 各種測定条件などは図 2-3 参照(文献 7 より改変).

3 阻害活性とペプチドの二次構造

すでにCD(circular dichroism)スペクトルの測定から，ペプチド1が10% TFE溶液中でαヘリックス構造を形成する傾向があることが知られており[5]，この構造を崩壊させる目的でProスキャンを実施した．Alaスキャンの結果から，阻害活性に影響しない5か所(Asn24，Ser 28，Ala32，Gln 36 およびLys 40)をそれぞれPro残基に置換したペプチドを合成した[7]．その結果，A32PおよびQ36Pでは阻害活性の極端な低下が，S28PおよびK40Pでは若干の阻害活性の低下が観察された．一方，N24Pでは活性が維持された〔図2-5(a)〕．またCDスペクトルの測定から，A32P，Q36PおよびK40Pでは，αヘリックス傾向の低下が観察された〔図2-5(b)〕．これらの結果から，マイオスタチン阻害活性には，

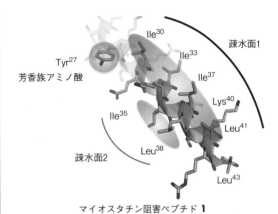

図2-6　ペプチド1の3Dヘリカルモデル(26〜43位)
文献7より改変[口絵参照]．

32〜40位近辺を中心に形成されるαヘリックス構造がとくに重要であることが明らかになった．

この知見をもとにペプチド1の26〜43位に焦点をあてた3Dヘリカルモデル〔MOE(molecular operating environment)，分子操作環境システム〕を構築した(図2-6)[7]．疎水面1を青色，疎水面2を赤色で示した．興味深いことに，活性に重要なC末端部Leu43は，これらの疎水面に属さなかった．つまり，マイオスタチンとの間には別の相互作用の存在が推測される．さらに，Leu41は疎水面1の形成に関与していると思われるが，Lys40のProへの置換による阻害活性への影響が小さかったことから，疎水面1は30，33および37位の三つのIle残基から構成されると推測される．一方，疎水面2のIle35は，TGF-β1プロドメインではGlyに相当する．すなわち，この疎水面2は，マウスマイオスタチンプロペプチドに特有であると考えられる．

4 高活性ペプチド3の創製とin vivo活性

阻害ペプチド1において，活性に重要な複数のIle(30, 33, 37位)とLeu(38, 41, 43位)の側鎖アルキル鎖構造の重要性を理解するために，両者を入れ換えた誘導体の合成を行った．その結果，側鎖構造の微妙な相違が活性に影響し，なかでも38位のLeuからIleへの変換(L38I)において，活性の増強が観察された[8]．一方，Alaスキャンで検討できなかったAla32について，さまざまなアミノ酸へ置換

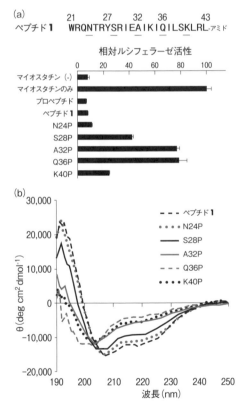

図2-5　Pro置換体のマイオスタチン阻害活性(a)およびそのCDスペクトル(b)
ルシフェラーゼレポーターアッセイ．測定条件などは図2-3参照．CDスペクトル：10% TFE in 20 mmol L^{-1} PBS(pH 7.4)，ペプチド濃度：5 μmol L^{-1}．(文献7より改変)．

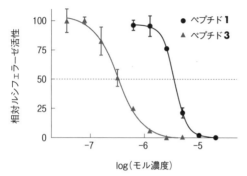

図 2-7　マイオスタチン阻害の濃度依存性
ルシフェラーゼレポーターアッセイ．測定条件などは図 2-3 参照（文献 8 より改変）．

の IC_{50} 値をもち，濃度依存的にマイオスタチンの作用を阻害した（図 2-7）．また，ペプチド **3** の活性値は，ペプチド **1** に対して 11 倍，ペプチド **2** に対して 3.7 倍強力であった[8]．

最後に，ペプチド **3** の効果を *in vivo* で評価した．ペプチド溶液（30 nmol）をデュシェンヌ型筋ジストロフィーモデル動物の mdx マウスおよび野生型 ICR マウスの前脛骨筋（tibialis anterior：TA）または腓腹筋（gastrocnemius muscle：GAS）に投与し，42 日目の筋肉重量を測定した．ペプチド **3** は，生理食塩水投与群に比べて mdx マウスでは TA 筋肉重量が 10〜19％増加した〔図 2-8（a）〕．また ICR マウスでは，TA および GAS 筋肉重量がそれぞれ 10〜34％および 11〜35％増加した〔図 2-8（b）〕．野生型および病態モデルの両マウスにおいて，ペプチド **3** の筋肉増強効果が確認された．さらに，ヘマトキシリン・エオシン染色に基づく組織学的解析を行った．その結果，生理食塩水投与群に比べて筋線維サイズの増加を誘導していることが示唆された

した 11 種のペプチド誘導体を合成した．いずれの誘導体においても阻害活性の向上が見られた．とくに Trp（A32W）および Val（A32V）への置換が最も強い阻害活性を示した．以上の結果より，N 末端を 2-ナフチルオキシアセチル基に，32 位を Trp 残基に，38 位を Ile 残基に置換したペプチド **3** を合成した（図 2-2）．このペプチドは，$0.32 \pm 0.05\ \mu mol\ L^{-1}$

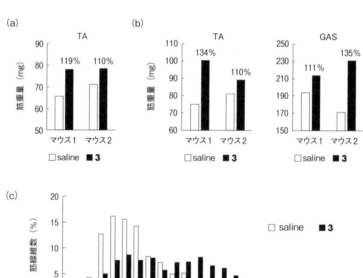

図 2-8　高活性ペプチド 3 の *in vivo* 活性
（a）mdx マウスと（b）ICR マウスの筋肉重量（$n = 2$）．コントロール群を 100 として比較した場合のそれぞれ増加率をグラフ中に示した．（c）ペプチド **3** および生理食塩水を投与したマウスの筋肉の断面積および筋線維サイズの分布．TA：脛骨筋，GAS：腓腹筋（文献 7 より改変）．

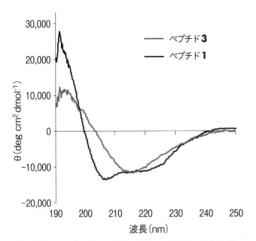

図 2-9　ペプチド 1 および 3 の CD スペクトル
測定条件は図 2-5 参照（文献 8 より改変）．

〔図 2-8（ｃ）〕[8]．

　また，CD スペクトル解析から（図 2-9），αヘリックス傾向を示すペプチド **1** に対し，ペプチド **3** はβシート傾向を示した．比較すると，216 nm 付近に負の吸収帯が出現し，192 nm 付近の正の吸収帯が減少している．この詳細は不明であるが，ペプチド **3** がマイオスタチンとより適切な疎水相互作用を形成するため，βシート構造の特性を高めた可能性が考えられる．今後，さらに詳細な解析を実施する予定である．

5　まとめと今後の展望

　筆者らは，マイオスタチンとその受容体の結合を阻害するマイオスタチン結合ペプチドをマウスマイオスタチンプロペプチドから区分ペプチドとして抽出した．そして，構造的特性を探りながら構造活性相関を展開することで，サブマイクロモルの IC_{50} 値をもつ 22 残基の直鎖ペプチド **3** の創製に成功した．このペプチドは，実用的マイオスタチン阻害剤の獲得において重要なリード化合物である．今後，構造特性の解析に基づくさらなる高活性化，短鎖化および生体内安定化の研究を深化させることで，新たな筋肉強化療法の確立を実現したいと考えている．

◆ 文　献 ◆

[1] A. C. McPherron, A. M. Lawler, S.-J. Lee, *Nature*, **387**, 83 (1997).

[2] T. A. Zimmers, M. V. Davies, L. G. Koniaris, P. Haynes, A. F. Esquela, K. N. Tomkinson, A. C. McPherron, N. M. Wolfman, S. J. Lee, *Science*, **296**, 1486 (2002).

[3] S. Bogdanovich, T. O. Krag, E. R. Barton, L. D. Morris, L. A. Whittemore, R. S. Ahima, T. S. Khurana, *Nature*, **420**, 418 (2002).

[4] Y. Ohsawa, K. Takayama, S. Nishimatsu, T. Okada, M. Fujino, Y. Fukai, T. Murakami, H. Hagiwara, F. Itoh, K. Tsuchida, Y. Hayashi, Y. Sunada, *PLoS One*, **10**, e0133713 (2015).

[5] K. Takayama, Y. Noguchi, S. Aoki, S. Takayama, M. Yoshida, T. Asari, F. Yakushiji, S. Nishimatsu, Y. Ohsawa, F. Itoh, Y. Negishi, Y. Sunada, Y. Hayashi, *J. Med. Chem.*, **58**, 1544 (2015).

[6] K. Takayama, A. Nakamura, C. Rentier, Y. Mino, T. Asari, Y. Saga, A. Taguchi, F. Yakushiji, Y. Hayashi, *ChemMedChem.*, **11**, 845 (2016).

[7] T. Asari, K. Takayama, A. Nakamura, T. Shimada, A. Taguchi, Y. Hayashi, *ACS Med. Chem. Lett.*, **8**, 113 (2017).

[8] K. Takayama, C. Rentier, T. Asari, A. Nakamura, Y. Saga, T. Shimada, K. Nirasawa, E. Sasaki, K. Muguruma, A. Taguchi, A. Taniguchi, Y. Negishi, Y. Hayashi, *ACS Med. Chem. Lett.*, **8**, 751 (2017).

[9] S.-J. Lee, A. C. McPherron, *Proc. Natl. Acad. Sci.*, **98**, 9306 (2001).

[10] T. A. Zimmers, M. V. Davies, L. G. Koniaris, P. Haynes, A. F. Esquela, K. N. Tomkinson, A. C. McPherron, N. M. Wolfman, S.-J. Lee, *Science*, **296**, 1486 (2002).

[11] S. B. Anderson, A. L. Goldberg, M. Whitman, *J. Biol. Chem.*, **283**, 7027 (2008).

[12] K. L. Walton, Y. Makanji, J. Chen, M. C. Wilce, K. L. Chan, D. M. Robertson, C. A. Harrison, *J. Biol. Chem.*, **285**, 17029 (2010).

[13] M. Shi, J. Zhu, R. Wang, X. Chen, L. Mi, T. Walz, T. A. Springer, *Nature*, **474**, 343 (2011).

[14] P. Arounleut, P. Bialek, L. F. Liang, S. Upadhyay, S. Fulzele, M. Johnson, M. Elsalanty, C. M. Isales, M. W. Hamrick, *Exp. Gerontol.*, **48**, 898 (2013).

Chap 3

生体膜の状態を変える
ペプチドと細胞操作

Peptides Modulating Structure and Packing States of Biomembranes for Cell Manipulation

二木 史朗
(京都大学化学研究所)

Overview

近年，細胞膜の形態変化は，脂質の形状だけではなく，細胞内のタンパク質によって誘導されることが明らかとなってきた．細胞膜の形態変化には，膜の曲がり具合(曲率)の変化が伴う．したがって，膜曲率を人為的に誘導・制御する技術は，新しい細胞操作技術(＝曲率工学)になりうるのではないかと夢見て研究を進めている．ツールとして使用するのは，細胞内で曲率誘起や曲率感知にたずさわっているタンパク質由来のヘリックスペプチドである．タンパク質から切りだした 20 個程度のアミノ酸からなるペプチドでも，曲率誘導能や膜変形活性をもつことや，膜の脂質パッキング状態に影響をあたえうることが明らかになってきた．

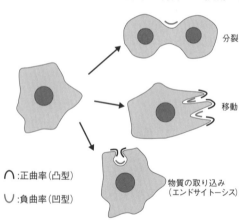

▲細胞の営みにはさまざまな膜の形態変化(曲率変化)が伴う [口絵参照]

■ KEYWORD □マークは用語解説参照

- 細胞膜(cell membrane)
- BAR ドメイン(BAR domain)
- ENTH ドメイン(ENTH domain)
- エプシン(epsin)
- 膜曲率(membrane curvature)
- 脂質パッキング状態(lipid packing state)
- 細胞透過ペプチド(cell-penetrating peptide：CPP)
- 走査型イオンコンダクタンス顕微鏡(scanning ion conductance microscope：SICM)
- エンドサイトーシス(endocytosis)

はじめに

細胞膜は，細胞の内外を隔てる障壁として働く．しかし，これは決して固定された隔壁ではなく，細胞は自身の置かれた状況（たとえば移動，分裂，融合など）に応じて臨機応変にその形や状態を変えることで，健全な営みを行っている．また，細胞が形を変える際には細胞膜の曲がり具合（曲率）の変化を伴う．以前は，細胞膜の曲率は細胞膜の構成脂質によって決定されると考えられてきた．細胞膜を構成するリン脂質はその頭部（リン酸を含む親水性部分）と尾部（アシル鎖からなる疎水性部分）から構成される．たとえば，ホスファチジルエタノールアミンはホスファチジルコリンなどと比べ，頭部が尾部より小さい〔円錐型，コーン（cone）型〕．したがって，このようなリン脂質が密集すると，脂質頭部に比べて尾部がよりかさ張るため，凹型の負の曲率を形成すると考えられてきた〔図3-1（a）〕．

しかし，近年，さまざまなタンパク質が細胞膜の構造を規定することが明らかになってきた[1]．たとえば，ENTH（epsin N-terminal homology）ドメインとよばれる共通構造をもつタンパク質は，細胞膜の細胞質側に存在するホスファチジルイノシトール4,5-ビスリン酸〔phosphatidylinositol-4,5-bisphosphate：PtdIns(4,5)P$_2$〕と結合し，そのN末端ペプチドを膜に挿入する．その際，このペプチドがヘリックス構造をとることによって，膜構成脂質を両脇に押しやり，凸型の膜構造（正曲率）が誘起される〔図3-1（b）〕[2]．一方，細胞内のタンパク質のなかには，細胞膜や細胞内小胞（エンドソームなど）の曲率を感知するタンパク質も多く知られている〔図3-1（c）〕．BAR（Bin-Amphiphysin-Rvs167）ドメインとよばれるタンパク質モチーフは，2量体の形成によりバナナ型構造をとり，バナナのカーブの内側で脂質膜と相互作用することにより膜の曲面を感知する[3]．また両親媒性ヘリックスと膜との相互作用により，膜の曲率を検知している例も多く存在する〔amphipathic lipid packing sensor（ALPS）モチーフなど〕[4]．

細胞内小胞輸送において，さまざまな大きさの細胞内小胞が互いに分裂・融合を繰り返すことにより，細胞内の物質輸送を担っている．小胞の大きさにより曲率も異なるため，これらのタンパク質は，必要な大きさの小胞の認識・相互作用や，小胞の大きさの制御にかかわっていると考えられる．

ENTHドメインやBARドメインタンパク質を細胞サイズのリポソーム（giant unilamellar vesicle：GUV）に添加すると，膜に突起や陥没構造が誘起される例も多々あり，これらのタンパク質が in vitro でも膜を曲げる活性をもつことが報告されている[2,3]．一方，抗菌ペプチド，およびオリゴアルギニンやHIV-1 Tat由来の塩基性ペプチドなどのいわゆる細胞透過ペプチドにも，曲率誘導能があることが報告され，曲率と膜傷害性や膜透過との関連に興味がもたれている[5~7]．

筆者はペプチド・タンパク質の構造設計や膜とペプチドの相互作用の解析にたずさわってきた．細胞内のタンパク質が細胞膜の曲率をはじめとする構造を規定するのであれば，人工的に設計したペプチドやタンパク質でも同じことができるのではないか．あるいは膜曲率のセンシングも可能ではないか．上

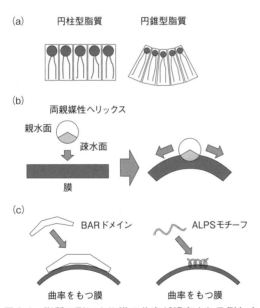

図3-1　脂質の形により膜の曲率が規定される例（a），ヘリックスの膜への挿入により膜に正曲率（凸型）が誘起される例（エプシンなど）（b），膜曲率を感知するタンパク質モチーフの例（c）

手くいけば，天然のタンパク質にできないような機能をこれらにもたせることができるのではないか．これらを見て，このように感じた．

前述のENTHドメインやBARドメインなど，曲率形成・感知にかかわるタンパク質の構造を見ると，そのN末端の20個程度のアミノ酸が両親媒性ヘリックスを形成しうる配列となっていることが多いことがわかる．ヘリックスを構成するアミノ酸を見ると，とくに親水性部に関して，塩基性アミノ酸〔Arg(R), Lys(K)〕，および親水性で電荷をもたないアミノ酸〔Ser(S), Thr(T), Gln(Q), Asn(N)〕に富んでいることが多い[8]．これらのアミノ酸の組合せ，あるいは空間配置が曲率感知や誘導に果たして重要なのか，もしそうであるならばこれらの配列を設計することで，曲率にかかわるペプチドの認識能を変化させうるかなど興味深い．

1 ENTHドメインN末端ペプチド（EpN18）の膜変形誘導能

このような発想のもと，筆者らは *in vitro* で膜変形活性が報告されているENTHドメインやBARドメイン由来のN末端に対応するペプチドを合成し，そのペプチドが膜変形活性をもつかを確認した．その結果，ENTHドメインをもつエプシンのN末端の18個のアミノ酸に対応するペプチド（EpN18）が正曲率誘導能をもつことが明らかとなった[9]．

前述のように，エプシンは，クラスリン依存性エンドサイトーシスのごく初期段階で，細胞膜にクラスリン被覆小胞の形成に関与するタンパク質である．このタンパク質のENTHドメインが$PtdIns(4,5)P_2$と相互作用することで，細胞膜の細胞質側にリクルートされる．その結果，ENTHドメインと膜との相互作用が高まり，そのN末端ペプチドが膜に挿入されヘリックス構造を形成する[4]（図3-2）．この際，ENTHドメインと$PtdIns(4,5)P_2$との相互作用が重要視される一方，このN末端ペプチド自

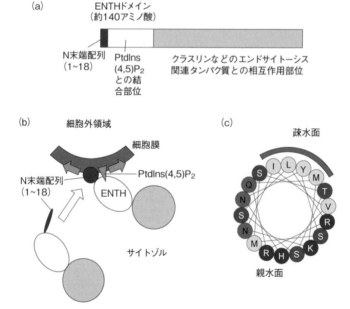

図3-2 ENTHドメインとN末端ペプチド（EpN18）
（a）エプシンのN末端140アミノ酸がENTHドメインとして曲率誘導に関与する．この際，（b）細胞膜の細胞質側（細胞の内側）に存在するホスファチジルイノシトール4,5-ビスリン酸〔$PtdIns(4,5)P_2$〕とENTHとの相互作用があって，はじめてそのN末端ペプチドが膜に挿入されると考えられていた．
（c）エプシンN末端ペプチド（EpN18）は両親媒性ヘリックス構造を取りうる．

> **COLUMN**
>
> ★いま一番気になっている研究者
> ### Bruno Antonny
> 〔フランス・ニース ソフィア アンティポリス大学／
> フランス国立科学センター(CNRS)博士〕
>
> B. Antonnyは細胞内小胞輸送におけるタンパク質との相互作用に関して研究を進めている．とくに，Arf GAP1(ADP-ribosylation factor GTPase-activating protein 1)を代表例とするALPSモチーフをもつタンパク質が脂質小胞のパッキング欠陥に伴う膜の疎水面の露出の度合いにより，異なる曲率の膜を認識・結合できる(曲率が大きいほどアシル鎖の露出が大きい)という考えを提唱している．また，これを利用した人工曲率感知系の創出も試みている．

体が膜変形誘導能をもつかどうかは報告されていなかった．

筆者らはこの領域に対応するEpN18ペプチドを合成して曲率誘導能をもつかを確認した．示差走査熱量測定(differential scanning calorimetry：DSC)ならびに固体31 P-NMRを用いて，コーン型脂質の平面膜(曲率なし)からヘキサゴナルⅡ型(負の曲率をともなう)への昇温時の熱転移に対するペプチドの影響を調べたところ，EpN18添加時にはこの転移温度を向上させる働きがあった．このことから，このペプチドは膜への負曲率誘起を妨げる働き，すなわち正曲率誘導能があると判断された．またGUVにEpN18を添加したところ，膜に粒状の構造が形成され，ENTHドメインを加えたときほどには顕著でないものの，このペプチドは実際に膜に構造変化を誘導しうることが明らかとなった．残念ながら筆者は，細胞の形を自在に変化させるほどの大きな構造変化を細胞膜に発生させるには至っていない．しかし，膜のパッキング状態や膜透過性に関する興味ある知見を得ている．

2 アルギニンペプチドの膜透過性

脂質二重膜と水との界面において，一見リン脂質の頭部は密にパッキングしているように思えるが，実は脂質のアシル鎖間の立体障害などにより，アシル鎖が水相に露出した箇所(膜の構造欠陥)が存在する〔図3-3(a)〕．膜が同じ数の脂質分子から構成され，曲率が誘導される場合には，凸面の面積はより広がり，この構造欠陥がより多くなることが想定される[10]．

一方，前述のようにオリゴアルギニンは細胞膜を通過する能力をもつことが広く知られている[11]．アルギニンのグアニジノ基の部分は塩基性で親水性も高いが，これにつらなる側鎖のメチレン鎖(炭素3個＝バリンに相当)と主鎖の部分はさほど親水性は高くないと考えられる〔図3-3(b)〕．したがって，曲率形成に伴い，アシル鎖が水相により露出した状態となることで，主鎖＋側鎖メチレンは膜内部の疎

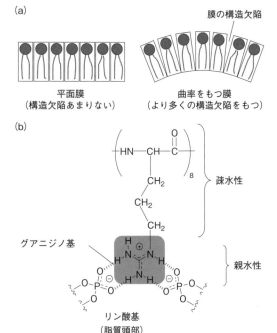

図3-3 膜の構造欠陥とアルギニンペプチド
(a)曲率をもつ膜では，より多くの脂質のアシル鎖が膜表面に露出している．(b)アルギニンのグアニジノ基は確かに親水性だが，側鎖のメチレンと主鎖部分の親水性は必ずしも高くない．

> + COLUMN +
>
> ★いま一番気になっている研究者・研究
>
> ## Stefan Matile
> （スイス・ジュネーブ大学 教授）
>
> S. Matile は人工イオンチャネルや膜内輸送系など膜を介する場における超分子化学の分野でさまざまな試みを行い，活躍している．最近は，歪みがかかったジスルフィドを用いて細胞表面の遊離のシステインと架橋を形成することにより，効果的に細胞内への取り込みが達成できることや，ジアルギニン誘導体のジスルフィド架橋体（細胞内への導入により還元されて解離する）を用いた細胞内送達，また細胞内移行を促進する補助分子の開発などにおいても，活発に研究を展開している．

水性部分とより相互作用しやすくなる．アルギニンペプチドが膜を透過しようとする際には，膜の内部を透過しなくてはいけないことを考えると，結果的に曲率誘導はアルギニンペプチドの直接膜透過を促進することが示唆される．

筆者らは疎水性の対アニオン分子であるピレンブチレート（pyrenebutyrate: PyB，図 3-4）存在下で，アルギニンペプチドの直接膜透過が大きく亢進することを見いだした[12]．興味深いことに，DSC の結果から PyB もまた正曲率誘導能をもつと判断された．また，走査型イオンコンダクタンス顕微鏡（scanning ion conductance microscope: SICM）を用いた生細胞の観察により，PyB 添加をすると，細胞膜は直径数百 nm 程度の凸凹曲面を多数もつ構造をとる可能性が示唆された[13]．

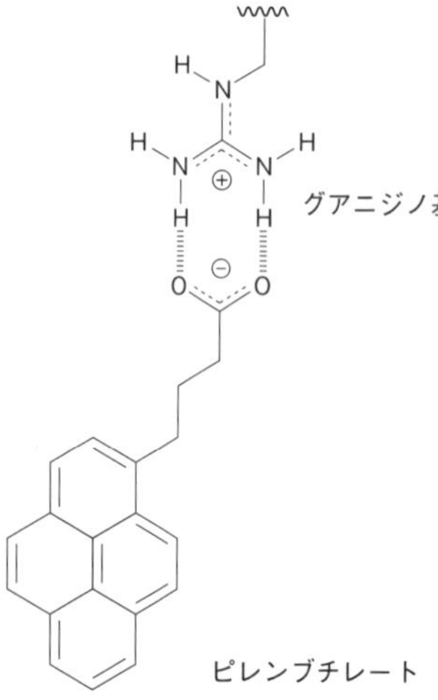

3 環境感受性蛍光色素に用いた膜構造欠陥の評価

膜に構造欠陥が生じていることに関して，筆者らは環境感受性蛍光色素 di-4-ANEPPDHQ を用いてこれを評価した[14]．この蛍光色素は疎水性の高い環境（膜の構造欠陥が少なく，色素が水に露出しにくい状態）に比べ，親水性の高い環境（膜の構造欠陥が多く，色素が水により露出した状態）でその蛍光が長波長側にシフトする[13]．EpN18 ペプチドや PyB 添加の際に，細胞膜に di-4-ANEPPDHQ を加えてこの蛍光シフトを観察・解析したところ，細胞膜の欠陥が増加している（脂質のパッキングがより緩くなっている）ことを見いだした．また EpN18 以外にも，細胞内小胞輸送にかかわる Sar1p タンパク質の N 末端 23 残基ペプチドが，同様の効果をもつことを見いだした．

以上により，膜に曲率を誘導させることで，膜の脂質パッキング状態を変化させ，オリゴアルギニンの膜透過が亢進する可能性が示された．ウイルスの感染や小分子薬物の細胞膜透過にも同様の効果が期待され，曲率誘導や脂質パッキングの制御はさまざまな局面で重要な役割を担いうる．

4 今後の展望

一昔前までは，細胞膜は細胞の内外を隔てる単なる隔壁で，そこに膜タンパク質などが情報を捉える分子として埋め込まれているという理解が一般的であった．しかし，近年の分子細胞生物学や質量分析

図 3-4　ピレンブチレートとの対イオン形成により，アルギニンペプチドの膜透過が促進される

を含む脂質生化学，あるいは可視化技術の発展は，膜を構成する脂質の多様性や機能を明らかにするとともに，細胞の営みに応じて時々刻々と変わる生体膜のダイナミクスを分子レベルで時空間的に理解しようとする試みを可能にしてきている．これらの進展は一層加速されており，おそらく10～20年後にはいままでの概念を覆すさまざまな事象が明らかになっているに違いない．

　脂質の多様性を考慮するまでもなく，生体膜は非常に多くの分子の複合系である．これを物理化学を含めた化学の言葉で理解し，制御することは大きなチャレンジである．生命の最小単位である細胞の形や外界とのコミュニケーションにおいて決定的な役割を担う生体膜は，これを構成する分子像が次第に明らかとなるに伴い，化学者の一層重要な活躍の場，研究対象となるだろう．まだ困難ではあるが，得られるものも多いと信じている．

◆ 文　献 ◆

[1] H. T. McMahon, E. Boucrot, *J. Cell Sci.*, **128**, 1065 (2015).
[2] M. G. Ford, I. G. Mills, B. J. Peter, Y. Vallis, G. J. Praefcke, P. R. Evans, H. T. McMahon, *Nature*, **419**, 361 (2002).
[3] B. J. Peter, H. M. Kent, I. G. Mills, Y. Vallis, P. J. Butler, P. R. Evans, H. T. McMahon, *Science*, **303**, 495 (2004).
[4] B. Antonny, *Annu. Rev. Biochem.*, **80**, 101 (2011).
[5] S. Futaki, I. Nakase, *Acc. Chem. Res.*, **50**, 2449 (2017).
[6] N. Schmidt, A. Mishra, G. H. Lai, G. C. Wong, *FEBS Lett.*, **584**, 1806 (2010).
[7] K. Sakamoto, K. Aburai, T. Morishita, K. Sakai. H. Sakai, M. Abe, I. Nakase, S. Futaki, *Chem. Lett.*, **41**, 1078 (2012).
[8] G. Drin, B. Antonny, *FEBS Lett.*, **584**, 1840 (2010).
[9] S. Pujals, H. Miyamae, S. Afonin, T. Murayama, H. Hirose, I. Nakase, K. Taniuchi, M. Umeda, K. Sakamoto, A. S. Ulrich, S. Futaki, *ACS Chem. Biol.*, **8**, 1894 (2013).
[10] L. Vamparys, R. Gautier, S. Vanni, W. F. Bennett, D. P. Tieleman, B. Antonny, C. Etchebest, P. F. Fuchs, *Biophys. J.*, **104**, 585 (2013).
[11] S. Futaki, *Adv. Drug Deliv. Rev.*, **57**, 547 (2005).
[12] T. Takeuchi, M. Kosuge, A. Tadokoro, Y. Sugiura, M. Nishi, M. Kawata, N. Sakai, S. Matile, S. Futaki, *ACS Chem. Biol.*, **1**, 299 (2006).
[13] T. Murayama, T. Masuda, S. Afonin, K. Kawano, T. Takatani-Nakase, H. Ida, Y. Takahashi, T. Fukuma, A. S. Ulrich, S. Futaki, *Angew. Chem. Int. Ed. Engl.*, **56**, 7644 (2017).
[14] D. M. Owen, C. Rentero, A. Magenau, A. Abu-Siniyeh, K. Gaus, *Nat. Protoc.*, **7**, 24 (2011).

Part II
研究最前線

Chap 4

人工複合糖質の精密合成と機能解析

Design and Synthesis of Neoglycocojugates

深瀬 浩一
(大阪大学大学院理学研究科)

Overview

天然糖鎖は，免疫，感染，がんなどにおいて，さまざまな認識に関与する．それらの多くは構造が不均一であり，また複数の機能部位をもつ．合成糖鎖を用いて天然糖鎖の機能部位を同定することが可能であり，さらには構造修飾やほかの分子との複合化により，天然糖鎖と同等の機能を保持する人工糖鎖や，天然糖鎖を超える新たな機能を付与した人工複合糖質を合成できる．本章では，シアル酸を含有する生物活性人工糖鎖の創製研究について，立体選択的α-シアリル化反応の開発と，それを利用した抗インフルエンザ糖鎖の創製について紹介する．またシアル酸含有がん抗原であるSTn抗原と免疫アジュバントを結合させた複合化がんワクチン候補について，合成とその機能について述べる．

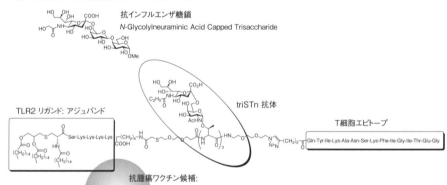

▲シアル酸含有人工糖鎖と人工複合糖質

■ **KEYWORD** 🕮マークは用語解説参照

- ■複合糖質(glycoconjugate)🕮
- ■糖鎖(glycan)
- ■シアル酸(sialic acid)🕮
- ■グリコシル化(glycosylation)
- ■合成(synthesis)
- ■インフルエンザ(influenza)
- ■がんワクチン(cancer vaccine)
- ■抗原(antigen)
- ■抗腫瘍効果(anti-tumor effect)
- ■アジュバント(adjuvant)🕮

はじめに

天然にはさまざまな糖が存在している．植物細胞壁のセルロース，節足動物・菌類の外骨格のキチンなど生体構造を形成する多糖や，ショ糖，デンプン，グリコーゲンなどのエネルギー貯蔵物質としての糖がよく知られている．一方，糖鎖は糖タンパク質，糖脂質，グリコサミノグリカンなどの複合糖質として存在しており，がん化，感染，生体防御，免疫などのさまざまな生命現象に関与している．細胞表層はさまざまな糖鎖に覆われており，糖鎖は細胞間コミュニケーションの最前線で決定的な機能を発揮し，受容体機能制御，細胞接着，細胞分化，増殖，受精など多くの生命現象に関与する．

これらの糖鎖は，一般に構造が複雑かつ不均一であるという特徴をもち，タンパク質や脂質に多様性と個性を与える．糖タンパク質上の一つのグリコシル化部位でさえ糖鎖は不均一であり，糖鎖付加によってタンパク質に $10^4 \sim 10^5$ 倍の多様性が賦与される．このような多様性はグリコフォーム(glycoform)とよばれ，さまざまな糖鎖認識タンパク質を介して，複合糖質の機能を調節する．グリコフォームよって細胞にも個性が付与され，がん，アテローム性動脈硬化症，神経変性疾患などでは異常な細胞表面グリコフォームをもつ．

糖鎖機能の理解は分子と細胞の理解を大きく進展させるが，それらがもつ固有の複雑さのために，分子構造に基づいた理解は十分ではない．天然糖鎖は，構造が不均一でかつ複数の機能部位をもち，天然糖鎖を用いた精密な機能解析は本質的に困難である．また天然由来の糖鎖を用いる限り，ほかの活性物質が混入する可能性を排除することはできない．

そこで筆者らは，以下の三つの研究戦略を立て，糖鎖の機能解析に取り組んできた．

（1）最先端合成研究を展開し，筆者らのみがもつ人工複合糖質群を合成する．
（2）合成化合物を用いて，活性構造の決定，活性発現機構などの生物機能研究を展開する．
（3）化学的に均一な糖鎖や複合糖質を全世界の研究者に十分量供給することで，糖鎖の生物機能研究に貢献する．

糖鎖の多様性と複雑さを考慮すると，糖鎖合成は依然としてむずかしい課題である．したがって，立体選択的グリコシル化，グリコシル化における位置選択的制御のための保護脱保護戦略，固相合成，自動合成，酵素的および化学酵素的合成を含め，さまざまな糖鎖の効率的な合成法が継続的に開発していく必要がある．本章では，合成化学による生物活性人工糖鎖の創製を行った研究として，立体選択的 α-シアリル化反応の開発とその応用について紹介する．

1 さまざまな立体選択的 α-シアリル化反応

シアル酸とは2-ケト-3-デオキシノナン酸構造をもつ9炭糖の総称で，天然には N-アセチルノイラミン酸(図4-1，**1**)が最も多く存在する．シアル酸はおもに糖タンパク質や糖脂質の非還元末端に存在し，糖タンパク質の体内における安定性，ウイルスの感染，細胞接着やがん化などに関与する．ほとんどの場合，天然ではシアル酸は α-グリコシドとして存在する．そこで，α-シアリル化反応がシアル酸含有糖鎖合成の鍵となるが，(1)第四級炭素上でのグリコシル化反応である，(2)アノマー位に隣接するのが3位のデオキシ体であるため，隣接基関与が利用できない，(3)アノマー効果のため熱力学的に β 体が生成しやすい，(4)アノマー位の隣接位に電子求引性のカルボキシ基があるため，β 水素脱離によりグリカールが生成しやすいなどの難点があった．

木曽らはニトリル溶媒中でシアリル化を行うことで，α 体が優先して得られることを報告した[1]．反応機構としては，オキソカルベニウムイオン中間体に対して β 面からニトリル溶媒が配位し，α 面からの求核攻撃が優先するものと提唱されている．近年，シアル酸供与体の構造を改変することにより，効率的な α-シアリル化を実現した例が多数報告された．とくにC5位の窒素上の置換基の検討は精力的に行われ，図4-1の **2** に示すようなシアル酸供与体が開発された．これらは天然体であるC5-NHAcシアル酸供与体の場合に比べて劇的に高い選択性と反応性を示した[2]．

N-アセチルノイラミン酸 (**1**)　**2**　**3**

LG = 脱離基
R = NAc_2, NHTroc, NHTFA, NHTCA, NHFmoc, NHBoc, NPhth, N_3

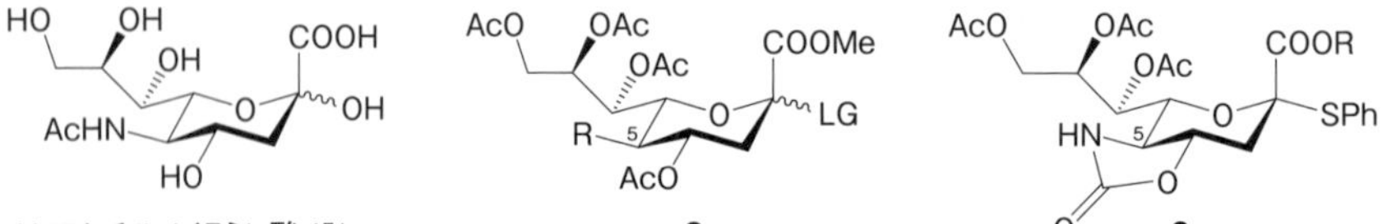

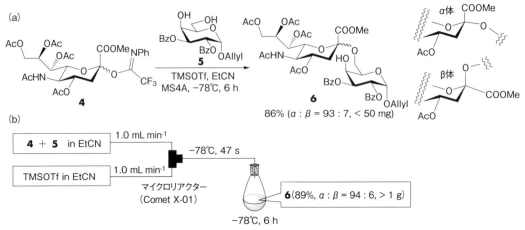

図 4-1　シアル酸と効率的α-シアリル化を可能とするシアル酸供与体

図 4-2　C5-NHAc シアリル糖供与体を用いたα-シアリル化
（a）フラスコ系,（b）マイクロフロー系.

なかでも注目すべきシアル酸供与体は，高橋と田中らが開発したオキサゾリジノン体**3**であり，溶媒としてニトリルを用いない場合においても，選択的にα体が得られる[3]．この基質をさらに修飾したシアル酸供与体も開発された[4]．筆者らは，C5-N をフタリル基で保護した**4**を用いて，プロピオニトリルの溶媒効果を利用して −78 ℃で反応を行うことで，高収率かつ完全な選択性でグリコシル化が進行することを見いだした[5]．

2 C5-NHAc シアリル化

一方，天然体である C5-NHAc シアリル化糖供与体を用いたシアリル化は反応性が低く，また高いα選択性をもつことはむずかしいとされてきた．筆者らはトリフルオロアセトイミデートドナー(**4**)を用いたシアリル化を再検討し，溶媒としてプロピオニトリルを用いて低温(−78 ℃)で反応を行うことで，優れたα選択性を示すことを見いだした〔図 4-2（a）〕[6]．一方で，本反応は反応のスケールアップに伴い，選択性の低下をまねいた．これは反応熱により反応温度が上昇したことが原因であると考え，マイクロフロー系で反応を行うことで，スケールにかかわらず厳密な温度制御を可能とし，グラムスケールでも高選択的なα-シアリル化に成功した〔図 4-2（b）〕．

3 抗インフルエンザ糖鎖の創製

生物機能をもつ人工シアル酸含有糖鎖の創製として，2 例を紹介する．インフルエンザウイルスはヘマグルチニンを介して，細胞表層のシアリルオリゴ糖を認識して感染する．そのため，ヘマグルチニンは抗インフルエンザ薬のターゲットとして考えられるが，インフルエンザ増殖阻害を示す糖鎖が得られたことはなかった．

Hung らは，シアル酸供与体**4**を用いたα-シアリル化，それにつづくグリコシル化をワンポットで行

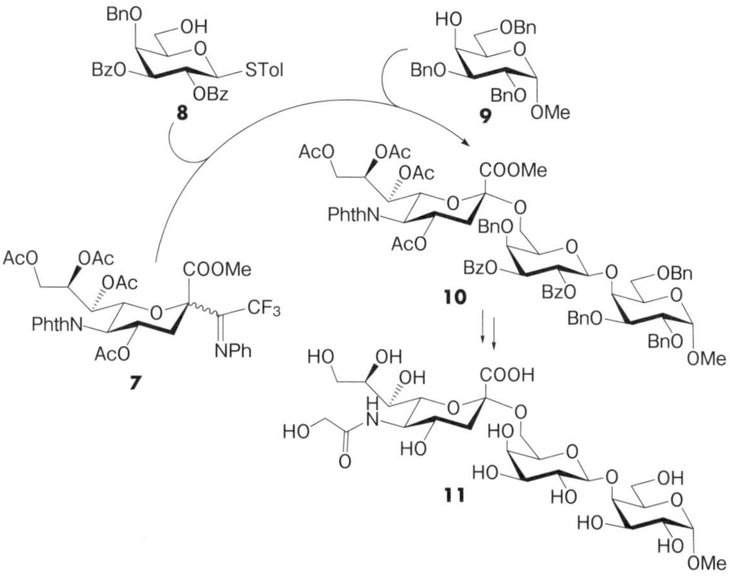

図4-3 ワンポットグリコシル化による抗インフルエンザ糖鎖の創製

うことで,一挙にシアル酸含有三糖 **7** の合成を達成した(図4-3)[7].ワンポットグリコシル化においては,それぞれのグリコシル化が高収率で進行しない場合には精製作業が煩雑となり,現実的な手法となりえない.そのため本反応は,高反応性で高選択的な α-シアリル化によってはじめて可能となった.この方法を用いて6種類のシアル酸含有三糖を合成した.意外にも天然型の糖鎖には活性はなく,非天然糖鎖 **8** がインフルエンザの感染阻害活性を示すという興味深い結果が得られた[7].

4 STn抗原を利用したアジュバント複合化がんワクチンの合成

糖鎖関連がん抗原はがん診断に利用されおり,がんワクチンとしての研究も進んでいる.Sialyl-Tn(STn)抗原はムチンタンパク質の糖鎖として,乳がん,肺がん,大腸がん,胃がん,卵巣がんなどに高発現しているが,正常細胞にはほとんど発現していない.一般にがん抗原は免疫原性が低く,抗原投与のみでは効果的な免疫応答を惹起できない.また,一般に低分子は高分子のキャリアタンパク質と結合することにより抗原性をもつようになるので,低分子二糖である STn をキャリアタンパク質 KLH に

導入した STn-KLH 複合体(Theratope®)が転移性乳がんのワクチンとして開発されたが,第Ⅲ相臨床試験において十分な効果が認められず,脱落した.Theratope® を投与した患者血清中には,STn を認識する抗体や KLH を認識する抗体が多量に存在した.一方,ムチンには糖鎖がクラスターとして結合しているためか,肝心のムチンを認識する抗体はわずかであった.

この研究では,自然免疫受容体 TLR2 リガンドであるリポペプチドをアジュバントとして利用したSTn がんワクチンの開発に取り組んだ[8].細菌由来のジアシルリポタンパク質やトリアシルリポタンパク質,またそれらの N 末端合成リポペプチドは,TLR2 に作用して免疫系を活性化し,抗体産生を促進する.また細胞性免疫にかかわる Th1 応答も誘導し,抗腫瘍作用を示す[9].STn 構造が3残基連続して配列した TriSTn は,膵がんや卵巣がんに高発現しているので,TriSTn に T 細胞エピトープ〔T細胞を活性化して抗体産生を促し,IgG(免疫グロブリン G, Immunoglobulin G)へのクラススイッチを促進する〕とアジュバントとしてリポペプチド(Pam3CSK4)を複合化した自己アジュバント化がんワクチン候補 **19** を合成した(図4-4).Lin らは,

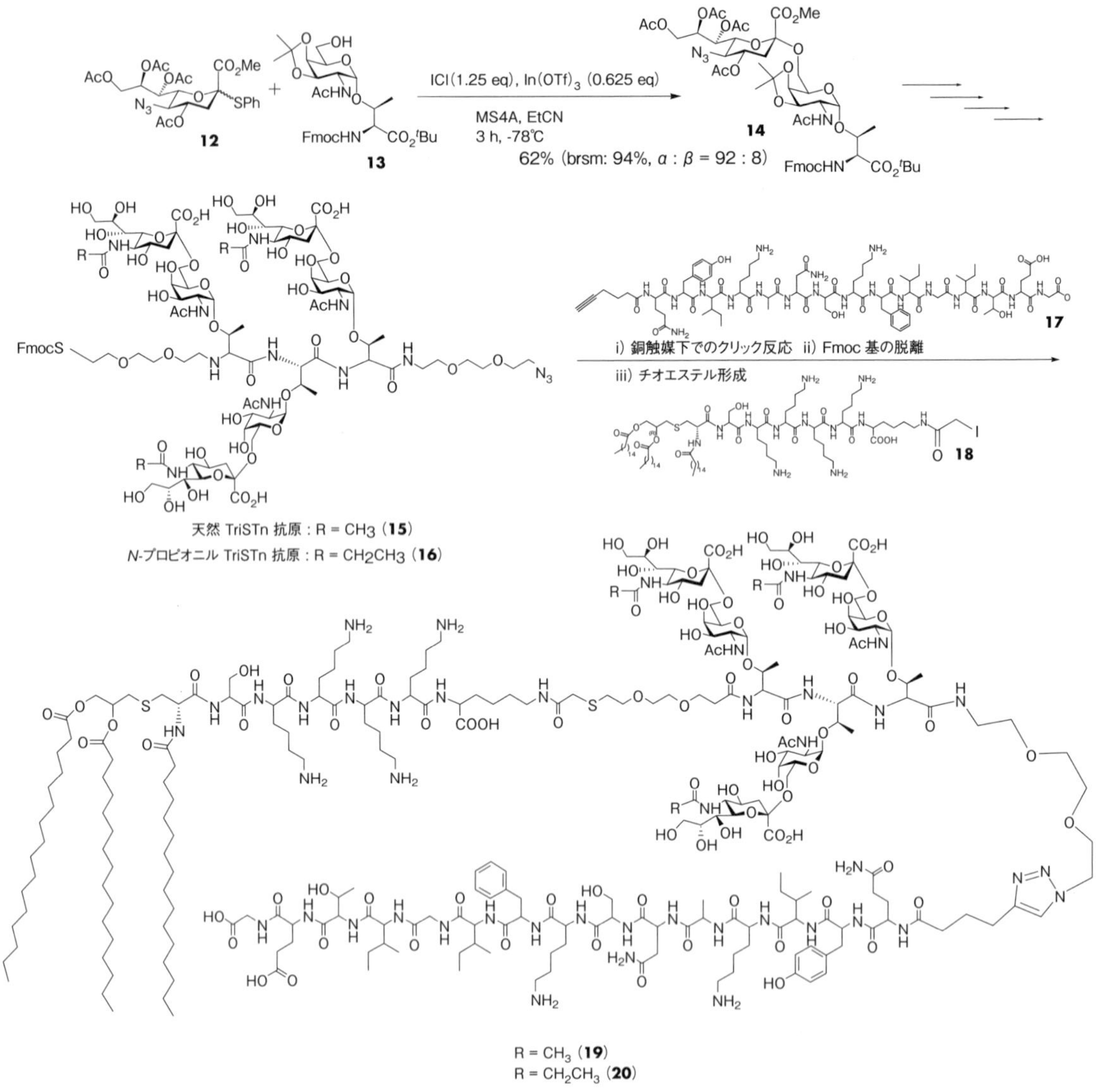

図 4-4 抗がんワクチン候補の合成

　シアル酸の5位の窒素の置換基をプロピオニル基に改変することで，STnの抗原性が向上することを見いだしていたので[10]，プロピオニル修飾体 **20** も合成した．

　TriSTnの合成には，アジドチオグリコシド **12** を用いた．−78 ℃前後の低温下では，標準的に用いられる NIS(*N*-ヨードコハク酸イミド)-TfOH によってチオグリコシドを活性化することはむずかしい．そこで，筆者らは塩化ヨウ素(ICl)と In(OTf)$_3$ を組み合わせることで，−85 ℃という低温でもチオ糖を活性化できることを見いだし，この条件下で高選択的な α-シアリル化に成功した[11]．この方法を適用して二糖スレオニン **14** を合成したのち，アジド基をアセトアミドあるいはプロピオニルアミドへの変換とペプチド縮合を行い，天然型 TriSTn (**15**)と非天然型 TriSTn(**16**)に導いた．さらに銅触媒存在下でのクリックケミストリーを利用したT細胞エピトープ(**17**)と，チオエステル形成反応を利用した Pam$_3$CSK$_4$(**18**)との複合化を順次行い，**19** ならびに **20** に導いた．

得られたワクチン候補 **19** ならびに **20** をマウスに対して免疫したところ，天然型の TriSTn を認識する IgG 抗体ならびに IgM 抗体が顕著に誘導された．また誘導された抗体は STn モノマーも認識したが，TriSTn をより強力に認識し，非天然型の N-プロピオニル TriSTn をもつ **20** の免疫で得られた IgG のほうが TriSTn に対する選択性が顕著に高かった．なお，**15**，**16** を脱保護して得られた抗原糖鎖と Pam$_3$CSK$_4$，T 細胞エピトープの混合物を免疫しても，まったく抗体は誘導されなかったので，複合体の形成が TriSTn に対する抗体の産生に必須である．得られた IgG 抗体(抗血清)は，STn を高発現したがん細胞を強く認識した[8]．以上のように，N-プロピオニル triSTn ワクチン **20** は，クラスター化 STn を発現するがん細胞を効率的に認識する抗 triSTn IgG 抗体を誘導し，Theratope® の弱点を回避することに成功した．さらにワクチン **20** は，triSTn 特異的免疫応答を誘導し，自己免疫を最小限に抑制できるものと予想される．

6 今後の展望

本章ではシアリル化を中心に紹介したが，糖鎖の合成技術の発展は目覚しく，10 糖を超える糖鎖の合成もすでに数多く報告されている．また糖タンパク質の化学合成技術も大きく進歩しており，近年次つぎと糖タンパク質の合成が報告されている．今後，化学合成により純粋な糖鎖や複合糖質が供給されることで，分子構造を基盤にした糖鎖機能の解明や，糖鎖を利用した医薬など応用面での展開が加速していくものと期待される．

◆ 文　献 ◆

[1] O. Kanie, M. Kiso, A. Hasegawa, *J. Carbohydr. Chem.*, **7**, 501 (1988).

[2] C. D. Meo, U. Priyadarshani, *Carbohydr. Res.*, **343**, 1540 (2008).

[3] H. Tanaka, Y. Nishiura, T. Takahashi, *J. Am. Chem. Soc.*, **128**, 7124 (2006).

[4] (a) D. Crich, W. Li, *J. Org. Chem.*, **72**, 238 (2007); (b) C. H. Hsu, K. C. Chu, Y. S. Lin, J. L. Han, Y. S. Peng, C. T. Ren, C. Y. Wu, C. H. Wong, *Chem. Eur. J.*, **16**, 1754 (2010); (c) D. Crich, W. Li, *J. Org. Chem.*, **72**, 7794 (2007); (d) S. Hanashima, K. I. Sato, Y. Ito, Y. Yamaguchi, *Eur. J. Org. Chem.*, **64**, 4215 (2009).

[5] K. Tanaka, T. Goi, K. Fukase, *Synlett*, **2005**, 2958.

[6] Y. Uchinashi, M. Nagasaki, J. Zhou, K. Tanaka, K. Fukase, *Org. Biomol. Chem.*, **9**, 7243 (2011).

[7] Y. Hsu, H-H. Ma, L. S. Lico, J-T. Jan, K. Fukase, Y. Uchinasi, M. M. L. Zulueta, S-C. Hung, *Angew. Chem. Int. Ed.*, **53**, 2413 (2014).

[8] T.-C. Chang, Y. Manabe, Y. Fujimoto, S. Ohshima, Y. Kametani, K. Kabayama, Y. Nimura, C.-C. Lin, K. Fukase, *Angew. Chem. Int. Ed. Engl.* (2018), doi: 10.1002/anie.201804437. [Epub ahead of print].

[9] Y. Takeda, M. Azuma, R. Hatsugai, Y. Fujimoto, M. Hashimoto, K. Fukase, M. Matsumoto, T. Seya, *Innate Immun.* (2018), doi: 10.1177/1753425918777598. [Epub ahead of print].

[10] S. K. Sahabuddin, T.-C. Chang, C.-C. Lin, F.-D. Jan, H.-Y. Hsiao, K.-T. Huang, J.-H. Chen, J.-C. Horng, J.-A. A. Ho, C.-C. Lin, *Tetrahedron*, **66**, 7510 (2010).

[11] R. M. Salmasan, Y. Manabe, Y. Kitawaki, T.-C. Chang, K. Fukase, *Chem. Lett.*, **43**, 956 (2014).

chap 5

糖鎖高分子をベースとした糖鎖工学材料の開発

Glyco-Engineering Based on the Glycopolymer

三浦 佳子
(九州大学大学院工学研究院)

Overview

糖鎖を高分子の側鎖に結合させた分子（糖鎖高分子）は，糖の生体機能を利用するのに優れた分子である．糖鎖の分子認識能は一般に弱い一方，多価効果によって増強されることが知られていることから，高分子の側鎖に糖鎖を結合させた糖鎖高分子は生体物質の分子認識を要するバイオマテリアルや高分子医薬に有用である．また，糖鎖高分子は高分子材料としての特徴をもち，高分子化学の技術によって，分子構造を制御することが可能である．近年発達してきた高分子ナノ材料の技術によって，リビング重合やナノゲル粒子といった分子形体を利用することで，糖鎖利用の新しい側面が拓かれつつある．

▲細菌表面の糖質集合体を模倣した高分子・糖鎖高分子の開発

[口絵参照]

■ KEYWORD マークは用語解説参照

- ■糖鎖高分子（glycopolymer）📖
- ■多価効果（multivalent effect）📖
- ■リビングラジカル重合（living radical polymerization）📖
- ■ナノゲル粒子（nanogel particles）
- ■グリコサミノグリカン（glycosaminoglycan）
- ■レクチン（lectin）
- ■クリックケミストリー（click chemistry）

はじめに

糖鎖は生体高分子の第三の生命鎖として知られており，核酸やタンパク質とともに生体内で重要な役割をもつ．糖鎖は生命のシグナルとして働き，さまざまなタンパク質の機能制御を果たすなど，生命現象の多種多様な場面で顔を覗かせる．糖鎖を使って生体機能を操り，薬剤やバイオマテリアルに役立てようという試みは，古くから盛んに研究が行われてきた．一方で，核酸やタンパク質に比べると，糖鎖の科学は分子の合成からその利用にいたるまで，困難の連続である．

その理由の一つは合成である．糖鎖の合成はやっかいだ．核酸とタンパク質の化学が技術にまで一般化しているのは，固相合成法によるところが大きい．ペプチド（タンパク質）や核酸は，固相合成法が開発され，簡便に得られる．糖鎖の合成機の開発や，ワンポット合成のプログラムの開発などが取り組まれてきた[1]．しかし，糖鎖は一つの分子に多くの官能基があり，その合成にはいまだ課題が多い．次に困難な点は相互作用の弱さである．糖鎖は水溶性化合物であり，疎水性相互作用の寄与は弱く，静電相互作用の寄与も少ない．この相互作用を強くするには，多価効果とよばれる増強作用が鍵となる．自然界でも多価効果を用いた相互作用の増強例は多数見いだされる．糖鎖を多数集合させた化合物や集合体は，多点結合と結合確率の上昇によって強い結合を達成することができる．

糖鎖の生理活性を利用しやすくするためには，上記の二つの困難を克服することが求められる．本章では，糖鎖高分子という独特の化合物を用いた糖鎖工学の展開の周辺技術について述べる．

1 糖の多価化合物の開発

自然界の糖は，糖脂質の集合体，糖タンパク質，および生理活性多糖など，糖のクラスター化合物（多価化合物）を利用することで，相互作用を増強することができる[2]．糖ペプチドや糖脂質リポソームなどの糖コンジュゲートが報告されている．なかでも，糖鎖を高分子に結合させた，糖鎖高分子が最も多価性が高く，強い相互作用を発揮する．

糖鎖高分子の分野では，小林・赤池らによる細胞培養基材[3]，Whitesidesらによるインフルエンザウイルスの阻害剤の開発[4]が端緒となって積極的に研究が行われてきた．近年は，リビングラジカル重合やメタセシス重合などの精密重合が発展してきたことによって，詳細な分子認識の研究と高分子薬剤の開発が可能になってきた．Haddletonらは，リビングラジカル重合とクリックケミストリーを用いて，糖鎖高分子を自由に設計する手法を提案している（ポストクリックケミストリー）[5]．糖鎖高分子では，糖鎖を結合させた重合性のモノマーを用いて高分子を重合するが，モノマーがかさ高くなりがちで，重合はむずかしかった．そのため，はじめに重合しやすいモノマーを重合し，重合後に糖鎖を確実に結合させる方法を取ることによって，精密な高分子糖クラスターを得ることができる（図5-1）．Haddletonらは，マンノースを導入したポリメタクリル酸誘導体による糖鎖高分子を合成し，樹状細胞にある糖レセプター，DC-SIGNに対する結合を，糖鎖高分子の糖鎖密度，糖鎖のクラスターの大きさで制御できることを明らかにしている[6]．この合成手法はほかの研究者にも影響を与え，ポストクリックケミストリーによる糖鎖高分子合成が多数報告されている．また，西村らによるGlycoblotting法[7]やBerrtozziらによるGlycoxalyx[8]の研究では，イミン形成が用いられている．筆者らは，ポストクリックケミストリーを用いて，オリゴ糖が導入できる糖鎖高分子の開発を行っている[9]．

精密重合を利用し，糖鎖の空間配置を制御することによって，タンパク質や細胞の相互作用を制御し，生体機能を制御することが目指されている．糖認識タンパク質は必ず複数の糖結合サイトをもっており，分子認識能の強さを調節している．筆者らは，糖鎖高分子をリビングラジカル重合し，糖鎖クラスターが複数のタンパク質の糖結合サイトに結合するときにのみ，認識が強く起こることを明らかにした．インフルエンザウイルスのヘマグルチニンに対して，シアリルラクトースを結合させた糖鎖高分子を作用させたところ，糖鎖の密度が高くなると結合が強くなる傾向が示された[10]．糖クラスターの分子

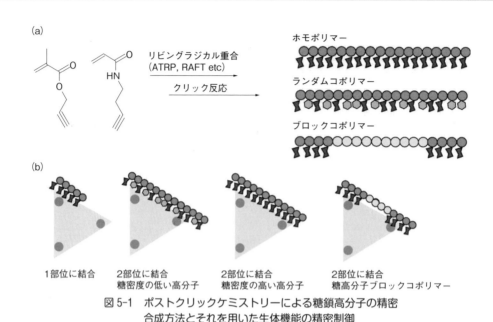

図5-1　ポストクリックケミストリーによる糖鎖高分子の精密合成方法とそれを用いた生体機能の精密制御
（a）糖鎖高分子の合成スキーム（文献5, 9），（b）糖鎖高分子の設計とタンパク質との結合パターン（文献5, 10, 11）．

鎖長についても強い相関があり，ターゲットタンパク質の複数の糖結合サイトにいたる分子鎖長があって，はじめてタンパク質と強く結合することがわかった．逆に，糖鎖高分子はターゲットタンパク質の構造を念頭に高分子を精密設計すれば，自由な設計が可能になる．

筆者らは，レクチンであるコンカナバリンAの糖結合サイトが6.5 nm離れていることから，糖鎖の位置をブロック高分子によって制御した高分子を調製した．複数の糖結合サイトに糖鎖が結合されれば，強い結合が達成されて，ブロック共重合した糖鎖高分子でも，ホモポリマーと同様に強い多価効果が達成された[11]．リビング重合では，マルチステップ重合が達成されつつあることから，複雑な配列をもつ高分子がタンパク質との結合を精密に制御し，生体機能の制御へ結びつけることが期待されている[12]．

2 高分子を用いた生理活性糖鎖の再構築

糖鎖が複雑につらなっていることによって，生理活性が発揮されている．しかし，オリゴ糖の合成は困難である．単糖と高分子をうまく使ってオリゴ糖と同じような機能をつくりだせるだろうか．高分子をバックボーンとして，さまざまな糖鎖を提示して，生理活性多糖やオリゴ糖と同じような機能を発揮させるかを検討した．

筆者らは生理活性多糖のグリコサミノグリカンについて，高分子を用いてミメティクス（模倣）ができるかを検討した．グリコサミノグリカン（アミノ酸とウロン酸の繰り返し構造をもつ生理活性多糖，多くが硫酸化されている）のなかではヘパリンやヘパランが有名で，血液凝固の抑制や細胞成長因子の活性化などの機能を果たしている．これらは複雑な構造をもっているため，合成がむずかしく，全合成の実現に向けて研究が行われている．筆者らは全合成から発想を大きく転換し，硫酸化糖鎖をバラバラにして分子認識の構成要素として高分子で再構築することを考えた（図5-2）．ヘパリンに含まれる重要な構成糖の一つである6位硫酸化アセチルグルコサミンを用いて高分子化合物を合成した．次いで，アセチルグルコサミンを出発物質とし6位硫酸化を合成し，アクリルアミド誘導体を合成した．アクリルアミドとともにラジカル重合することによって，硫酸化糖鎖高分子を構成した．硫酸化糖鎖高分子を作用

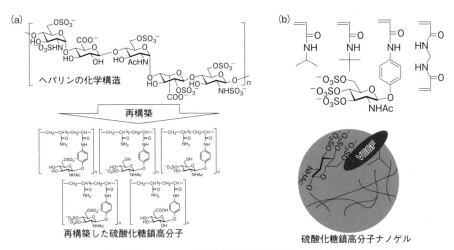

図5-2 糖鎖高分子によって生理活性糖を再構築して生体機能材料を開発する
（a）グリコサミノグリカンの再構築の考え方．（b）グリコサミノグリカンの模倣高分子の分子構造．アミロイドβの凝集とβセクレターゼの阻害効果を示す（文献13）．（c）硫酸化糖鎖高分子によるナノゲル粒子の概念的な合成スキーム（文献20）．

させることで，ヘパリンやヘパランのように，アミロイドβタンパク質の凝集抑制，毒性中和効果が確認された[13]．また，アミロイドβ生成酵素の働きも阻害し，固定化してアレイ化することも可能であった．

Hsieh-Wilsonらは，コンドロイチン硫酸やヘパリン硫酸に含まれる糖を高分子によってクラスター化することで，天然多糖と同じような機能を発揮して，神経細胞の伸展やタンパク質との結合制御が起こることを報告している[14]．Maynardらは，硫酸化糖よりも簡単な構造として，ポリスチレンスルホン酸誘導体を用いてグリコサミノグリカンの機能の追求を行っている[15]．この高分子が繊維芽細胞増殖因子と結合し，変性が抑えられることが報告されている．天然化合物と異なるような硫酸化合物もクラスター化することで，グリコサミノグリカンのような機能を発現する．

シアリルオリゴ糖のようなオリゴ糖においても，高分子を用いて再構築する試みが報告されている．小林ら[16]とZentelら[17]は，シアリルLewisXの部分構造を検討して，フコースや硫酸化ガラクトースをモノマー化して組み込んだポリマーを合成し，それらがシアリルLewis Xと同様セレクチンに結合することを示している．

以上のように，糖鎖の分子認識能の鍵となる多価効果をうまく使うことによって，糖鎖合成を簡便にしながら，有用な生体機能を発揮させる事例が報告されつつある．

3 糖鎖高分子ナノゲルの開発

多価化合物として重要な高分子について分子形体を考える．合成高分子の形体は，前述した材料へのグラフト体や粒子，多孔膜など，さまざまなものをつくれるのが魅力である．ナノゲル粒子はタンパク質などのように柔らかい物性をもっていて，膨潤収縮などの動的性質をもつ．秋吉らによって発表されたシャペロン様の機能が，注目を集めている．ナノゲル粒子は N-イソプロピルアクリルアミド（NIPAm）などの温度応答性高分子を用い，架橋剤を加えて合成すると，比較的簡単に合成することができる[18]．ナノゲル粒子はおおむね数百nmの大きさで均一に調製することができる．ゲルとしての性質をもちながら，柔らかさを兼ね備えた材料になるため，さらに分子認識性をもてれば，タンパク質や抗体のような機能性高分子として用いることができる．

筆者らはこのナノゲル合成に，糖鎖モノマー（マンノースのアクリルアミド誘導体）を加えて，糖鎖高分子ナノゲルを調製した．糖鎖高分子ナノゲルはNIPAmをベースとして相転移点をもつが，ここに疎水性や親水性の官能基を加えることで相状態を制御することができる．膨潤，収縮，相転移の三つの状態を調製し，レクチン（コンカナバリンA）との結合を検討したところ，ナノゲルが相転移しやすい状態にあると，レクチンとの結合に有利な構造が誘導され，その結果，糖鎖高分子ナノゲルは強い結合を示すことがわかった[19]．

また，糖鎖高分子ナノゲルに対して硫酸化糖を導入し，ヘパリンのもつ分子認識能を発揮するナノゲル粒子を調製した．ヘパリンに対しては細胞成長因子が結合することが知られており，硫酸化糖を導入したナノゲルでは，血管内皮細胞成長因子（vascular endothelial growth factor：VEGF）を捕捉することが期待される．VEGFは，悪性腫瘍（がん）における血管新生を担っており，その増殖にかかわっている．VEGFは再生医療においては成長因子として重要であるが，がんの治療においては，VEGFを抗体医薬によってブロックすることで血管新生が阻害され，腫瘍の増殖が抑えられる．筆者らは硫酸化糖，疎水基などの官能基をうまく調製することで，VEGFを効果的に捕捉する硫酸化糖鎖高分子ナノゲル粒子を開発した[20]．VEGFを捕捉することで，血管新生が抑えられることがわかった．これを用いることでがんを抑制する働きが期待できる．このように新しい高分子の形体として，ナノゲルの有用性は高く，分子認識性の基礎科学材料として，また治療を目指した生体機能材料として有用であることがわかった．

4 おわりに

本章はやや駆け足ながら，糖鎖関連物質の利用を目指した機能性材料の展開について述べた．糖鎖はその他の生体機能性高分子に比べると，独特の特徴をもっており，糖のもつ立体特性，多価効果による相互作用の増強をいかにうまく引きだせるかが鍵になっている．糖鎖高分子は高分子化合物の特性をうまく使うことで，糖鎖の機能材料として非常に有用であり，実用レベルまで高めることが強く期待されている．

◆ 文献 ◆

[1] O. J. Plante, E. R. Palmacci, P. H. Seeberger, *Science*, **291**, 1523 (2001).
[2] J. J. Lundquist, E. J. Toone, *Chem. Rev.*, **102**, 555 (2002).
[3] A. Kobayashi, T. Akaike, K. Kobayashi, H. Sumitomo, *Macromol. Rapid Commun.*, **7**, 645 (1986).
[4] M. Mammen, G. Dahmann, G. M. Whitesides, *J. Med. Chem.*, **38**, 4179 (1985).
[5] V. Ladmiral, E. Melia, D. M. Haddleton, *Eur. Polym. J.*, **40**, 431 (2004).
[6] Q. Zhang, J. Collins, A. Anastasaki, R. Wallis, D. A. Mitchell, R. Becer, D. M. Haddleton, *Angew. Chem.*, **125**, 4531 (2013).
[7] S. I. Nishimura, K. Niikura, M. Kurogochi, T. Matsushita, M. Fumoto, H. Hinou, R. Kamitani, H. Nakagawa, K. Deguchi, N. Miura, K. Monde, H. Kondo, *Angew. Chem.*, **44**, 91 (2004).
[8] M. J. Pszek, C. C. DuFort, O. Rossier, R. Bainer, J. K. Mouw, K. Godula, J. E. Hudak, J. N. Lakins, A. C. Wijekoon, L. Cassereau, M. G. Rubashikin, M. J. Magbanua, K. S. Thorn, M. W. Davidson, H. S. Rugo, J. W. Park, D. A. Hammer, G. Giannone, C. R. Berozzi, V. M. Weaver, *Nature*, **511**, 319 (2014).
[9] M. Nagao, Y. Kurebayashi, H. Seto, T. Takahashi, T. Suzuki, Y. Hoshiono, Y. Miura, *Polym. Chem.*, **7**, 5920 (2016).
[10] M. Nagao, T. Fujiwara, T. Matsubara, Y. Hoshino, T. Sato, Y. Miura, *Biomacromolecules*, **18**, 4385, (2017).
[11] K. Jono, M. Nagao, T. Oh, S. Sonoda, Y. Hoshino, Y. Miura, *Chem. Commun.*, **54**, 82 (2018).
[12] G. Gody, T. Maschmeyer, P. B. Zetterlund, S. Perrier, *Nat. Commun.*, **4**, 2505 (2013).
[13] Y. Miura, K. Yasuda, K. Yamamoto, M. Koike, Y. Nishida, K. Kobayashi, *Biomacromolecules*, **8**, 2129 (2007).
[14] M. Rawat, C. I. Gama, J. B. Matson, L. C. Hsieh-Wilson, *J. Am. Chem. Soc.*, **130**, 2959 (2008).
[15] T. H. Nguyen, S. H. Kim, C. G. Decker, D. Y. Wong, J. A. Loo, H. D. Maynard, *Nature Chem.*, **5**, 221, (2013).
[16] K. Sasaki, Y. Nishida, T. Tsurumi, H. Uzawa, H. Kondo, K. Kobayashi, *Angew. Chem.*, **41**, 4463 (2002).
[17] K. E. Moog, M. Barz, M. Bartneck, F. Beceren-Braun, N. Mohr, Z. Wu, L. Braun, J. Dernedde, E. A. Liehn, T. Tracke, T. Lammers, H. Kunz, R. Zentel, *Angew. Chem.*, **56**, 1416 (2017).
[18] Y. Sasaki, K. Akiyoshi, *Chem. Rec.*, **10**, 366, (2010).
[19] Y. Hoshino, M. Nakamoto, Y. Miura, *J. Am. Chem. Soc.*, **134**, 15209 (2012).
[20] H. Koide, K. Yoshimatsu, S. H. Lee, A. Okajima, S. Ariizumi, Y. Narita, Y. Yonamine, A. C. Weisman, Y. Nishimura, N. Oku, Y. Miura, K. J. Shea, *Nat. Chem.*, **9**, 715 (2017).

Part II 研究最前線

chap 6 分子シャペロン機能をもつ人工分子システム：シャペロン機能工学

Artificial Molecular Systems with Chaperone Function

西村 智貴　秋吉 一成
（京都大学大学院工学研究科）

Overview

分子シャペロン機能をもつ人工分子システムとして，タンパク質の不可逆な凝集を抑制して正しく折り畳む人工シャペロン，および核酸の二重鎖形成や鎖交換反応などを促進させる人工シャペロンが報告されている．また，タンパク質・核酸に対する分子シャペロン機能は，ドラッグデリバリーシステムのキャリアや，遺伝子診断用のツールとして有用であることも示されている．最近では，人工分子の自己組織化による高次構造形成を介添えするシャペロンシステムが報告され，分子シャペロン機能は，生体分子のみならず人工分子の折り畳みや高次構造形成を助けるという広義の概念として定着しつつある．本章では，そのようなタンパク質，核酸，そして人工分子の高次構造形成におけるシャペロン機能工学とその応用に関する研究について紹介する．

▲シャペロン機能をもつ人工分子システム

■ **KEYWORD** 📖マークは用語解説参照

- ■シャペロン機能(chaperone function)📖
- ■フォールディング(folding)
- ■ナノゲルシャペロン(nanogel chaperone)📖
- ■リポソームシャペロン(liposome chaperone)
- ■核酸シャペロン(nucleic acid chaperone)
- ■鎖交換反応(strand exchange reaction)
- ■自己組織化(self-assembly)
- ■分子集合体(molecular assembly)

はじめに

分子シャペロンはタンパク質の一種で，リボソームにより新たに合成されたタンパク質の折り畳み（フォールディング）や，熱などの外部刺激により変性したタンパク質の不可逆な凝集を抑制して正しいフォールディングを助けることが知られている．また核酸においても，クロマチン形成における核酸のヒストンへの正常な巻きつきを助ける核酸シャペロンも存在し，これらによって細胞の恒常性や生命活動の維持が司られている．

これまでに，生体のシャペロン機能を模した人工システムがさまざまに報告され，タンパク質のフォールディング，核酸の鎖交換反応などの機能をもつ人工シャペロンシステムが開発された．また，合成高分子の自己組織化による高次構造形成などを助けるシステムも報告され，分子シャペロン機能は，生体高分子や合成高分子の不可逆的な凝集を抑制し，適切な「形（＝高次構造）」に導くものとして，認識されるようになってきた．このような機能をもつ人工分子システムの構築のためのシャペロン機能工学とその応用について概説する．

1 タンパク質に対する人工分子シャペロン

1-1 分子シャペロンインスパイアードシステム

生体の分子シャペロンは，疎水性相互作用などを駆動力とすることで，変性した巻き戻り中間体タンパク質を捕捉して不可逆的なタンパク質凝集体の形成を阻害し，タンパク質の正しいフォールディングを助けている．たとえば，大腸菌由来の分子シャペロンであるGroELは，変性して疎水面を露出したタンパク質が凝集する前に，隔離できる自身のナノ空間内部に1分子を捕捉する．GroELはATPとの結合に伴い，「ふた」状の補因子GroESがGroELの疎水面と結合する．親水性となったナノフラスコ（GroEL-GroES複合体）内で変性タンパク質の正常なフォールディングが進行する．次いで，ATPの加水分解に伴ってGroELは元の構造に戻り，ふたのGroESが解離し，正常に折り畳まれたタンパク質が放出される．これは精巧な分子ナノマシンである（図6-1）．この系は，GroELをホスト，タンパク質をゲストとする高分子のホスト-ゲスト系である．

筆者らは，この分子シャペロン機能を会合性多糖からなる自己組織化ナノゲルシステムにより人工的に再現しうることを見いだした[1, 2]．ナノゲル（ナノサイズのゲル微粒子）は，親水性多糖であるプルランにわずかな量のコレステロールを導入した両親媒性高分子を水溶液中で会合して形成される．その特徴として，粒子中にコレステロールによる疎水的な物理架橋点が複数あり，動的なネットワーク構造をもつ〔図6-2（a）〕．このナノゲルを，熱変性または化学変性させたタンパク質を含む溶液に加える，巻き戻り中間体を疎水的な会合力により捕捉し，その凝集を抑制した．さらに，ナノゲル内の物理架橋点を形成するコレステロールとシクロデキストリン（cyclodextrin：CD）との相互作用を利用すると，ナノゲルが崩壊してタンパク質が遊離する．それとと

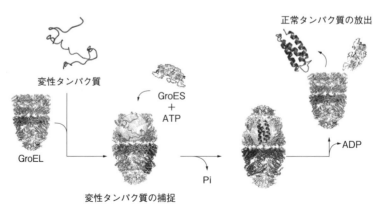

図6-1　GroEL-GroESによる変性タンパク質のフォールディング

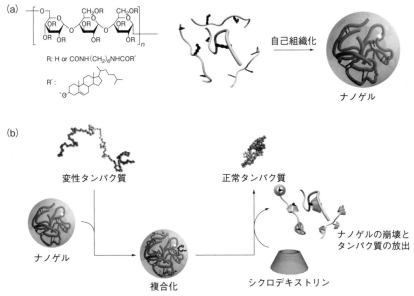

図6-2 コレステロール修飾プルランの自己組織化によるナノゲル形成(a), ナノゲル/シクロデキストリンによる人工タンパク質シャペロンシステム(b)
[口絵参照]

もに, 正しくリフォールディングし, タンパク質の機能が再生することがわかった〔図6-2(b)〕.

その後, 光刺激により親水性と疎水性を制御しうるスピロピラン基を物理架橋点とするナノゲルは, 光応答性シャペロンとして機能すること[3], またアミロース合成用糖鎖界面活性剤プライマーが, 酵素重合によりその親水性と疎水性を制御しうることから, 酵素応答性シャペロンとして機能することも示された[4].

それ以外にも, 界面活性剤/CD[5], リポソーム[6], コアセルベートドロップレット[7], 化学架橋ナノゲルの電荷制御系[8], 温度応答性高分子ミセル[9], 温度応答性構造化PEG[10], 表面修飾金コロイド粒子[11], メソポーラス材料[12], 自己組織化ナノチューブ[13], 高分子電解質[14]などを用いたさまざまな人工シャペロンシステム系が報告されている.

1-2 人工分子シャペロンのバイオマテリアル応用

近年の遺伝子工学の発展により, さまざまなタンパク質を自在に設計でき, また無細胞タンパク質合成システムを用いることで, 比較的容易に合成できる時代となった. しかし, 可溶性タンパク質といえども, 合成されたタンパク質が正しくフォールディングされずに凝集してしまうことも多く, その抑制が課題となっている.

筆者らは, ナノゲルシャペロンシステムを用いることで, きわめて凝集しやすい可溶性タンパク質(ロダネーゼ, rhodanese)を, 無細胞タンパク質合成系により凝集させることなく正しくフォールディングさせ, 回収することに成功している[15]. このナノゲルシャペロンの汎用性は広く, システイン脱硫酵素(cysteine desulfurase), L-フクロキナーゼ(L-fuculokinase), 転写活性因子であるLysRなどのさまざまな可溶性タンパク質への適応が可能であり, 無細胞タンパク質合成系において, 初めて人工シャペロンシステムが用いられた例となった.

分子シャペロン機能は, タンパク質の生産のみならず, ペプチドやタンパク質のドラッグデリバリーシステム(drug delivery system: DDS)においても重要である[16]. タンパク質DDSにおいて, タンパク質が凝集しやすいこと, および体内でも加水分解酵素により分解しやすいことを考慮した製剤化をいかにうまく行うかが課題である.

多糖ナノゲルは, 非常に凝集しやすいがん抗原タンパク質やペプチドと複合体を形成して安定化でき

るため，臨床用の製剤化が可能となった．また抗原を封入したナノゲルワクチンは，皮下投与によりリンパ節への輸送と抗原提示細胞への取り込みにより効率的な免疫誘導とがん治療が可能であることが明らかになった．さらにカチオン性多糖ナノゲルは，鼻からの投与により感染症を予防しうる経鼻ワクチンとして有用であることも示されている．免疫療法のキャリアとしての機能に関する詳細は，筆者らの総説を参照されたい[17]．

最近，シャペロン機能をもつナノゲルをビルディングブロックとして，ナノゲルを架橋点とした新規ゲルバイオ材料を開発する「ナノゲルテクトニクス工学」が提唱されている[18]．たとえば，このナノゲル架橋ゲルはサイトカインの封入が可能で，徐放性をもつ人工細胞外マトリクスとして優れている．DDSや再生医療などの先端医療において活躍しうるバイオ医薬品開発において，シャペロン機能工学は重要な概念であるといえる．

2 膜タンパク質に対する人工分子シャペロン

生体内に存在するタンパク質は，可溶性タンパク質のみならず，細胞膜に接着・貫通した膜タンパク質がその半数を占めている．膜タンパク質は疎水性領域が大きいため，その単離や精製の困難さから機能解析が遅れている．

生体内では，リボソームで産生された膜タンパク質は，小胞体に存在する膜透過装置（トランスコロン）により二分子膜への組み込みや正しいフォールディングが行われる．筆者らは，リポソームに無細胞膜タンパク質合成発現系（セントラルドグマ）を組み込み，膜タンパク質を発現と同時にリポソームに再構成させる一段階プロテオリポソーム構築法（人工細胞法）を開発した．現在，大腸菌や小麦胚芽由来などのさまざまな細胞抽出液および合成に必要な酵素群で構築された人工再構成系などを用いた無細胞タンパク質合成系が開発されており，可溶性タンパク質合成に威力を発揮している．しかし，これらの系で膜タンパク質を合成すると，疎水性が高いためにほぼすべてが凝集してしまう．一方，リポソーム存在下で無細胞膜タンパク質合成を行うと，リポソームに直接組み込まれたプロテオリポソームが得られることが示された（図6-3）[19]．

大腸菌膜に存在する1～12回膜貫通膜タンパク質のなかから約90種類を選択し，それらのプラスミドを用いた網羅的無細胞膜タンパク質合成実験では，95％以上においてリポソームシャペロン効果が認められ，この手法は汎用性をもつこともわかってきた[20]．この人工細胞法を用いるとさまざまな機能性プロテオリポソームが得られる．たとえば，カリウムチャネル（四量体）であるKcsA[21]や六量化により細胞間ギャップジャンクション（gap junction：GJ）を形成するコネキシン（Cx43）などは，そのチャ

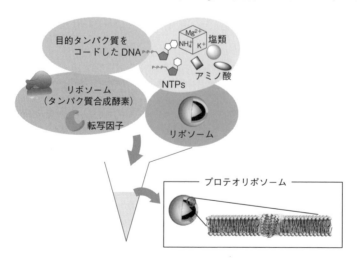

図6-3　リポソーム人工タンパク質シャペロンシステムの概念図

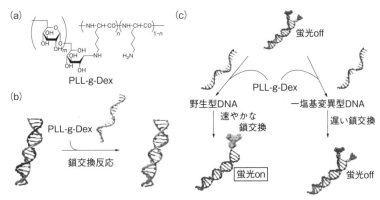

図6-4 poly-L-lysine-graft-dextran(PLL-g-Dex)の化学構造式
(a),PLL-g-Dex による鎖交換反応の模式図(b),および
鎖交換反応を利用した核酸の一塩基多型検出の原理(c)

ネル機能を保持したプロテオリポソームが効率よく得られた.とくにCx43リポソームは,細胞とGJを形成し,生理活性ペプチドなどを細胞質内に直接輸送する新規DDS機能をもつことがわかった[22].

このようにリポソームシャペロン技術は,膜タンパク質工学における新規な手法を提供し,また人工細胞モデル研究の新しい方向性を提示するものであると思われる.

3 核酸に対する人工分子シャペロン

生体内では,核酸の高次構造形成を制御する核酸シャペロンも存在している.たとえば,ヌクレオプラスミンというタンパク質は,ヒストンとDNAとの会合の際に不可逆的凝集体の生成を抑制して,ヒストンへのDNAの正しい巻きつきを促し,ヌクレオソームのコア構造を形成させる[23].また,ヒト免疫不全ウイルス1型のヌクレオカプシドは,ゲノムRNAからDNAへの逆転写の際に,RNAが形成したステムループ構造を解消したり,プライマーの鎖転移反応を触媒したりすることで逆転写反応を効率的に進行させている[24].

丸山らは,カチオン性高分子であるポリリジン(poly-L-lysine)の側鎖に親水性多糖のデキストラン(dextran)を修飾した高分子(poly-L-lysine-graft-dextran:PLL-g-Dex)が,鎖交換反応を促進させる核酸シャペロン能をもつことを見いだした[25]〔図6-4(a),(b)〕.PLL-g-Dex は,水溶性多糖の機能により,ポリアニオンである核酸とポリカチオンとの複合体を形成しても凝集・沈殿せず,核酸のコンフォメーションを保ったまま安定な複合体を形成している.そして,相補鎖の添加による鎖交換反応の中間体生成を促し,その反応を加速させている.

このPLL-g-Dex は,鎖交換反応のみならず,ステムループの解消による二重鎖形成,B型からZ型DNAへの転移などさまざまな核酸の高次構造形成を促進すること,また核酸ナノマシン系の効率を向上し得ることが示された[26].さらに,フルマッチ鎖とミスマッチ鎖の鎖交換反応の速度の違いを利用した一塩基多型検出用のツールとしての応用[27]〔図6-4(c)〕が報告されている.

4 合成分子システムに対する人工分子シャペロン

近年では,シャペロン機能の概念が拡張されつつあり,人工分子の自己組織化による高次構造形成を介添えする人工シャペロンが報告されている.

八島らは,ポリ[(4-カルボキシフェニル)アセチレン]〔poly [(4-carboxyphenyl) acetylene]〕にキラルなアミノアルコールやアミンを添加すると,らせん構造が誘起されること,さらにアキラルな分子と交換させても,らせん構造が解消することなく元のキラル構造を記憶させることができることを報告した[28]〔図6-5(a)〕.このキラル分子が,人工高分

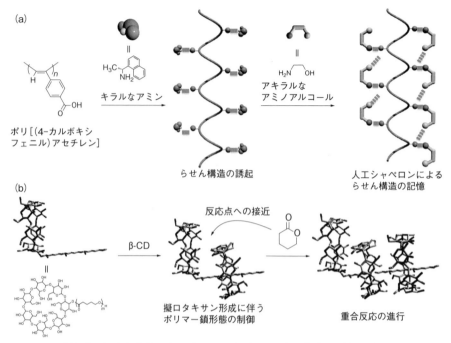

図 6-5　合成高分子のキラルアミンによるらせん構造の誘起と人工シャペロン分子によるらせん構造の記憶(a)，擬ロタキサン形成による環状エステルの開環重合(b)

子のらせん構造の記憶を介添えするシャペロンとして機能している．また，最近では 5′-グアノシン(5′-guanosine)と四ホウ酸リチウム(lithium borate)からなるグアニン四重鎖(G-quartet)にチオフラビン T(thioflavin T)を添加すると，ヒドロゲルが誘起されること[29]や，L- または D- アミノ酸が，超分子ゲル形成を誘起する系などのシャペロンゲレーターといえる系が報告されている[30]．またシアヌル酸やバルビツール酸の誘導体によって，メラミン基をもつ分子のロゼット様自己組織化体形成が促されること[31]や，ククルビット[8]ウリル(Cucurbit[8] uril)のゲスト分子によって，ククルビット[8]ウリルからなる多孔質材料形成は，促されること[32]など，さまざまな分子集合体形成のための人工シャペロン系が報告されている．

また原田らは，ポリ(δ-バレロラクトン)〔poly (δ-valerolactone)〕を修飾した β-CD に CD を添加し，擬ロタキサンを形成させることで，δ-バレロラクトンの重合反応が効率よく進行することを報告した[33]〔図 6-5(b)〕．CD は，ポリ(δ-バレロラクトン)を包接し，伸長したポリマー鎖の形を適切に制御する人工シャペロンとして機能している．これによりモノマーの反応活性点へ接近が可能になり，反応が進行したと考えられている．CD の擬ロタキサン形成によって，ポリマー鎖の会合を制御するだけではなく，重合反応を触媒する機能をもつ人工シャペロンである点からも興味深い．

5　まとめと今後の展望

本章では，タンパク質や核酸のフォールディング，ならびに合成高分子の高次構造形成を助ける人工分子シャペロンシステムを紹介した．このシャペロンシステムはタンパク質や核酸の系では，単に正しいフォールディングを促進させる材料としての利用にのみならず，DDS キャリア，診断用ツールなど機能性材料への応用が行われている．また，人工分子の構造体形成を制御するシャペロンシステムという従来のシャペロンの概念にとどまらない広がりもみ

せはじめている．今後，シャペロン機能をもった人工システムが学術的・実用的な観点から展開されることで，新たなシャペロン機能をもつ材料・システムが開発されることを期待したい．

◆ 文 献 ◆

[1] K. Akiyoshi, Y. Sasaki, J. Sunamoto, *Bioconjug. Chem.*, **10**, 321 (1999).
[2] Y. Nomura, M. Ikeda, N. Yamaguchi, Y. Aoyama, K. Akiyoshi, *FEBS Lett.*, **553**, 271 (2003).
[3] T. Hirakura, Y. Nomura, Y. Aoyama K. Akiyoshi, *Biomacromolecules*, **5**, 1804 (2004).
[4] N. Morimoto, N. Ogino, T. Narita, S. Kitamura, K. Akiyoshi, *J. Am. Chem. Soc.*, **129**, 458 (2007).
[5] D. Rozema, S. H. Gellman, *J. Am. Chem. Soc.*, **117**, 2373 (1995).
[6] M. Yoshimoto, R. Kuboi, *Biotechnol. Prog.*, **15**, 480 (1999).
[7] N. Martin, M. Li, S. Mann, *Langmuir*, **32**, 5881 (2016).
[8] M. Nakamoto, T. Nonaka, K. J. Shea, Y. Miura, Y. Hoshino, *J. Am. Chem. Soc.*, **138**, 4282 (2016).
[9] X. Liu, Y. Liu, Z. Zhang, F. Huang, Q. Tao, R. Ma, Y. An, L. Shi, *Chem. Euro. J.*, **19**, 7437 (2013).
[10] T. Muraoka, K. Adachi, M. Ui, S. Kawasaki, N. Sadhukhan, H. Obara, H. Tochio, M. Shirakawa, K. Kinbara, *Angew. Chem. Int. Ed.*, **52**, 2430 (2013).
[11] M. De, V. M. Rotello, *Chem. Commun.*, **2008**, 3504.
[12] X. Wang, D. Lu, R. Austin, A. Agarwal, L. J. Mueller, Z. Liu, J. Wu, P. Feng, *Langmuir*, **23**, 5735 (2007).
[13] N. Kameta, M. Masuda, T. Shimizu, *ACS Nano*, **6**, 5249 (2012).
[14] S. Ganguli, K. Yoshimoto, S. Tomita, H. Sakuma, T. Matsuoka, K. Shiraki, *J. Am. Chem. Soc.*, **131**, 6549 (2009).
[15] Y. Sasaki, W. Asayama, T. Niwa, S. Sawada, T. Ueda, H. Taguchi, K. Akiyoshi, *Macromol. Biosci.*, **11**, 814 (2011).
[16] Y. Sasaki, K. Akiyoshi, *Chem. Rec.*, **10**, 366 (2010).
[17] Y. Tahara, K. Akiyoshi, *Adv. Drug Deliv. Rev.*, **95**, 65 (2015).
[18] Y. Hashimoto, S. Mukai, S. Sawada, Y. Sasaki, K. Akiyoshi, *Biomaterials*, **37**, 107 (2015).
[19] S. M. Nomura, S. Kondoh, W. Asayama, A. Asada, S. Nishikawa, K. Akiyoshi, *J. Biotechnology*, **133**, 190 (2008).
[20] T. Niwa, Y. Sasaki, E. Uemura, S. Nakamura, M. Akiyama, M. Ando, S. Sawada, S. Mukai, T. Ueda, H. Taguchi, K. Akiyoshi, *Sci. Rep.*, **5**, 18025 (2015).
[21] M. Ando, M. Akiyama, D. Okuno, M. Hirano, T. Ide, S. Sawada, Y. Sasaki, K. Akiyoshi, *Biomater. Sci.*, **4**, 258 (2016).
[22] M. Kaneda, M. Nomura, S. Ichinose, S. Kondo, K. Nakahama, K. Akiyoshi, I. Morita, *Biomaterials*, **30**, 3971 (2009).
[23] W. C. Eamshaw, B. H. Honda, R. A. Laskey, J. O. Thomas, *Cell*, **21** 373 (1980)
[24] A. Rein, L. E. Henderson, J. G. Levin, *Trends. Biochem. Sci.*, **23**, 297 (1998).
[25] W. J. Kim, T. Akaike, A. Maruyama, *J. Am. Chem. Soc.*, **124**, 12676 (2002).
[26] S. W. Choi, N. Makita, S. Inoue, C. Lesoil, A. Yamayoshi, A. Kano, T. Akaike, A. Maruyama, *Nano Lett.*, **7**, 172 (2007).
[27] W. J. Kim, Y. Sato, T. Akaike, A. Maruyama, *Nat. Mater.*, **2**, 815, (2003).
[28] E. Yashima, K. Maeda, Y. Okamoto, *Nature*, **399**, 449 (1999).
[29] G. M. Peters, L. P. Skala, J. T. Davis, *J. Am. Chem. Soc.*, **138**, 134 (2016).
[30] J. Chen, T. Wang, M. Liu, *Chem. Commun.*, **52**, 6123, (2016).
[31] V. Paraschiv, M. Crego-Calama, T. Ishi-I, C. J. Padberg, P. Timmerman, D. N. Reinhoudt, *J. Am. Chem. Soc.*, **124**, 7638 (2002).
[32] W. Zhu, C. Wang, Y. Lan, J. Li, H. Wang, N. Gao, J. Ji, G. Li, *Langmuir*, **32**, 9045 (2016).
[33] M. Osaki, Y. Takashima, H. Yamaguchi, A. Harada, *J. Am. Chem. Soc.*, **129**, 14452 (2007).

chap 7

核酸の高次構造を選択的に化学修飾する新規プローブの開発

Development of the New Chemical Reactive Probes to Higher-ordered Structure of Nucleic acids

永次 史　鬼塚 和光
（東北大学多元物質科学研究所）

Overview

近年，核酸はその配列情報のみならず，核酸の高次構造が遺伝子発現の制御に非常に重要な役割をもつことがわかってきた．これらの高次構造を認識して結合する分子は，核酸の高次構造がかかわる遺伝子発現を人工的に制御できる可能性をもっており，さまざまな結合分子が検討されている．本章では，これらの高次構造のうち，疾患に関連していると考えられるグアニン豊富な配列で形成される四重らせん構造，およびトリプレットリピート配列にみられるT-T/U-U ミスマッチ構造に焦点をあて，これらの構造の役割，それぞれに結合する低分子の報告例，さらには筆者らが開発しているこれらの構造をアルキル化するプローブについて概説する．

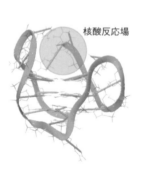

核酸反応場

G-4 DNA

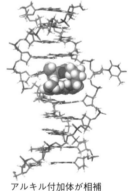

アルキル付加体が相補塩基をフリップアウトした構造

▲核酸高次構造に対するアルキル化
[口絵参照]

■ **KEYWORD** □マークは用語解説参照

- ■核酸高次構造(higher-ordered structure of nucleic acids)
- ■近接効果(proximity effect)
- ■T-T ミスマッチ構造(T-T mismatch structure)
- ■グアニン四重らせん構造(guanine qudruplex structure)
- ■アルキル化(alkylation)

はじめに

近年の研究の進歩にともない，遺伝子発現はワトソンクリック塩基対に基づく配列情報だけではなく，核酸（DNA，RNA）が形成する二本鎖以外の高次構造が発現制御機構に重要な役割をもつことが次つぎとわかってきている．図7-1に生体内で重要な役割を担っていると考えられるダイナミックな高次構造の一例を示す．二本鎖DNAは通常B型らせん構造をとっている．しかし，DNAに変異が起こった場合，ミスマッチ塩基対や塩基欠損部位などが二本鎖内に生じた構造となる．さらにグアニンあるいはシトシン豊富な配列では四重らせん構造を形成し，これらの構造が特定の遺伝子発現を制御している可能性も示唆されており，非常に注目を集めている．

一方，RNAは多彩な高次構造を形成することが可能であり，これらの構造モチーフが機能性RNAの重要な役割を担うこともわかってきている．とくにタンパク質をコードしないncRNA（non-coding RNA）は，これらの高次構造を認識するタンパク質と相互作用した結果，さまざまな機能をもつことが報告されており，RNAにおける高次構造の重要性が認識されてきている．

核酸高次構造に対して選択的に結合するプローブは，核酸高次構造の機能解明，さらにはその機能阻害を可能にすると考えられ，多くの研究者によって精力的に研究されている．核酸高次構造のなかには疾患の原因になりうる構造があることもわかってきており，これらに結合するプローブは，新しい創薬のリード化合物になると期待される．従来のプローブの多くは，標的の高次構造に対して可逆的に結合する分子である．しかし，タンパク質と核酸高次構造の結合を効率的に阻害するためには，より強い結合である共有結合の形成により不可逆的に結合するプローブの開発が望まれる．

筆者らは，標的核酸に対して，水素結合形成で活性化し，近接効果により選択的かつ効率的な反応性をもつ分子を開発してきた．本章では，核酸高次構造のうち，疾患に関連すると考えられるグアニン豊富な配列で形成される四重らせん構造，およびトリプレットリピート配列にみられるT-T/U-Uミスマッチ構造に焦点をあて，これらの構造の意義，それぞれに結合する低分子の報告例，さらには筆者らが開発しているこれらの構造をアルキル化するプローブについて概説する．

1 グアニン四重らせん構造と結合分子

グアニン四重らせん（G-quadruplex：G-4）DNA構造はグアニンの連続配列をもつ領域で，四つのグアニンが水素結合を介して形成する高次構造である（図8-2）．

G-4構造は，染色体末端のテロメアや多くのがん遺伝子のプロモーター領域で形成されることが知られており，新たな抗がん剤の分子標的として注目されている[1]．安定なG-4構造形成には，カリウムカチオン，ナトリウムカチオンなどのカチオンが必要であり，これらのカチオンの種類や配列により，そのトポロジーが異なることがわかっている[2]．たとえば，ヒトテロメア配列TA-core〔(5'-TA(GGGTTA)$_3$GGG-3'〕では，カリウムカチオン存在下で(3+1)のハイブリッド型，ナトリウムカチオン存在下で反平行型（アンチパラレル型），カリウムカチオンとPEG200存在下で平行型（パラレル型）の四重らせん

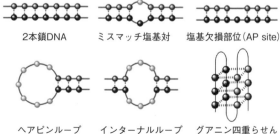

図7-1 核酸の高次構造

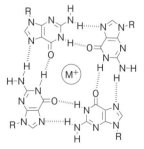

図7-2 グアニン四重らせん構造

d[TA(GGGTTA)₃GGG]

K⁺
(3+1)ハイブリッド型

Na⁺
アンチパラレル型

K⁺ + PEG200
パラレル型

図7-3　ヒトテロメア配列のG-4 DNAのトポロジー

構造を形成することが報告されている（図7-3）．

ヒトテロメア領域は（TTAGGG)$_n$の繰り返し配列からなっている．体細胞では細胞分裂毎にこの領域は短縮され，一定以上短くなると細胞分裂を停止する．一方，多くのがん細胞では，テロメアを伸長するテロメラーゼが活性化し，テロメア配列を伸長できるため，無限の増殖能を獲得すると考えられている．

テロメアの四重らせんDNAに結合してこの構造を安定化する分子は，テロメラーゼによる伸長反応を阻害できると考えられており，抗がん剤として機能する可能性を秘めている．最近，四重らせんに選択的に結合する抗体を用いて，細胞内におけるG-4構造形成が観測された[3]．さらにG-4構造に結合する低分子が細胞内在性のG-4構造に結合することも明らかにされており[4]，G-4構造結合分子の開発は非常に注目を集めている．

図7-4（a）に代表的なG-4 DNA結合分子を示している[5]．これらの構造は平面性が高く，DNA塩基部との π-π スタッキングおよび電荷によりG-4 DNAに可逆的に結合する．さらにこれらの分子にアルキル化部位を導入した結合分子は，G-4 DNAに不可逆的に結合することが報告されている[6,7]〔図7-4（b）〕．G-4構造に対して不可逆的に結合する分子は，G-4構造に結合するタンパク質との結合を効率的に阻害できると考えられることから，細胞内におけるG-4構造の機能を調べるツールとしても非常に重要であると考えられる．

2　G-4構造をアルキル化する分子の設計および反応性の評価

筆者らは，標的に対して近接することで高いアルキル化能をもつ2-アミノ-6-ビニルプリン（2-amino-6-vinylpurine：AVP）と，二本鎖DNAに高い結合能をもつマイナーグルーブバインダーであるヘキストを複合化したプローブを用いて，二本鎖DNAの脱塩基部位の向いにあるチミンを選択的にアルキル化することに成功している[8]（図7-5）．

この結果に基づき，G-4構造をアルキル化する分子として，反応性塩基部分であるAVP，G-4構造に親和性をもつ結合部位であるアクリジンを複合化したプローブ1を設計・合成した．筆者らは，このプローブがG-4構造に接近した後，G-4構造のループ部分にあるチミンをアルキル化すると期待した（図7-5）．G-4構造を含む標的DNAとして，ヒトテロメア配列を用いた．標的DNAを図7-6に示す緩衝液に溶解し，90℃で10分加熱した後，ゆっ

(a) 可逆的結合分子

(b) 共有結合性分子

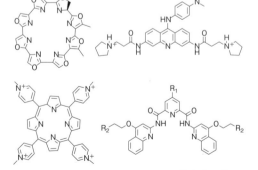 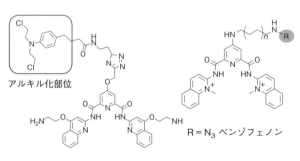

アルキル化部位

R = N₃ ベンゾフェノン

図7-4　グアニン四重らせんDNA結合分子

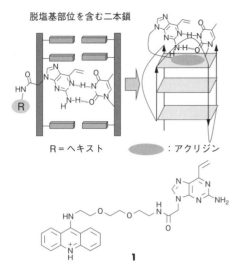

図7-5 グアニン四重らせんをアルキル化する分子の設計

的G-4 DNAにプローブ**1**を加えてアルキル化反応性を調べた．その結果，プローブ**1**はカリウムカチオン存在下，G-4構造を選択的にアルキル化することがわかった．一方，ナトリウムカチオン存在下では，G-4構造に対して効率的なアルキル化反応は観測されなかった．すなわち，プローブ**1**によるアルキル化は，G-4構造のトポロジーのうち(3+1)のハイブリッド型構造に対して効率的に進行することが示唆された．プローブ**1**のアクリジン部位は，いずれのトポロジーのG-4構造に対しても非選択的に結合すると考えられる．アクリジン部位がG-4構造に結合した際，(3+1)のハイブリッド型に結合したときに，反応性部位であるビニル基が標的塩基に対して近接し，アルキル化が効率的に進行したものと考えている．

くりと25℃にまで冷却し，アニーリングした．図7-6の条件でアニーリングしたG-4 DNAを用いてCDスペクトルを測定したところ，カリウムカチオン存在下では(3+1)のハイブリッド型，ナトリウムカチオン存在下では反平行型（アンチパラレル型）の構造をとることが示唆された．さらに，これらの標

さらに精製したG-4アルキル化付加体を再度アニーリングしてG-4構造を形成させた後，CDスペクトルおよび融解温度を測定した．その結果，G-4アルキル化付加体の構造は，アルキル化していないG-4構造をほとんど変化させないことがわかった．またG-4アルキル化付加体の融解温度は，アルキ

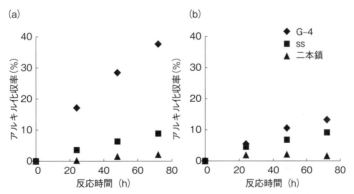

図7-6 プローブ**1**によるG-4に対するアルキル化収率

(a) カリウム緩衝液 (K^+)：100 mmol L^{-1} KCl, 10 mmol L^{-1} K_2HPO_4/KH_2PO_4 (pH 7.0), 1 mmol L^{-1} K2EDTA, (b) ナトリウム緩衝液 (Na^+)：100 mmol L^{-1} NaCl, 10 mmol L^{-1} Na_2HPO_4/NaH_2PO_4 (pH 7.0), 1 mM Na2EDTA. それぞれの条件でG4DNA (5 μmol L^{-1}) をアニーリングした後，プローブ (1：10 μmol L^{-1}) を加えて37℃でインキュベート．電気泳動にて解析し，未反応のG-4とアルキル化されたG-4の比率から収率を算出．

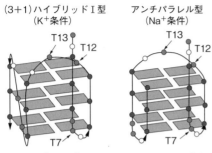

図7-7　プローブ1によるG-4アルキル化部位

ル化してないG-4構造よりも高く（カリウム緩衝液中で8℃，ナトリウム緩衝液中で2℃），アルキル化することでG-4構造が安定化されることもわかった．また精製したG-4アルキル化付加体を用いて，酵素加水分解に対する阻害実験を行ったところ，それぞれの構造において，G-4構造のループ部分に存在するチミン（T7，T12，T13）に対して反応していることが示唆された（図7-7）．

さらにアルキル化されたG-4 DNAをテンプレートとしたDNA伸長反応を検討した結果，DNA伸長が効率的に阻害されることがわかった．この阻害はアルキル化していないG-4 DNAではほとんどみられておらず，アルキル化したことに基づく阻害効果であることが示唆された．これらの結果から，今回設計した非常にシンプルな構造であるアルキル化プローブ1は，G-4構造のトポロジー選択的にループ部分のチミンをアルキル化し，複製反応を効率的に阻害することがわかった．現在，G-4結合部位として，G-4構造に選択的な結合分子，さらには反応性部位として，高い反応性をもつ部位を導入した新しいプローブについて検討中であり，より効率的なG-4アルキル化プローブを開発できると期待している．

3 トリプレットリピート配列にみられるT-T/U-Uミスマッチ構造と結合分子

遺伝子の塩基配列において，$(CAG)_n$，$(CGG)_n$，$(CTG)_n$，$(GAA)_n$，$(CUG)_n$などの3塩基が連続して繰り返す配列をトリプレットリピートという．

この配列がある程度以上に繰り返して伸長することで遺伝性の神経疾患が起こることがわかっており，トリプレットリピート病と呼ばれている．トリプレットリピート病の一つである筋強直性ジストロフィー1型（myotonic dystrophy type 1：DM1）は，DMPK遺伝子上の3′-末端プロモーター領域に存在する$(CTG)_n$の異常伸長が原因とされる．健常者の場合のCTGリピート数は5～37であるのに対し，DM1患者の場合は50～2000以上ものリピートが確認されている[9]．$(CTG)_n$の異常伸長が起こる機構として，DNAが複製する際にCTG/GACリピートがスリップ（slippage）して，CTG/GTCおよびGAC/CAGのインターナルループ構造が形成されることが一因と考えられているが[10]，詳細はわかっていない〔図7-8（a）〕．さらに$(CTG)_n$から転写されたRNA中の$(CUG)_n$は，C-G塩基対を形成し自己会合することでU-Uミスマッチ構造を形成する．異常伸長したこの構造に対し，スプライシング因子の一つであるMBNL1が結合して捕捉されることで，MBNL1本来のスプライシング機能を果たせなくなる．その結果，さまざまな遺伝子のRNAスプライシング異常を誘導し，DM1を起こす原因になると考えられている〔図7-8（b）〕[11]．

これらの疾患の治療法の一つとして，U-Uミスマッチ構造に結合し，MBNL1とこの構造との複合体形成を阻害する低分子が開発されている．Zimmermanらは，U-Uミスマッチ構造と水素結合を形成する部位としてトリアジン，ならびにRNAに高い親和性をもつ部位としてアクリジン誘導体を導入した結合分子を開発している〔図7-9（a）〕[12]．Disneyらは独自のデーターベースであるRNA-motif-small molecule（Inforna）をもとに設計したビスベンズイミダゾール誘導体に，共有結合部位を導入した分子を用いて，細胞内におけるMBNL1-$(CUG)_{exp}$複合体形成の効率的な阻害に成功している〔図7-9（b）〕[13]．Berglundらはペンタミジン（pentamidine）がDNAに結合してCUGのRNAレベルを低下させること，さらにペンタミジンおよびフラミジン（furamidine）が細胞内でスプライシング異常を緩和することを報告している〔図7-9（c）〕[14]．

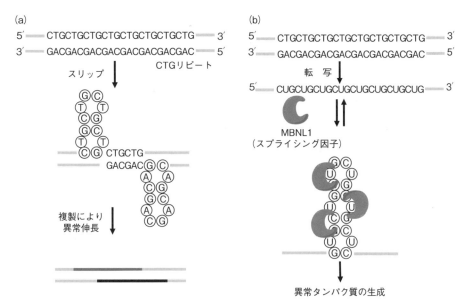

図 7-8 (CTG)$_n$ 繰り返し配列の複製と転写
(a) (CTG)$_n$ 繰り返し配列の複製, (b) (CTG)$_n$ 繰り返し配列の転写と MBNL1 の結合.

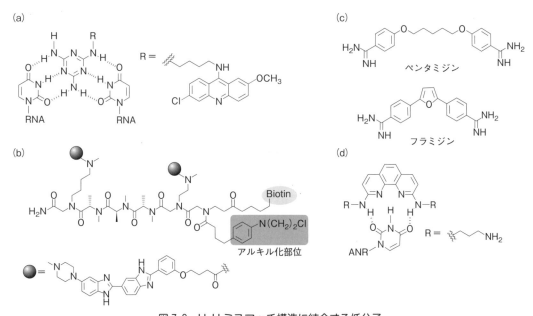

図 7-9 U–U ミスマッチ構造に結合する低分子
(a) Zimmerman グループ, (b) Disney グループ, (c) Berglund グループ, (d) 中谷グループ.

中谷らは U–U ミスマッチ構造において, ウラシル一分子がフリップアウトしたモデルを提唱し, 水素結合ドナー/アクセプターを適切に配置した分子が U–U ミスマッチ構造に対して特異的に結合することを見いだしている〔図 7-9 (d)〕[15].

4 T–T/U–U ミスマッチ構造をアルキル化するプローブの開発[16]

筆者らは, 近接効果により標的核酸に対して選択的なアルキル化を誘導できるプローブを開発している. そこでこの構造をもとに, Zimmerman らが開

+ COLUMN +

★いま一番気になっている研究者・研究

M. D. Disney
(アメリカ・フロリダ スクリプス研究所 教授)

本文中でも述べたように,核酸の高次構造は疾患に関係する可能性が示唆されている.とくにRNAの高次構造はさまざまな機能性RNAにおいて重要な働きをもつことがわかってきており,新たな創薬標的として注目されている.しかし,RNAの構造は多様かつ動的であるため,これらに結合する分子の設計概念は確立されていない.

スクリプス研究所のM. D. Disney教授らは,独自のデータベースであるRNA-motif-small molecule(Inforna)を用いて,RNAの高次構造に結合する低分子を開発している.その一例として,疾患の原因となるRNAの繰り返し配列が形成する高次構造に対して結合する低分子を開発し,これらの構造に結合するタンパク質の阻害に成功している.さらにがんで活性化されているHIFの発現を制御するmiR210の前駆体であるpre-miRNA(pre-microRNA)に結合する低分子を開発し,マウスにおけるがん細胞増殖阻害にも成功している〔M. G. Costales et al., *J. Am. Chem. Soc.*, 139, 3446 (2017)〕.また彼らは,ほかのがんの原因となるmiRNAに結合する低分子も開発している〔M. D. Disney, A. J. Angelbello, *Acc. Chem. Res.*, 49, 2698 (2016)〕.

彼らはさまざまな疾患関連RNAを標的とした創薬を目指して,RNA結合分子の探索研究を精力的に展開しており,今後非常に注目される研究者の一人である.

発したT-T/U-Uミスマッチ構造に結合するトリアジン誘導体に,反応性基であるビニル基を導入したプローブ**2**を設計した(図7-10).このプローブがT-T/U-Uミスマッチ構造に対して水素結合を形成し,選択的なアルキル化反応が進行するものと期待した.

このプローブを合成しその反応性を調べた結果,RNAのU-Uミスマッチ構造に対するアルキル化能は低いものの,DNAのT-Tミスマッチ構造に対しては選択的,かつ効率的にアルキル化反応が進行することがわかった.RNAに対する反応性が低かったのは,DNAに比べRNAに対するプローブの結合能が低いことが一因であると考えられる.

得られたアルキル化付加体を精製した後,酵素加水分解によりヌクレオシドレベルまで分解し,次いでNMRにてその構造決定を行った.その結果,プローブ**2**によるアルキル化は,チミンのN3位で進行していることがわかった(図7-11).

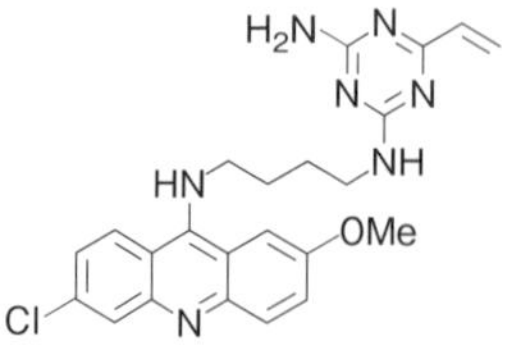

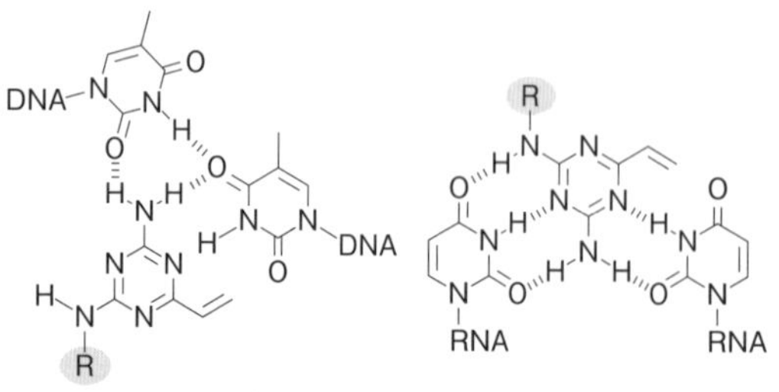

図7-10 T-T/U-Uミスマッチ構造アルキル化プローブの設計

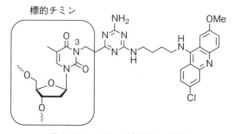

図7-11 チミン付加体の構造

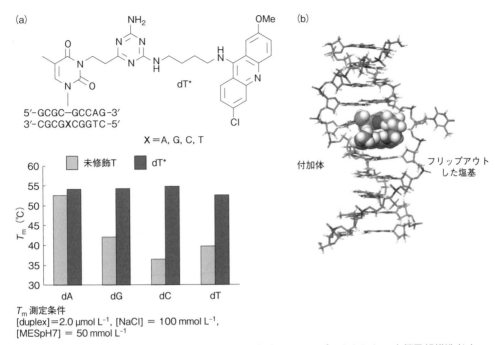

図7-12 チミン付加体を含む二本鎖の融解温度(a)とフリップアウトした二本鎖予想構造(b)

さらに精製したアルキル化したオリゴヌクレオチド(oligonucleotide：ODN)を用いて二本鎖の安定性を調べたところ，アルキル化したチミン誘導体は，相補的塩基の種類にかかわらず高い融解温度を示し，安定な二本鎖を形成することがわかった(図7-12)．この結果から，このアルキル化構造において，アクリジン部位がインターカレートすることで二本鎖構造を安定化すると同時に，トリアジン部位により相補塩基がフリップアウトする可能性が考えられた．そこで塩基対形成時には蛍光が消光し，フリップアウト時には強い蛍光を示す2-アミノプリンを含むODNを用いて，このアルキル体が相補的塩基をフリップアウトさせる可能性について検討した．その結果，アルキル体を含むODNの相補塩基に2-アミノプリンを含むODNは二本鎖形成後，蛍光強度の上昇が観測されたことから，チミンのアルキル化体は相補的塩基をフリップアウトさせることが示唆された．

次に，CTGリピート配列として六つのT-Tミスマッチ構造を形成する$(CTG)_{12}$に対するアルキル化反応について調べたところ，繰り返し構造が多い標的に対して，より効率的にアルキル化反応が進行することがわかった．さらにCTGリピート配列をアルキル化したDNAをテンプレートにしたDNA伸長反応を調べた結果，効率的にDNA伸長は阻害されること，またアルキル化したDNAをテンプレートにした転写反応(RNA合成)も効率的に阻害されることがわかった．これらの阻害は，アルキル化能をもたないCTGリピート配列を安定化するプローブを加えただけでは起こらないことから，アルキル化によりCTGリピート配列の複製や転写を効率的に阻害しうると考えられる．

5 まとめと今後の展望

以上述べてきたように，核酸の高次構造はさまざまな生命現象の制御に関与しており，これらに結合するプローブは，新たな創薬リードとして注目される．とくにG-4構造の安定化は，がん細胞のアポトーシスやがん遺伝子発現の抑制などにかかわることから，G-4構造を効率的に安定化するプローブの開発が待たれる．

今回，筆者らはG-4構造をアルキル化する基本

的なプローブ構造の開発に成功した．今後，このプローブ構造の最適化を行うことで，細胞内におけるG-4構造がかかわる生命現象を制御する新しい方法論として展開できるものと考えている．さらに，T-T/U-Uミスマッチ構造をアルキル化するプローブを設計し，その反応性を検討した結果，T-Tミスマッチ構造を選択的にアルキル化するプローブの開発に成功した．

このプローブはアルキル化した部位の相補的塩基をフリップアウトできることも見いだし，特定部位の塩基をフリップアウトしうる構造について新しい知見を示すことにも成功した．生体内で核酸に対して機能するメチル化酵素や修復酵素は，標的とする塩基をらせんの外側へフリップアウトさせ，活性中心へ引き込むことで特異な化学反応を実現している．このことから，得られた知見は新しい機能をもつ人工核酸の創製につながると期待している．一方で，RNA中のU-Uミスマッチ構造をアルキル化するプローブを創製することはできなかった．機能性RNAにおける高次構造の重要性からも，RNAに結合するプローブの開発が望まれるが，RNAの高次構造は多様であり，これらの構造に対して結合するプローブの共通した設計概念は現状確立していない．RNAに結合するプローブ開発には，多様な構造に結合するプローブを探索できる効率的な新しい手法の開発が課題であろう．

◆ 文 献 ◆

[1] M. L. Bochman, K. Paeschke, V. A. Zakian, *Nat. Rev. Gen.*, **13**, 770 (2012).
[2] A. T. Phan, *Febs Journal*, **277**, 1107 (2010).
[3] G. Biffi, D. Tannahill, J. McCafferty, S. Balasubramanian, *Nat. Chem.*, **5**, 182 (2013).
[4] E. Y. N. Lam, D. Beraldi, D. Tannahill, S. Balasubramanian, *Nat. Commun.*, **4**, 1 (2013).
[5] Y. X. Xiong, Z. S. Huang, J. H. Tan, *Eur. J. Med. Chem.*, **97**, 538 (2015).
[6] M. Di Antonio, K. I. E. McLuckie, S. Balasubramanian, *J. Am. Chem. Soc.*, **136**, 5860 (2014).
[7] D. Verga, F. Hamon, F. Poyer, S. Bombard, M. P. Teulade-Fichou, *Angew. Chem. Int. Ed.*, **53**, 994 (2014).
[8] N. Sato, G. Tsuji, Y. Sasaki, A. Usami, T. Moki, K. Onizuka, K. Yamada, F. Nagatsugi, *Chem. Commun.*, **51**, 14885 (2015).
[9] O. J. Pettersson, L. Aagaard, T. G. Jensen, C. K. Damgaard, *Nucleic Acids Res.*, **43**, 2433 (2015).
[10] S. M. Mirkin, *Nature*, **447**, 932 (2007).
[11] P. Konieczny, E. Stepniak-Konieczna, K. Sobczak, *Nucleic Acids Res.*, **42**, 10873 (2014).
[12] J. F. Arambula, S. R. Ramisetty, A. M. Baranger, S. C. Zimmerman, *Proc. Nat. Acad. Sci.*, **106**, 16068 (2009).
[13] S. G. Rzuczek, L. A. Colgan, Y. Nakai, M. D. Cameron, D. Furling, R. Yasuda, M. D. Disney, *Nat. Chem. Biol.*, **13**, 188 (2017).
[14] R. B. Siboni, M. J. Bodner, M. M. Khalifa, A. G. Docter, J. Y. Choi, M. Nakamori, M. M. Haley, J. A. Berglund, *J. Med. Chem.*, **58**, 5770 (2015).
[15] J. X. Li, J. Matsumoto, L. P. Bai, A. Murata, C. Dohno, K. Nakatani, *Chem. Eur. J.*, **22**, 14881 (2016).
[16] K. Onizuka, A. Usami, Y. Yamaoki, T. Kobayashi, M. Hazemi, T. Chikuni, N. Sato, K. Sasaki, M. Katahira, F. Nagatsugi, *Nucleic Acids Res.*, **46**, 1059 (2018).

Part II
研究最前線

Chap 8
球状ウイルスの自己集合を真似たペプチドナノカプセルの創製

Creation of Peptide Nanocapsules Mimicking Self-assembly of Spherical Virus

松浦 和則
(鳥取大学大学院工学研究科)

Overview

球状ウイルスの殻（キャプシド）は，ゲノム核酸のまわりにタンパク質が高度な対称性で自己集合することで形成される天然超分子である．天然ウイルスや遺伝子改変したウイルスを用いたナノテクノロジーが発展してきているが，人工的にウイルスキャプシド構造を分子設計する技術は実現されていない．筆者らは，自己集合性ペプチドを三回対称性に配置したコンジュゲートや，植物ウイルスの内部骨格（β-アニュラスモチーフ）形成にかかわるペプチドを設計・合成し，ウイルスサイズのペプチドナノカプセル（人工ウイルスキャプシド）の創製に成功している．本章では，その分子設計・特性・機能について紹介する．

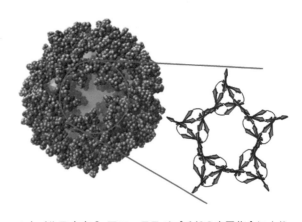

▲ウイルス由来β-アニュラスペプチドの自己集合により構築される人工ウイルスキャプシド［口絵参照］

■ **KEYWORD** 📖マークは用語解説参照

- ■ウイルスキャプシド(viral capsid)
- ■自己集合(self-assembly)
- ■トマトブッシースタントウイルス(tomato bushy stunt virus：TBSV)
- ■β-アニュラスペプチド(β-annulus peptide)
- ■ナノカプセル(nanocapsule)
- ■内包(encapsulation)
- ■表面修飾(surface modification)

はじめに

ウイルスは，さまざまな感染症を引き起こす病原体としてのイメージが強いが，20〜100 nm 程度の非常に精巧につくられた「ナノ材料」としても魅力的な物質である．ウイルスには，棒状・球状・エンベロープ状などさまざまな形態が知られている．基本的には，ウイルス自身のゲノム核酸をタンパク質の殻（キャプシド）が覆っている分子集合体である．ウイルスキャプシドは，核酸の周囲でタンパク質が高度な対称性をもって自己集合することで形成される．タバコモザイクウイルスや M13 ファージに代表される棒状ウイルスのキャプシドは，核酸のまわりにらせん状に自己集合することで形成される．また，ヒトパピローマウイルスやノロウイルスなどの球状ウイルスのキャプシドは，核酸のまわりに 60 の倍数個のタンパク質が正二十面対称となるように自己集合することで形成される〔図 8-1（a）〕．

球状ウイルスキャプシドは，核酸がなくてもタンパク質だけで自己集合し，決まった大きさの内部空間をもつナノカプセルを形成することから，ドラッグデリバリーシステムのキャリヤーや，ナノコンテナ・ナノリアクターとしても応用されている[1]．たとえば Douglas らは，ササゲクロロティックモットルウイルス（cowpea chlorotic mottle virus：CCMV）のキャプシド内部において，ナノサイズの無機化合物の合成に成功している．それ以降，天然の球状ウイルスキャプシドや遺伝子改変したキャプシドを用いたナノテクノロジーが発展してきているが，ウイルスキャプシドを入手・調製するのは容易ではない．そこで筆者らは，ペプチドの自己集合を分子設計することで，ウイルスキャプシドのような内部空間をもつナノカプセルを構築する方法論を開拓した．

1 三回対称性ペプチド分子

天然の球状ウイルスキャプシド構造は，タンパク質が高い対称性をもって自己集合しており，三回対称軸・五回対称軸を複数もつ正二十面体構造となっている．このような球状ウイルスの自己集合戦略にならって，2001 年に Yeates らは二量体形成するタンパク質サブユニットと三量体形成するタンパク質サブユニットを連結した融合タンパク質を創製し，その自己集合により二回対称軸と三回対称軸をもつ正四面体状のタンパク質集合体の構築に成功した〔図 8-1（b）〕[2]．それ以降，分子設計したタンパク質・ペプチドの自己集合によるナノ構造体の構築が盛んに研究されるようになってきている[3]．

筆者らは，自己集合するように設計したペプチドを三回対称に配置することで，ウイルスキャプシドと同様のナノ構造体を形成できるのではないかと考えた．まず，逆平行 β-シートを形成することが知られているペプチド FKFEFKFE を三回対称に配置した Trigonal-(FKFE)₂ を合成した〔図 8-2（a）〕[4]．この Trigonal-(FKFE)₂ は酸性水溶液中で，分子間逆平行 β-シート形成により自己集合し，平均粒径 19 nm の球状構造体を形成することが，動的光散乱（dynamic light scattering：DLS）測定および走査型電子顕微鏡（scanning electron microscope：SEM），原子間力顕微鏡（atomic force microscope：AFM）観察により明らかになった．この粒径は，逆平行 β-シートで正十二面体を形成すると仮定して見積もられる直径 16 nm とほぼ一致している．これに対し，β-シート形成ペプチド（FKFECKFE）を周回状に 3 個配置させたコンジュゲート（Wheel-FKFE）の場合は，逆平行および平行 β-シートのどちらも取りうるため，繊維状会合体のみを形成した[5]．また，トリプトファンジッパーとよばれる β-ヘアピン構造を取りうるペプチド（CKTWTWTE）を三回対称に配置した Trigonal-WTW は，pH 7 においてトリプトファンジッパー構造により約 30 nm の球状構造に自己集合するのに対し，pH 11 では通常の β-

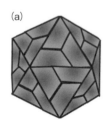
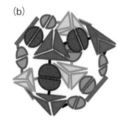

図 8-1　タンパク質の自己集合による球状集合体
（a）天然の球状ウイルスキャプシド．（b）Yeates らによる対称性を考慮した融合タンパク質からなるタンパク質ケージ．

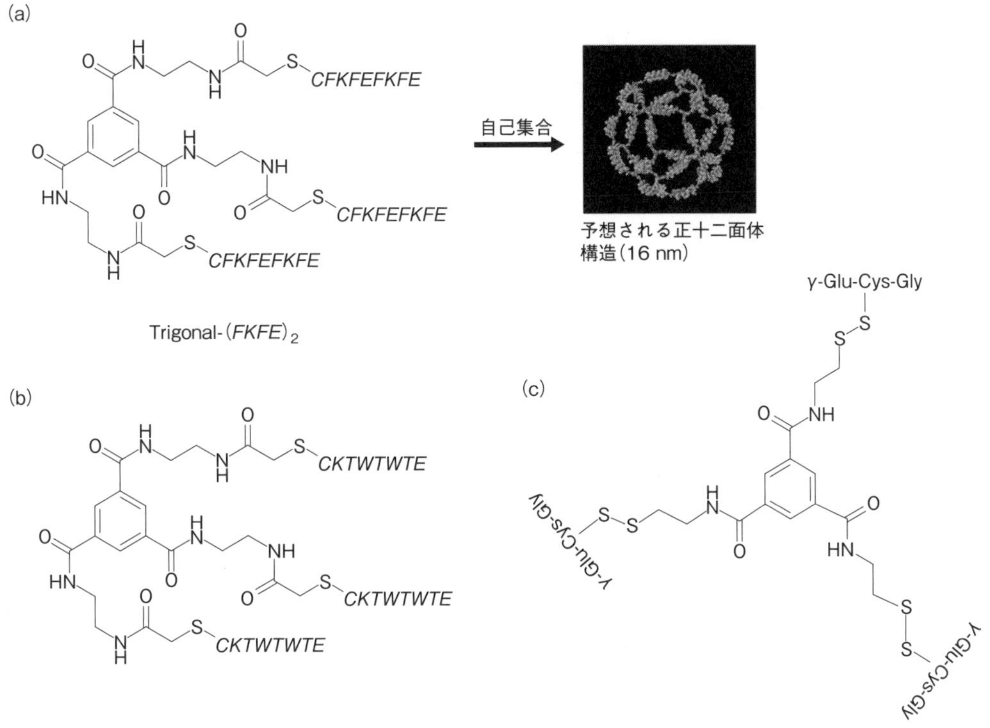

図 8-2 三回対称性ペプチド分子の自己集合
（a）β-シート形成配列をもつ三回対称性ペプチド分子，（b）トリプトファンジッパー形成配列をもつ三回対称性ペプチド分子，（c）グルタチオンをもつ三回対称性ペプチド分子．

シートの割合が多くなって球状と繊維状集合体となり，pH 3 ではランダムコイル構造をとることで無定形な凝集物となることがわかった〔図 8-2（b）〕[6]．その他に，天然トリペプチドであるグルタチオンを三回対称に配置した分子が，水中で球状ナノ粒子に自己集合し，ゲスト分子の内包・徐放が可能であることを見いだしている〔（図 8-2（c）〕[7~9]．

2 β-アニュラスペプチドの自己集合による人工ウイルスキャプシド

前述の三回対称性ペプチド分子の自己集合により，ウイルス様の球状集合体を創製できるようになったが，その表面や内部への選択的化学修飾は困難であった．そこで筆者らは，トマトブッシースタントウイルス（tomato bushy stunt virus: TBSV）キャプシドの正十二面体内部骨格構造を構成する三回対称性の β-アニュラス（β-annulus）モチーフに注目した．

TBSV の β-アニュラスモチーフを構成していると考えられる 24 残基のペプチド配列 INHVGGTGG AIMAPVAVTRQLVG（β-アニュラスペプチド）を Fmoc 固相法で合成し，水に溶解させると，DLS で平均粒径 48 nm の集合体が確認され，透過型電子顕微鏡（transmission electron microscope: TEM）で 30~50 nm の球状集合体が観察された〔図 8-3（a）~（c）〕[10]．また，小角 X 線散乱（small angle X-ray scattering: SAXS）測定により，β-アニュラスペプチドは水溶液中において，中空のナノカプセル構造を形成していることが示された．TBSV キャプシドを構成しているタンパク質は 388 残基のアミノ酸からなるが，そのうちのわずか 24 残基の断片ペプチドだけで，一分子折り畳み構造や繊維構造を形成することなく，ウイルスキャプシド様の構造（人工ウイルスキャプシド）を形成することは，非常に興味深いと思われる．この人工ウイルスキャプシド形成

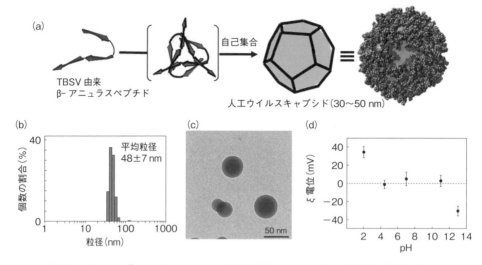

図8-3 トマトブッシースタントウイルスのβ-アニュラスペプチドの自己集合による人工ウイルスキャプシド
（a）人工ウイルスキャプシド形成の模式図，（b）動的光散乱（DLS）による粒径分布，（c）透過型電子顕微鏡（TEM）像，（d）人工ウイルスキャプシドのζ電位に対するpH依存性．

には，臨界会合濃度（CAC = 25 μmol L^{-1}）が存在することが，β-アニュラスペプチド水溶液の散乱強度の濃度依存性からわかっている．つまり，この人工ウイルスキャプシド形成は濃度などの条件により制御可能であり，ゲスト分子の内包・徐放をするのに適したナノカプセルであると思われる．

3 人工ウイルスキャプシドへの分子内包と化学修飾

天然のTBSVキャプシドの内部にはRNAが内包されている．筆者らが創製した人工ウイルスキャプシドは，直径約30 nmの内部空間をもつ中空カプセルなので，さまざまな分子を内包できると思われ

+ COLUMN +

★いま一番気になっている研究者

D. N. Woolfson
（イギリス・ブリストール大学 教授）

現在，ペプチドを *de novo*（初めから）デザインして，人工タンパク質や自己集合性ナノ材料を創製する研究が世界中で注目されている．Woolfson教授は，α-ヘリックスのコイルドコイル構造の *de novo* デザインによるペプチド材料の創製において，トップランナー研究者の一人である．2003年に彼らは，相補的なコイルドコイル形成ペプチドをブロック状に配置したペプチドが自己集合することにより，ねじれた繊維構造や枝分かれした繊維構造を選択的に構築することに成功した

〔M. G. Ryadnov, D. N. Woolfson, *Nat. Mater.*, **2**, 329 (2003); *ibid*., *Angew. Chem. Int. Ed.*, **42**, 3021 (2003)〕．2012年にはコイルドコイル形成による三角形および四角形ペプチド集合体の構築に成功し〔A. L. Boyle et al., *J. Am. Chem. Soc.*, **134**, 15457 (2012)〕，翌年には100 nm程度の中空カプセル構造の構築にも成功している〔J. M. Fletcher et al., *Science*, **340**, 595 (2013)〕．このようなペプチドナノ構造体構築に関する研究以外にも，ミニタンパク質やイオンチャネルの *de novo* デザイン，バイオインフォマティスに関しても注目すべき成果をあげており，今後も革新的なペプチド設計による新しい材料を生みだすことが期待できる．

る．まず，人工ウイルスキャプシドの荷電状態を知るために，ζ電位のpH依存性を測定したところ，各pHにおいて予想されるβ-アニュラスペプチドの正味電荷とは異なるζ電位が得られた〔図8-3（d）〕[11]．このζ電位のpH依存性は，ペプチドのC末端側のアルギニン（R）残基と末端カルボキシ基の電荷を反映しており，N末端側の電荷は反映されていないことを意味する．つまり，ペプチドのC末端がカプセル外表面に，N末端が内部に配向していることを示唆しており，中性pHにおいては人工ウイルスキャプシドの内部はカチオン性であると考えられる．実際に，さまざまな色素分子の人工ウイルスキャプシドへの内包を調べると，アニオン性色素が静電相互作用により内包されることがわかった[11]．さらに，人工ウイルスキャプシドのカチオン性内部空間には，アニオン性のM13ファージDNAも内包できることが，シスプラチンによるDNA選択的染色を用いたTEM観察により明らかとなった〔図8-4（a）〕[11]．最近筆者らは，人工ウイルスキャプシドへのアニオン性量子ドット（CdTeナノ粒子）の内包挙動を蛍光相関分光（fluorescence correlation spectroscopy：FCS）法による解析に成功し，臨界会合濃度以上で量子ドットが内包されることを示している〔図8-4（b）〕[12]．さらに，カプセル内部に配向しているβ-アニュラスペプチドのN末端をNi-NTA錯体で修飾することにより，His-tag GFPを内包した人工ウイルスキャプシドの創製にも成功している〔図8-4（c）〕[13]．

人工ウイルスキャプシドの外側表面には，β-アニュラスペプチドのC末端が配向していることから，C末端を化学修飾することにより，表面に機能性分子を装備した人工ウイルスキャプシドを創製できると考えられる．つまり，天然ウイルスキャプシドの「骨格」を元につくられている人工ウイルスキャプシドの表面を機能性分子で「着せ替える」ことが可能であると思われる．まず，C末端側にシステイン残基をもつβ-アニュラスペプチドに金ナノ粒子（5 nm）を修飾させたものを自己集合させたところ，表面が金ナノ粒子で覆われた人工ウイルスキャプシドを構築できることがわかった〔図8-4（d）〕[14]．この金ナ

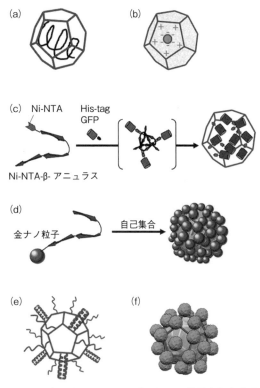

図8-4　人工ウイルスキャプシドへの分子内包と表面修飾

（a）DNA内包人工ウイルスキャプシド，（b）量子ドット内包人工ウイルスキャプシド，（c）His-tag GFPタンパク質内包人工ウイルスキャプシド，（d）金ナノ粒子修飾人工ウイルスキャプシド，（e）コイルドコイルペプチド修飾人工ウイルスキャプシド，（f）タンパク質修飾人工ウイルスキャプシド．

ノ粒子被覆人工ウイルスキャプシドのζ電位は，金ナノ粒子の電荷を反映して負の電位を示したことから，金ナノ粒子が表面に存在していることが確かめられた．同様の戦略で，一本鎖DNA[15]やヘテロ二本鎖コイルドコイル[16]で被覆された人工ウイルスキャプシドの構築にも成功している〔図8-4（e）〕．さらに最近，ヒト血清アルブミン（human serum albumin：HSA）とβ-アニュラスペプチドのシステイン残基同士をクロスリンカーで架橋し，HSA被覆人工ウイルスキャプシドの創製にも成功しており〔図8-4（f）〕，HSA被覆することにより，臨界会合濃度が大幅に低下するという興味深い特性を見いだしている．

4 まとめと今後の展望

　球状ウイルスの自己集合戦略にならって設計したペプチドの自己集合により，人工のウイルスキャプシドを構築する技術が開拓されてきた．化学合成でウイルスのキャプシド構造をつくるメリットは，分子設計の多用さであり，さまざまな機能性ウイルスキャプシドを創製できることである．このような人工ウイルスキャプシドは，タンパク質医薬・核酸医薬のドラッグデリバリーシステムや，ナノ材料合成の鋳型，ワクチン材料として応用できる可能性をもつ．最近，イギリスのRyadnovらも類似のペプチド自己集合による人工ウイルスキャプシドを報告しており，この分野は世界的に発展しつつある[17]．今後，エンベロープ状ウイルスやT2ファージのような複雑な形態の人工ウイルス，宿主内で増殖・出芽する人工ウイルス材料も構築できるようになるかもしれない．合成化学によって，生命を超える機能をもつ人工ウイルス材料が創製され，さまざまな応用がなされる日も近いと思われる．

◆ 文 献 ◆

[1] T. Douglas, M. Young, *Science*, **312**, 873 (2006).
[2] J. E. Padilla, C. Colovos, T. O. Yeates, *Proc. Natl. Acad. Sci. USA*, **98**, 2217 (2001).
[3] K. Matsuurua, *RSC Adv.*, **4**, 2942 (2014).
[4] K. Matsuura, K. Murasato, N. Kimizuka, *J. Am. Chem. Soc.*, **127**, 10148 (2005).
[5] K. Murasato, K. Matsuura, N. Kimizuka, *Biomactromolecules*, **9**, 913 (2008).
[6] K. Matsuura, H. Hayashi, K. Murasato, N. Kimizuka, *Chem. Commun.*, **47**, 265 (2011).
[7] K. Matsuura, H. Matsuyama, T. Fukuda, T. Teramoto, K. Watanabe, K. Murasato, N. Kimizuka, *Soft Matter*, **5**, 2463 (2009).
[8] K. Matsuura, K. Tochio, K. Watanabe, N. Kimizuka, *Chem. Lett.*, **40**, 711 (2011).
[9] K. Matsuura, K. Fujino, T. Teramoto, K. Murasato, N. Kimizuka, *Bull. Chem. Soc. Jpn.*, **83**, 880 (2010).
[10] K. Matsuura, K. Watanabe, K. Sakurai, T. Matsuzaki, N. Kimizuka, *Angew. Chem. Int. Ed.*, **49**, 9662 (2010).
[11] K. Matsuura, K. Watanabe, Y. Matsushita, N. Kimizuka, *Polym. J.*, **45**, 529 (2013).
[12] S. Fujita, K. Matsuura, *Chem. Lett.*, **45**, 922 (2016).
[13] K. Matsuura, T. Nakamura, K. Watanabe, T. Noguchi, K. Minamihata, N. Kamiya, N. Kimizuka, *Org. Biomol. Chem.*, **14**, 7869 (2016).
[14] K. Matsuura, G. Ueno, S. Fujita, *Polym. J.*, **47**, 146 (2015).
[15] Y. Nakamura, S. Yamada, S. Nishikawa, K. Matsuura, *J. Pept. Sci.*, **23**, 636 (2017).
[16] S. Fujita, K. Matsuura, *Org. Biomol. Chem.*, **15**, 5070 (2017).
[17] E. D. Santis, H. Alkassem, B. Lamarre, N. Faruqui, A. Bella, J. E. Noble, N. Micale, S. Ray, J. R. Burns, A. R. Yon, B. W. Hoogenboom, M. G. Ryadnov, *Nat. Commun.*, **8**, 2263 (2017).

Part II
研究最前線

Chap 9

バンコマイシン耐性菌克服のための化学的アプローチ

Chemical Approach to Overcome Vancomycin-resistant Bacterial Infection

有本 博一　一刀 かおり
（東北大学大学院生命科学研究科）

Overview

薬剤耐性菌による感染症が世界的に蔓延していることから，各国で抗生物質の適正使用などの薬剤耐性菌対策が進められている．しかし，甲斐もなく現在もメチシリン耐性黄色ブドウ球菌(methicillin–resistant *Staphylococcus aureus*：MRSA)などの薬剤耐性菌の分離報告は多く，その制御は容易ではない．そのため最近の抗菌薬開発では，既存の薬剤とは異なる作用機序をもつことや細菌間で耐性遺伝子の転移が生じないことが重要視されている．したがって今日の創薬研究は，作用機序をベースとした薬剤設計が必要である．本章では，バンコマイシン誘導体，抗体–薬剤複合体(antibody–drug conjugate：ADC)を中心とした創薬研究，ならびに蛍光イメージング法を活用する作用機序解明について最新の研究を紹介する．

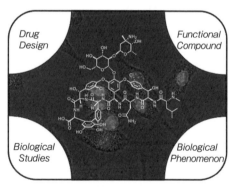

▲細菌のしくみを理解した新しい創薬研究
［口絵参照］

■ **KEYWORD** 📖マークは用語解説参照

- 薬剤耐性菌(resistant bacteria)
- バンコマイシン(vancomycin)
- 膜アンカー効果(membrane anchor effect)
- 抗体–薬剤複合体(antibody-drug conjugate：ADC)📖
- マルチバレント化(multivalency)
- 細胞壁合成(cell wall synthesis)
- 代謝標識法(metabolic labeling)📖
- D-アミノ酸(D-amino acid)
- ソルターゼ(sortase)📖

はじめに

世界中で薬剤耐性菌による感染症が急増していることから，2015年のWHO総会において，薬剤耐性に関する国際行動計画が採択された．これを受けて，2016年のG7伊勢志摩サミットでは，薬剤耐性菌（antimicrobial resistance: AMR）対策が主要議題としてあげられた[1]．薬剤耐性菌による感染症が問題となるのは，おもに臨床現場である．とくにメチシリン耐性黄色ブドウ球菌（methicillin-resistant Staphylococcus aureus: MRSA）による院内感染症が頻発している．治療薬としてはバンコマイシンが有効だが，バンコマイシンに耐性を獲得したバンコマイシン耐性黄色ブドウ球菌（vancomycin-resistant Staphylococcus aureus: VRSA）とバンコマイシン耐性腸球菌（vancomycin-resistant enterococci: VRE）が出現している[2]．現在でもVRSAやVREに有効な治療法が確立していないことから，有効な薬剤開発が求められている．本章の前半ではバンコマイシンや抗体を用いる新規抗菌薬研究の現状を，後半では生細胞イメージングを基軸とする作用機序解析法の進展について述べる．

1 バンコマイシン誘導体の創薬化学

バンコマイシンは，細菌細胞壁を構成するペプチドグリカン末端のD-Ala-D-Alaに，五つの水素結合を介して結合する〔図9-1（a）〕．一方，バンコマイシン耐性菌のペプチドグリカン末端は，D-Ala-D-Lacへと変化しているため，水素結合が一つ失われ，バンコマイシンの抗菌活性が低下する〔図9-1（b）〕[3]．現在では，バンコマイシンよりも有効な誘導体をつくるために，「機能付加型」や「バンコマイシン多量化」といったアプローチがとられている．

1-1 機能付加型による抗菌活性の増強

バンコマイシンに新たな機能を付加するため，バンコマイシンの糖部やC末端が化学修飾の足掛かりとなっている．最も多くの知見が得られているのは糖部への置換基の導入である．脂溶性置換基の導入により，バンコマイシン耐性菌に対する抗菌活性が増強した[4]．

脂溶性置換基が活性を向上させる機構として，Kahneらは，置換基と細胞壁合成中の細菌表層とが直接結合し，阻害する機構を提唱した[5]．一方，Williamsらは，菌細胞膜への置換基の挿入（膜アン

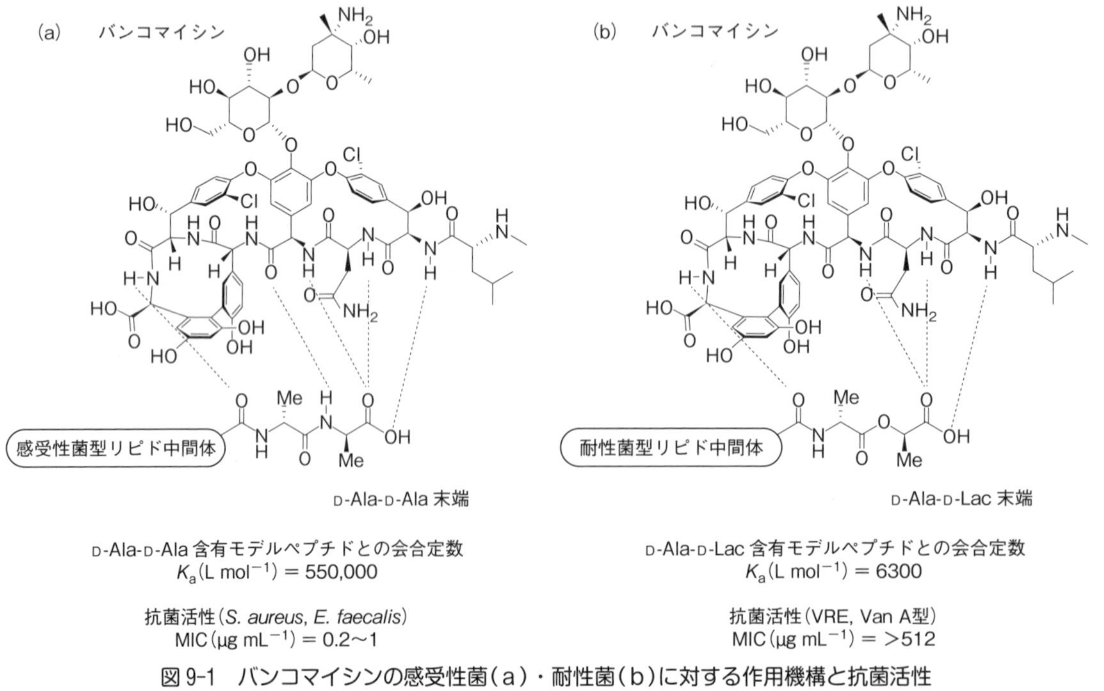

図9-1 バンコマイシンの感受性菌（a）・耐性菌（b）に対する作用機構と抗菌活性

(a) バンコマイシン
D-Ala-D-Ala 末端
D-Ala-D-Ala 含有モデルペプチドとの会合定数
K_a(L mol^{-1}) = 550,000
抗菌活性（S. aureus, E. faecalis）
MIC（μg mL^{-1}）= 0.2〜1

(b) バンコマイシン
D-Ala-D-Lac 末端
D-Ala-D-Lac 含有モデルペプチドとの会合定数
K_a(L mol^{-1}) = 6300
抗菌活性（VRE, Van A型）
MIC（μg mL^{-1}）= >512

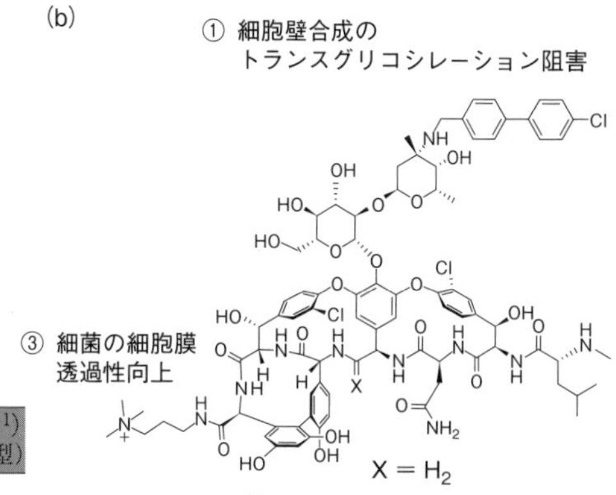

図 9-2 脂溶性置換基を導入したバンコマイシン誘導体
（a）代表的なバンコマイシン誘導体の化学構造とその抗菌活性．（b）複数の作用点をもつバンコマイシン誘導体の化学構造とその抗菌活性．

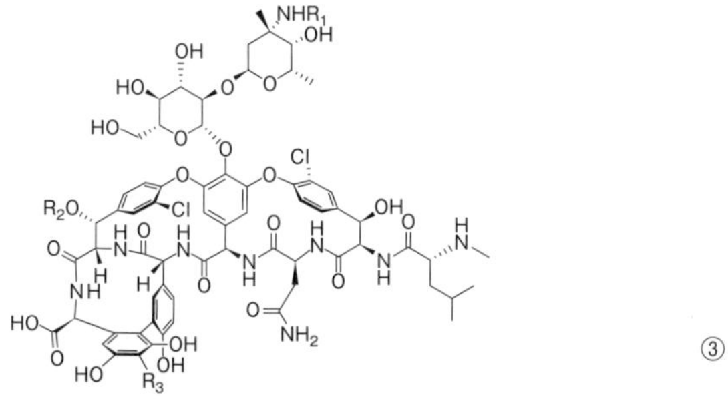

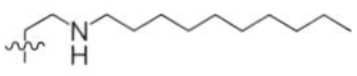

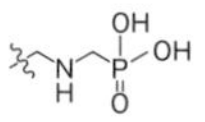

化合物	R_1	R_2	R_3	MIC(μg mL^{-1}) VRE(Van A 型)
バンコマイシン	H	H	H	>512
クロロビフェニルバンコマイシン	(クロロビフェニル基)	H	H	16
オリタバンシン	(クロロビフェニル基)	(アミノ糖)	H	1〜2
テラバンシン	(デシルアミノ鎖)	H	(ホスホノメチルアミノ基)	4〜32

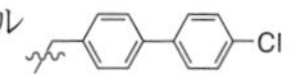

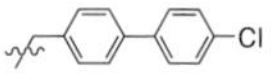

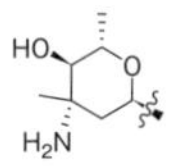

カー効果）による抗菌活性増強を提唱しているが，生物学的に充分な裏づけを示すに至っていない[6]．いずれの仮説にしても，置換基がバンコマイシン本来の作用と異なる機構を付加しており，「機能付加型」研究の先駆けといえる．

脂溶性置換基をもつ代表的な誘導体としてクロロビフェニルバンコマイシン，オリタバンシン，テラバンシンがあげられ，バンコマイシン耐性菌に有効な抗菌活性を示す〔図9-2(a)〕．オリタバンシン，テラバンシンは MRSA に有効な薬剤としてアメリカ食品医薬品局（FDA）によって認可された．しかし，MRSA 感染症の主となる肺炎感染症に適用されていないことや両薬剤に対する耐性菌がすでに出現していることから，実際の医療現場での使用は限定されている．

一方，カチオン性置換基をバンコマイシンC末端に導入しても耐性菌に対する抗菌活性は改善する．Haldar らは，誘導体合成を行い，*in vivo* を含めた抗菌活性を示した[7]．細胞膜脱分極，細胞膜透過性，細胞外カリウム流出など複合的な薬剤評価を行った結果，バンコマイシンよりも菌細胞膜を攪乱する作用が強いことがわかった．

Boger らは，バンコマイシン主鎖のペプチド結合の修飾を中心に長年創薬化学研究を行っている．彼らは，これらの機能付加型置換基とペプチド結合修飾を組み合わせた，新たなバンコマイシン誘導体を合成した〔図9-2(b)〕[8]．この誘導体は，薬剤耐性を生じる頻度が大きく抑制されている．彼らは，各修飾が付加した機能を組み合わせることにより，単一のメカニズムに基づく耐性化では対応できず，長期に有効な抗菌活性を維持できると報告している．実際の作用機序は明らかになっていないが，機能付加型による抗菌薬開発の今後の発展に期待したい．

1-2 バンコマイシン多量化による抗菌活性の増強

糖質科学では，リガンドと受容体間の相互作用を増強させる手法としてマルチバレント化が利用されている．リガンドと受容体相互作用が，多対多の様式となることにより，エントロピー的に有利な強い結合となるためである．Williams は，膜上で自己会合したバンコマイシン二量体が，生体内での細胞壁認識にかかわるという膜アンカー効果を提唱した[9]．このことから，Whitesides と Griffin は共有結合に

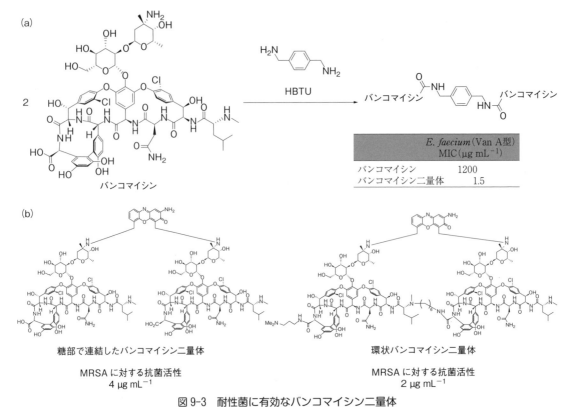

図9-3 耐性菌に有効なバンコマイシン二量体
（a）C末端で連結したバンコマイシン二量体の化学構造と抗菌活性．（b）糖部で連結したバンコマイシン二量体の化学構造と抗菌活性．

よるバンコマイシンのマルチバレント化が有望と考えた[10]．筆者らを含む複数の研究者が，共有結合によるバンコマイシン二量体を合成した．バンコマイシン二量体は，バンコマイシン感受性菌に対してその単量体よりも1000倍強くD-Ala-D-Alaに結合することが明らかになっている〔図9-3（a）〕[10b]．耐性菌に対して有効な抗菌活性を示した[10d]ことから，バンコマイシンにおけるマルチバレント化が抗菌活性向上に寄与したことが示唆される．

筆者らは，バンコマイシン二量体のマウスでの効果を初めて示した〔図9-3（b）〕．また，大環状構造をもつ二量体を用いた分子力場計算から，バンコマイシン二量体のコンフォメーションと抗菌活性の関係に重要な示唆を得た[11]．

現在，バンコマイシン二量体の作用機序について，筆者らが中心的に解析を進めている．この分子の標的もまたバンコマイシン単量体とは異なり，細菌の細胞壁合成酵素であると示唆されている．前項では新たな置換基導入が新規抗菌メカニズムの付与に貢献する例を紹介した．本項の結果も，二量化が作用メカニズムに大きい影響を与えることを改めて示している．

2 感染症における抗体医薬品：抗体-薬剤複合体

通常，MRSAの多くは食細胞などの免疫システムで排除される．だが一部の菌は，近隣の細胞内に逃げ込むことによって免疫を回避する．抗生物質もまた細胞の細胞膜を通過しにくいため，細胞内に潜んだMRSAには効果が薄い〔図9-4（a）〕[12]．宿主細胞内に抗生物質を導入する新手法として現在脚光を浴びているのが，抗体と薬剤を共有結合した抗体-薬剤複合体（antibody-drug conjugate：ADC）である．抗体の高い標的選択性を活用すると，効果的に薬剤

されていることや，抗体のみの投与においては菌数の減少が観測されないことから，図10-4(c)に示したADC薬剤のメカニズムが確認できる．

しかし，抗体医薬品はコストが高く，ADCが実用化に到達できるかは未知数である．抗生物質を細菌表面に導入するために，必ずしも抗体を用いることはないかもしれない．前節で述べたマルチバレント化合物などが示唆を与えると考えている．

3 抗生物質の作用機序解明に向けて

薬剤耐性菌による感染症克服には，新しい作用機序をもつ抗菌剤の開発が強く求められている．抗菌剤の作用機序解明には，従来，最小発育阻止濃度(minimum inhibitory concentration：MIC)による抗菌活性評価と細胞壁合成を模倣した再構築系が使用されてきた．このような試験管内のシステムには限界があり，現在，世界中の化学者が生菌を用いた化学的アプローチによる薬剤の作用機序解明に取り組んでいる．本節では，蛍光分子を活用した細胞壁合成の解析を中心に述べる．

3-1 細菌の細胞壁合成

細胞膜内で，UDP-MurNACトリペプチドとD-Alaから合成されたリピドIは，さらにグリコシル反応とペプチド反応を受けてリピドIIへ変換され，フリッパーゼによって細胞膜外へと移動する．細胞外膜に移動したリピドIIは，細胞壁合成酵素(penicillin-binding proteins：PBP)により重合とクロスリンクを受けてペプチドグリカンへと変換される(図9-5)．

3-2 代謝標識法で細胞壁合成を理解する

VanNieuwenhzeらは細胞壁の構成成分にD-アミノ酸が存在することに着目し，蛍光標識したD-アミノ酸を用いて細菌の細胞壁合成をリアルタイムで可視化した[13a]．これはFDAA法(fluorescent D-amino acid)と呼ばれる代謝標識法である．この方法は，蛍光標識したD-アミノ酸を増殖対数期の細菌に取り込ませることで，現在進行している細胞壁合成を直接染色することができる(図9-6(a))．FDAA法は，PBP4が担うトランスペプチデーションを利用し，ペプチドグリカン末端に蛍光標識

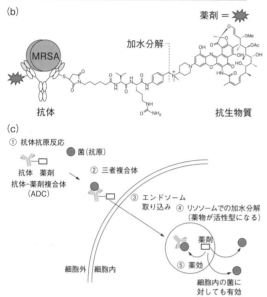

図9-4 細胞内MRSAを標的とした感染症用ADC
(a) 細胞内外のMRSAに対する各薬剤の抗菌活性．(b) 感染症用ADCの化学構造．(c) 感染症用ADCの作用メカニズム．

が細菌を標的にすることができる．

がん治療に対するADCが実用化の段階に達する一方で，感染症に対するADCはまだ開発途上である．アメリカのGenentech社は，菌表面に結合する抗体と抗菌薬のADCを作製し，従来の抗菌薬ではむずかしい「細胞内細菌の治療法」として先駆的成果をあげた(図9-4(b)，(c))[12]．

細胞がADCのついた菌を飲み込み，ファゴリソソーム内のプロテアーゼを用いて複合体の紐を切断する．抗体に結合した抗生物質は，この段階で初めて遊離して薬効を示す活性型となり，細胞内に潜む細菌を一網打尽にできる．細菌を認識する抗タイコ酸β抗体，抗生物質にはリファログを用いられており，マウス腎臓における細菌数の減少が観測された．マクロファージ細胞内で遊離したリファログが検出

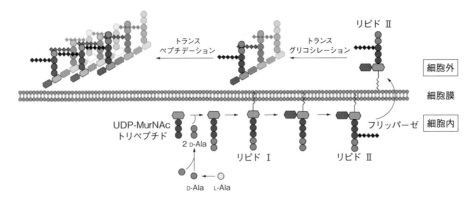

図9-5 細菌の細胞壁合成の概要

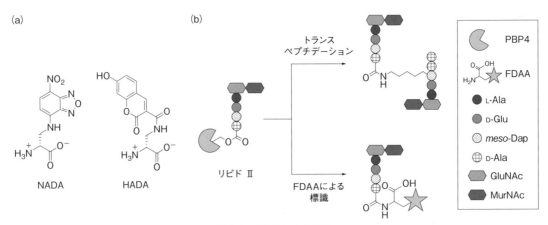

図9-6 FDAA法の概略
（a）D-アミノ酸の蛍光プローブの化学構造．（b）細胞壁合成を利用した標識メカニズム．

をする〔図9-6（b）〕．彼らは，さらにFDAAプローブの改良を行い，細胞外膜をもつグラム陰性菌にも蛍光標識できる方法を確立した[13b]．

3-3 FDAAによる黄色ブドウ球菌の細胞分裂解明

Pinhoは，黄色ブドウ球菌における細胞分裂解明に精力的に取り組む研究者の一人である．彼は，細胞壁合成にかかわる酵素の蛍光標識体を用いて細胞分裂機構を報告した〔図9-7（a）〕．おもに，細胞壁合成酵素であるPBP1，PBP2，PBP4の役割をそれぞれ報告した[14a]．さらにPinhoらは，VanNieuwenhzeのFDAA法を活用し，黄色ブドウ球菌の分裂機構を新たに提唱した〔図9-7（b）〕[14b]．従来，黄色ブドウ球菌の細胞壁合成は細胞分裂面でのみ行われると考えられていた（セプタル合成）．しかし，2種類以上のFDAA用プローブで細菌を染色し，古い細胞壁と新しい細胞壁を染め分けた結果，新たに「outer wall growth」が存在することが明らかとなった．すなわち，球状の黄色ブドウ球菌は，楕円形に伸長したのちに細胞分裂を行う．これにより，娘細胞に含まれる分裂面に由来する細胞壁は約35％にとどまることがわかった．FDAAをマルチカラーイメージングとして活用することで，「古い細胞壁と新しい細胞壁を染め分けること」や「細胞分裂のステージを染め分けること」が可能となった．代謝標識法によって得られる菌の情報は，創薬研究に大きなインパクトを与える．

4 代謝標識法を用いる抗生物質の新しい抗菌薬の作用機序解析

代謝標識法は，生きた菌の細胞分裂を詳細に解析

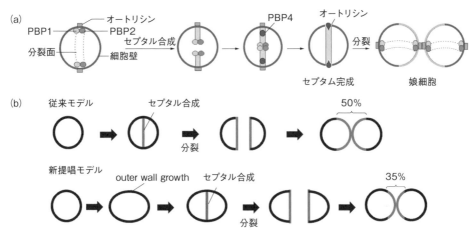

図9-7 黄色ブドウ球菌の細胞分裂メカニズム

できる画期的な技術である．筆者らは代謝標識技術を用い，薬剤投与時の菌の形態学的変化を観察することで薬剤評価を行えると考えた．そこで，前節で紹介した新たな機能を付加したバンコマイシン誘導体を用いて代謝標識法を活用することで，薬剤の作用機序解明を試みた．

筆者らは，代謝標識法の一つである「ソルターゼ法」をA群連鎖球菌（group A Streptococcus：GAS）に用い，薬剤評価における興味深い知見を得た[15]．ソルターゼ法は，ソルターゼ酵素が特定のペンタペプチドを認識することを利用して，蛍光プローブを細胞壁に取り込ませる手法である〔図9-8(a)，

+ COLUMN +

★いま一番気になっている研究

細菌の持続感染と休眠細胞

薬剤耐性をもつ菌には，標的の変異・薬剤排出・薬剤不活化などの耐性機構がある．しかし，このような耐性機構をもたずに，薬剤存在下で生き延びる，persisterとよばれる菌が存在する．1944年ペニシリン存在下で黄色ブドウ球菌のpersisterが確認されて以来，その発生が抗生物質で感染を排除できない理由の一つと考えられてきた．persisterは集団の菌のなかでごく一部のみに生じることから，なぜ一部の菌のみが特異的な性質を獲得するのか，そのメカニズムは未解明であった．

persisterの発現は，遺伝子配列によらないエピジェネティックな機構であるため，存在の証明やメカニズム解明はむずかしい．このような背景から，近年，persister形成のメカニズム解明には，persisterの特殊な発育条件や観察に最新の技術が導入されている．とくに，大腸菌におけるpersisterが研究対象となっている．本文の標的である黄色ブドウ球菌のpersister形成においても研究が進められている．黄色ブドウ球菌においては，細菌のATP欠乏状態が関与することがわかり，薬剤存在下で休眠状態となることがわかった．細菌のATP欠乏は，菌の薬剤感受性に関係する実験結果が得られていることから，これからの創薬研究に新たな知見を与えるものである〔R. A. Fisher, B. Gollan, S. Helaine, Nat. Microbiol, 15, 453 (2017)．〕．

このようなpersisterは，薬剤耐性をもつがん細胞でも同様の事象が知られている．今後，persisterにかかわる包括的な生命科学研究がより一層深まることに興味がもたれる．

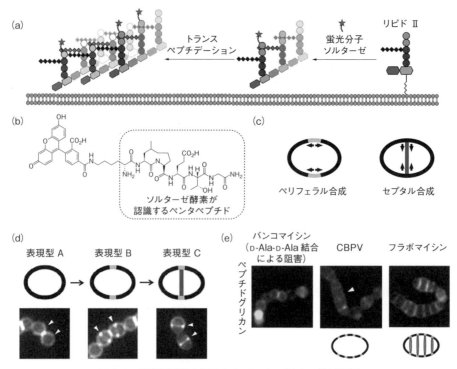

図9-8 代謝標識法を活用した GAS に対する薬剤評価
(a) ソルターゼ酵素を用いた代謝標識法の模式図.(b) ソルターゼ法で用いる蛍光プローブの化学構造.(c) GASの細胞分裂は2種類存在する.(d) 細胞分裂を基にした表現型の分類.(e) 薬剤投与時のGASの形態的変化(c, d, e: 文献15から引用).

(b)〕[16].

4-1 GAS の細胞分裂

卵型細菌(ovococcal bacteria, GAS や腸球菌など)の細胞分裂過程には,横方向(ペリフェラル)と縦方向(セプタル)の細胞壁合成が存在すると考えられている.さらに,両者の細胞壁合成にかかわるタンパク質マシナリーには違いがあることがわかっている.卵型細菌の細胞壁合成の概略を図9-8(c)に示す.

次に,「薬剤評価」として細菌の形態的変化を観察するため,薬剤共存下で代謝標識法が使用できるかを検討した.その結果,FDAA法では薬剤の影響により染色効率が低下したものの,ソルターゼ法では薬剤の影響が小さく,短時間で高い染色が可能であった.そこで,GASとソルターゼの組み合わせ,薬剤評価を行うこととした.GASの形態を正確に把握するため,細胞分裂の各段階を表現型A, B, Cに分類し,解析を行った.表現型の分類にはPinhoらの仮説を使用し,横方向に伸長する細胞壁合成と縦方向に伸長する細胞壁合成に着目して行った〔図9-8(d)〕.

4-2 薬剤投与時の形態変化

本手法をGASに適用し,薬剤投与時の形態的な変化を観察した〔図9-8(e)〕.クロロビフェニルバンコマイシン(chlorobiphenyl vancomycin: CBPV)は,脂溶性置換基導入を糖部に導入したバンコマイシン誘導体である.Kahneにより,CBPVはPBPのトランスグリコシレーション段階を阻害すると知られている.CBPVは,縦方向の隔壁合成を選択的に阻害し,正しい分裂ができなくなっている.横方向のペリフェラル合成は隔壁合成が停止していても,独立的かつ次つぎに行われる.その結果として,CBPV存在下では細菌が横方向に細長くなる.フラボマイシン存在下では,合成された隔壁の分離がうまく進行しない.このため,横方向に長く,多くの「仕切り」が入った細菌が生じる.

このように，代謝標識技術を「薬剤評価」に応用することで，菌の変化を直接観察しながら薬効の効き方を評価することが可能となった．本手法をさらに発展させることで，薬剤耐性菌に有効なバンコマイシン代替薬を創製できると考えている．

5 まとめと今後の展望

本章では，バンコマイシンの化学的修飾研究から蛍光染色法に基づく最新の作用機序解析まで広くとりあげた．その多くは化学が主役となってなされた研究である．今後，ケミカルバイオロジーに基盤を置く，抗菌薬の開発がますます盛んになっていくことは疑いがない．一方，基礎科学の観点から，細菌の細胞分裂や細胞壁合成は新発見の宝庫であり，化学者にとって魅力的なフィールドといえる．超解像イメージングや遺伝学的手法を有機化学と組み合わせた生命現象の解明が，新時代の創薬研究に必要不可欠であると考えられる．

◆ 文 献 ◆

[1] S. Abe, *Lancet*, **382**, 915 (2013).

[2] (a) C. T. Walsh, S. L. Fisher, I. S. Park, M. Prahalad, Z. Wu, *Chem. Biol.*, **3**, 21 (1996); (b) P. H. Popieniek, R. F. Pratt, *Anal. Biochem.*, **165**, 108 (1987); (c) W. C. Noble, Z. Virani, R. G. A. Cree, *FEMS Microbiol. Lett.*, **93**, 195 (1992).

[3] P. Reynolds, *Eur. J. Clin. Microbiol. Infect. Dis.*, **8**, 943 (1989).

[4] (a) D. L. Higgins, R. Chang, D. V. Debabov, J. Leung, T. Wu, K. M. Krause, E. Sandvik, J. M. Hubbard, K. Kaniga, D. E. Schmidt, Q. Gao, R. T. Cass, D. E. Karr, B. M. Benton, P. P. Humphrey, *Antimicrob. Agents Chemother.*, **49**, 1127 (2005); (b) N. E. Allen, T. I. Nicas, *FEMS Microbiol. Rev.*, **26**, 511 (2003); (c) R. D. G. Cooper, N. J. Snyder, M. J. Zweifel, M. A. Staszak, S. C. Wilkie, T. I. Nicas, D. L. Mullen, T. F. Butler, M. J. Rodriguez, B. E. Huff, R. C. Thompson, *J. Antibiot.*, **49**, 575 (1996).

[5] (a) U. S. Eggert, N. Ruiz, B. V. Falcone, A. A. Branstrom, R. C. Goldman, T. J. Silhavy, D. Kahne, *Science*, **294**, 361 (2001); (b) M. Ge, Z. Chen, H. R. Onishi, J. Kohler, L. L. Silver, R. Kerns, S. Fukuzawa, C. Thompson, D. Kahne, *Science*, **284**, 507 (1999); (c) J. Nakamura, R. Ichikawa, H. Yamashiro, T. Takasawa, X. Wang, Y. Kawai, S. Xu, H. Maki, H. Arimoto, *Med. Chem. Commun.*, **3**, 691 (2012).

[6] G. J. Sharman, A. C. Try, R. J. Dancer, Y. R. Cho, T. Staroske, B. Bardsley, A. J. Maguire, M. A. Cooper, D. P. O'Brein, D. H. Williams, *J. Am. Chem. Soc.*, **119**, 12041 (1997).

[7] V. Yarlagadda, P. Akkapeddi, G. B. Manjunath, J. Haldar, *J. Med. Chem.*, **57**, 4558 (2014).

[8] A. Okano, N. A. Isley, D. L. Boger, *Proc. Natl. Acad. Sci. USA*, **114**, E5052 (2017).

[9] J. P. Mackay, U. Gerhard, D. A. Beauregard, M. S. Westwell, M. S. Searle, D. H. Williams, *J. Am. Chem. Soc.*, **116**, 4581 (1994).

[10] (a) U. N. Sundram, J. H. Griffin, *J. Am. Chem. Soc.*, **118**, 13107 (1996); (b) J. Rao, G. M. Whitesides, *J. Am. Chem. Soc.*, **119**, 10286 (1997); (c) J. H. Griffin, M. S. Linsell, M. B. Nodwell, Q. Chen, J. L. Pace, K. L. Quast, K. M. Krause, L. Farrington, T. X. Wu, D. L. Higgins, T. E. Jenkins, B. G. Christensen, J. K. Judice, *J. Am. Chem. Soc.*, **125**, 6517 (2003); (d) R. K. Jain, J. Trias, J. A. Ellman, *J. Am. Chem. Soc.*, **125**, 8740 (2003).

[11] J. Lu, O. Yoshida, S. Hayashi, H. Arimoto, *Chem. Commun.*, **2007**, 251.

[12] S. M. Lehar et al., *Nature*, **527**, 323 (2015).

[13] (a) E. Kuru, H. V. Hughes, P. J. Brown, E. Hall, S. Tekkam, F. Cava, M. A. Pedro, Y. V. Brun, M. S. VanNieuwenhze, *Angew. Chem. Int. Ed.*, **51**, 12519 (2012); (b) Y. Hsu, J. Rittichier, E. Kuru, J. Yablonowski, E. Pasciak, S. Tekkam, E. Hall, B. Murphy, T. K. Lee, E. C. Garner, K. C. Huang, Y. V. Brun, M. S. VanNieuwenhze, *Chem. Sci.*, **8**, 6313 (2017).

[14] (a) M. G. Pinho, M. Kjos, J. W. Veening, *Nat. Rev. Microbiol.*, **11**, 601 (2013); (b) J. M. Monteiro, P. B. Fernandes, F. Vaz, A. R. Pereira, A. C. Tavares, M. T. Ferreira, P. M. Pereira, H. Veiga, E. Kuru, M. S. VanNieuwenhze, Y. V. Brun, S. R. Filipe, M. G. Pinho, *Nat. Commun.*, **6**, 8055 (2015).

[15] A. Sugimoto, A. Maeda, K. Itto, H. Arimoto, *Sci. Rep.*, **7**, 1129 (2017).

[16] J. W. Nelson, A. G. Chamessian, P. J. McEnaney, R. P. Merelli, B. Kazmiercak, D. A. Spiegel, *ACS Chem. Biol.*, **5**, 1147 (2010).

Chap 10

B型肝炎ウイルス外皮Lタンパク質粒子を用いた感染機構解明および薬物送達

Elucidation of Early Infection Machinery and Drug Delivery Application Using Hepatitis B Virus Envelope L Protein Particles

黒田 俊一　曽宮 正晴
(大阪大学産業科学研究所)

Overview

B型肝炎ウイルス (hepatitis B virus: HBV) は，エンベロープをもつ直径42 nmのDNAウイルスである．HBVはヒト肝臓細胞にのみ感染する厳密な宿主特異性をもっており，この特異性はビリオン表面に露出している外皮Lタンパク質が担っている．筆者らは，HBV外皮Lタンパク質を酵母細胞において発現させて得られた，HBV外殻と酷似した構造をもつウイルス様粒子バイオナノカプセルを用いて，同粒子のヒト肝臓特異的薬剤送達への応用，HBVの感染機構の解明，さらにはHBV感染阻害剤のスクリーニングへの展開を行っている．このように進化の過程で獲得された高度な機能をもつ生物由来材料を模倣するバイオミミック技術は，従来の人工材料を凌駕する新規材料の設計・開発において有用である．

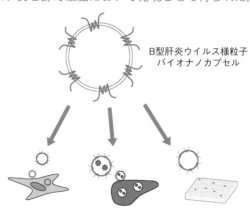

▲バイオナノカプセルのアプリケーション
[口絵参照]

■ **KEYWORD** 📖マークは用語解説参照

- B型肝炎ウイルス (hepatitis B virus: HBV) 📖
- バイオナノカプセル (bio-nanocapsule: BNC)
- ドラッグデリバリーシステム (drug delivery system: DDS)
- 薬剤スクリーニング (drug screening)
- ウイルス様粒子 (virus-like particles)
- ナノ粒子 (nanoparticle)
- 肝臓細胞 (hepatocyte)

はじめに

世界保健機関の報告では，2017年現在，世界で約2億5700万人がB型肝炎ウイルス（hepatitis B virus：HBV）に慢性感染しているとされる．またHBVは，肝炎や肝硬変，さらに肝臓がんの原因となる病原体として重要視されている．HBVが感染する標的細胞はヒト肝臓実質細胞に限定されており，この特性はHBV外皮タンパク質であるB型肝炎ウイルス表面抗原（HBV surface antigen：HBsAg）による．HBsAgには，共通のC末端アミノ酸配列をもつ長さの異なる三つのタンパク質（S，M，Lタンパク質）が存在し，分子量が最も大きいLタンパク質のN末端側には，ヒト肝臓細胞を認識するドメインが存在している（図10-1）[1]．

HBVに対するワクチンとして，HBsAgのSタンパク質を酵母細胞（*Saccharomyces cerevisiae*）で発現・精製したものが開発され，使用されている．筆者らのグループは，HBVに対するワクチンを開発する過程で，HBsAgのLタンパク質を酵母細胞で過剰発現させることで，HBVビリオンと同様に脂質二重膜にLタンパク質が組み込まれた中空ナノ粒子を大量に調製する技術を開発した[2]．この中空ナノ粒子はHBVのヒト肝臓認識ドメインを含んでいるため，ヒト肝臓細胞特異的なドラッグデリバリーシステム（drug delivery system：DDS）に使用できると考えられた．そこで，この中空ナノ粒子をバイオナノカプセル（bio-nanocapsule：BNC）と命名し，ヒト肝臓細胞への薬物送達の応用を検討してきた．また最近では，BNCを用いたHBV感染機構の解明およびHBV感染阻害剤のスクリーニングを行っている．

1 バイオナノカプセルによる薬剤送達

BNCは直径約50 nmの中空ナノ粒子で，1粒子あたり約110分子のHBsAgのLタンパク質を含んでいる．BNC内部に薬物を内封すれば，HBVと同様にヒト肝臓に集積して，肝臓細胞への生体内ピンポイント薬剤送達が可能になると予想された．BNCを用いた薬剤送達研究の全容は，最近の総説論文に報告しているので参照されたい[3]．本章では，BNCに関連する代表的な研究成果と最近の研究成果を概説する．

まずBNCのDDSにおける有用性を実証するために，BNCに電気穿孔法によって蛍光物質カルセインやプラスミドDNAを内封した後，ヒト肝臓由来細胞（*in vitro*）に添加，およびヒト肝臓由来細胞を移植したマウスゼノグラフトモデル（*in vivo*）に投与した．その結果，BNCは内封物をヒト肝臓細胞特異的に送達できるDDSナノキャリアであることが判明した[4]．さらに，HBVのヒト肝臓細胞認識部位であるpre-S1領域を上皮増殖因子（epidermal growth factor：EGF）に置換した改変型BNCは，ヒト肝臓細胞への特異性を喪失するとともに，EGF受容体を過剰発現するがん細胞へ特異的に内封物を送達できた．

次いでBNCの実用性を向上させたのは，BNCとリン脂質から調製されるナノ粒子であるリポソーム（liposome：LP）とを組み合わせたBNC-LP複合体の開発である[5]．それまでBNC薬剤内封に使用していた電気穿孔法では薬剤の内封率が低く，また医薬品の製造基準であるgood manufacturing practice（GMP）に対応することが困難であった．そこで，数多くの薬剤内封法が確立されているLPにあらかじめ薬剤を内封しておき，このLPとBNCを混合して得られるBNC-LP複合体をDDSナノキャリアとして用いた．後述するが，HBV外皮Lタンパク質にはHBVがヒト肝臓細胞内に侵入するための膜融合ドメインがあるため，BNCはLPと溶液中で混合するだけで複合体を形成する[6]．抗がん剤ドキソルビシンを内封したLPは，それ単独ではヒト肝臓細胞への特異性を示さないが，BNCとの複合体を形成させると，BNCの特異性によってヒト肝

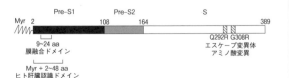

図10-1 HBVのLタンパク質の構造と機能に重要な部位（Myr：ミリストイル基）

臓細胞への特異性を獲得した．

　また筆者らは，HBVの感染機構およびBNCの薬剤送達を支える分子機構に関する知見を得ている．LPとの膜融合を担う外皮Lタンパク質の膜融合ドメインを，モデル脂質二重膜を用いて探索した結果，Lタンパク質N末端付近の16アミノ酸（図10-1）に低pH依存性の膜融合活性を同定した[6]．これまでにLタンパク質中にいくつかの膜融合ドメインが報告されていたが，筆者らが同定した16アミノ酸がLPとの膜融合において支配的であった．この膜融合ドメインを提示したLPは，BNCと同様に低pH条件においてエンドソーム膜に見立てたLPに対する膜融合・膜破壊の活性を示し，同時にペプチド提示LP側の内封物がLP外部へと漏出した．つまり，この膜融合ドメインを提示するBNCやHBVは，細胞内にエンドサイトーシスで取り込まれ，エンドソームの酸性化に伴って膜融合活性が向上し，エンドソーム膜との融合，エンドソーム膜の破壊，および粒子内の薬物やコアを細胞質へ放出することで，薬物およびコアの細胞質へ送達していることが示唆された．

　実際，*in vitro*においてBNC-LP複合体は内封した金ナノ粒子をヒト肝臓細胞の細胞質へ効率よく送達していることが示されている．さらに，既存の多くの膜融合ドメインは液中のαヘリックス形成能が膜融合活性に重要とされているが，この膜融合ドメインはαヘリックスを形成せず，全体的な疎水性が膜融合活性に重要であり，内部に含まれる二つのアスパラギン酸残基が低pHセンサーとして機能することが明らかになっている[7]．

　HBVの初期感染機構の第一段階では，ヒト肝臓細胞表面のヘパラン硫酸プロテオグリカン（heparan sulfate proteoglycan：HSPG）との結合が必須である[8]．最近筆者らは外皮Lタンパク質N末端付近に，新規HSPG結合ドメインを同定した（未発表データ）．このHSPG結合ドメインは，ビトロネクチンやヒト免疫不全ウイルスのgp120タンパク質といった既存のHSPG結合ドメインと比較しても，ヘパリンとの結合性が高く，また先述の膜融合ドメインおよびヒト肝臓認識ドメインの近傍に存在しているこ

とも興味深い．今後，さらにLタンパク質の機能ドメインの解析を進め，BNCのヒト肝臓細胞への侵入機構への理解を深めるとともに，HBVの感染機構の解明にもつなげたいと考えている．

　さらに，BNCをDDSナノキャリアとして実用化するためには，薬剤送達の効率を向上させ，宿主免疫系による認識を回避するような改変が必要である．筆者らは，B型肝炎ワクチン接種者でありながらHBVに感染した患者に見いだされるエスケープ変異体に注目し，同変異体が共通してもつ2か所のアミノ酸変異（図10-1，Q292RおよびG308R）をBNCに導入した[9]．この改変型BNCは，HBV感染既往者の血しょうから精製されたB型肝炎免疫グロブリン（HBVに対する抗体）との結合能が劇的に減少し，マウスに連続投与した際に誘導される抗HBV抗体価も減少した．以上から，この改変型BNCはHBVエスケープ変異体と同様に，宿主免疫系から回避するステルス能をもったステルス型BNCと考えられた．

2　バイオナノカプセルを用いたHBV感染機構の解明

　HBVの初期感染機構の研究において，生化学的解析が可能な量のHBVビリオンが不可欠であるものの，従来の患者血清やHBV産生細胞の培養上清から精製して得られるHBVビリオンはきわめて少量であり，研究の進展を妨げてきた．そこで筆者らは，大量調製が可能なBNC（酵母培養液1Lあたり5mg程度）をHBVビリオンの代替品として初期感染機構の解析に使用した．

　HBVの初期感染機構に関与するおもな宿主受容体として，HSPGと胆汁酸トランスポーターであるナトリウム-タウロコール酸共輸送ポリペプチド（sodium taurocholate cotransporting polypeptide：NTCP）が提唱されている．HSPGは広範なウイルス受容体として機能することが示されているため，HBVの宿主特異性を実質的に規定しているのはNTCPであると考えられている[10]．つまり，HBVは細胞表面のHSPGに結合した後，NTCPに受けわたされて感染を成立させるという経路が推測され

る．筆者らは，HBV感染において実際にこのような経路が存在しているのか，BNCを用いて検証した．

まず，HBVの感染にはLタンパク質のN末端グリシン残基へのミリストイル基付加が必要であるとされているが[11]，BNCのLタンパク質N末端には，酵母細胞における効率的発現のためのシグナル配列が付加されており[2]，ミリストイル基付加が行われていない．そこで，BNCのLタンパク質N末端のリジン残基にN-ヒドロキシスクシンイミドを介してミリストイル基を修飾し，ミリストイル化BNC（Myr-BNC）を調製した．このMyr-BNCはNTCP発現HepG2細胞の細胞抽出液中のNTCPと結合し，さらにHBVのin vitro感染系において感染阻害活性を示した[12]．一方，ミリストイル基を修飾していないBNCはNTCP結合能およびHBV感染阻害能を示さなかったことから，BNCはミリストイル化によってHBVと同様の細胞内侵入能を獲得したことが強く示唆された．

次に，Myr-BNCをHBVの代替モデルとして，NTCP発現HepG2細胞への取り込み経路を解析した．すると意外なことに，NTCPの発現の有無にかかわらず，細胞内への取り込み量はMyr-BNCでもBNCでも同等であった．B型肝炎患者の血しょうから精製したHBsAg粒子（HBVと同じミリストイル化Lタンパク質をもつ）を使用しても同様の結果が得られたため，細胞表層NTCPはMyr-BNCおよびHBVの細胞との結合，および細胞内への取り込みには直接関与していない可能性が示唆された．一方，従来から指摘されているHSPGの関与を調べるため，ヘパリン共存下，およびHSPG中のヘパラン硫酸化を阻害する塩素酸ナトリウム処理下において，BNC，Myr-BNCおよびHBsAgの細胞内への取り込みは著しく減少した．つまり，これらの粒子の細胞との結合および細胞内への取り込みは，主としてHSPGが担っていることが示された．これらの結果をまとめると，①HBVは細胞表面のHSPGに結合し，②エンドサイトーシスによって細胞内に取り込まれ，③エンドソームもしくはリソソーム内のNTCPと相互作用することによってエンドソームから脱出するという経路が想定され

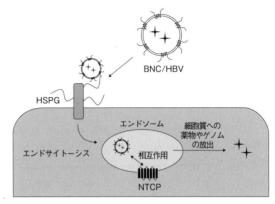

図10-2　BNCやHBVの細胞内侵入機構の推定図
HSPG：ヘパラン硫酸プロテオグリカン，NTCP：ナトリウム-タウロコール酸共輸送ポリペプチド．

る[12]（図10-2）．

このように，Myr-BNCを用いることで，HBVビリオンを使用するだけでは解析できなかった，初期感染機構の一端が明らかとなりつつある．もちろん，HBVビリオンを使用していないため，結果の解釈には注意が必要である．しかしながらHBVビリオンとは異なり，Myr-BNCは大量調製が可能であることが最大の利点である．また，Lタンパク質と宿主タンパク質との相互作用を解析するための生化学的なアッセイができること，蛍光修飾をはじめとするさまざまな修飾が可能なため，細胞内への取り込みを可視化できる点などでも優れており，HBVの感染機構を解明するためのツールとしてMyr-BNCが有用であると考えられる．

3　バイオナノカプセルを用いたHBV感染阻害剤のスクリーニング

Myr-BNCは，HBVと同様に宿主細胞の2種類の異なる受容体に結合し，細胞内に取り込まれることが明らかとなったことから，HBVの代替プローブとしてHBV初期感染機構の阻害剤スクリーニングにも使用できると考えられる．従来のHBV感染阻害剤スクリーニングにおいては，NTCPと結合するLタンパク質のN末端47残基にミリストイル基が付加されたリポペプチド（Myrcludex-B）をプローブとして[13]，精製NTCPに対する結合阻害能をもつ化合物が網羅的にスクリーニングされてき

> + COLUMN +
>
> ★いま一番気になっている研究者
>
> ## Huan Yan
> 〔北京生命科学研究所(NIBS) 博士〕
>
> HBVが発見されてから半世紀が経過し，数多くのHBV受容体候補分子が提唱されてきた．しかしながら，この分子を発現する細胞に対してHBV感染を成立させた例はなかった．2012年，Yan博士はナトリウム–タウロコール酸共輸送ポリペプチド(sodium taurocholate cotransporting polypeptide：NTCP)をHBV受容体として同定し，はじめて in vitro 感染系の構築に成功した．現在，彼は中国の北京生命科学研究所のW. Li博士の主催する研究室で，新進気鋭の若手研究者として研究を推進している．
>
> HBVの簡便な in vitro 感染系が利用可能となったことで，HBVの基礎研究および創薬研究が大きく進展している．とくに，HBVがNTCPと相互作用する部位が，NTCP自体のトランスポーター活性に必要な部位と重なっていることを見いだし，胆汁酸がHBV感染阻害剤として有効であることを示した．また，HBV感染がおもにヒト肝臓に限定され，マウスなどの小動物の肝臓では成立しないことについて，ヒトNTCPとマウスNTCPのわずかなアミノ酸配列の相違に起因することを見いだした．このように，彼はHBV研究に大きなブレイクスルーをもたらしたとともに，次つぎに画期的な研究成果をあげており，今後も注目される．

た[14]．また，NTCP発現細胞を用いたHBVの in vitro 感染系を用いて，HBV感染成立を阻害する化合物のスクリーニングも報告されているが[15]，ハイスループットスクリーニングを行うほどのHBVビリオンの大量調製は困難である，アッセイのコストが高い，HBV感染が検出可能となるまでに要する時間が長いなど，さまざまな制約がある．Myr-BNCは，これらの欠点を補ういくつかの特徴がある．つまり，大量調製が可能である点，Myrcludex-Bのようにペプチド単独ではなくHBsAgを含んだ粒子形状をしているため，本来のHBVビリオンにより近いプローブとして使用できる点，蛍光標識したMyr-BNCを使用すれば蛍光強度を指標としたハイスループット性の高いアッセイ系の構築ができる点である．

具体的には，Myr-BNCを使用するHBV感染阻害剤スクリーニングの戦略として，以下の三つがあげられる．

① 蛍光標識Myr-BNCのNTCP発現細胞への取り込み量を蛍光で定量する細胞内取り込み阻害剤のスクリーニング
② Myr-BNCとNTCPの相互作用を検出するアッセイ(例，αスクリーニング)に基づくNTCP結合阻害剤のスクリーニング
③ Myr-BNCと脂質二重膜(エンドソーム膜モデル)との融合を検出するアッセイに基づくHBV脱殻阻害剤のスクリーニング

筆者らは，これら3種類のスクリーニング戦略に基づき，HBV感染を阻害する化合物のスクリーニングを実施している．

4 まとめと今後の展望

酵母細胞を用いたHBVのLタンパク質ナノ粒子(バイオナノカプセル)の大量調製技術をもとにした筆者らの研究について述べた．今後はこれらの研究をさらに推し進めるとともに，HBVに限らずさまざまなウイルスの機能をもつ新たな材料を開発し，DDSナノキャリア開発だけではなく，ウイルスの機能や宿主細胞との相互作用の理解，さらにはウイルス感染の阻害剤の開発へと展開していきたいと考えている．

◆ 文 献 ◆

[1] T. F. Baumert, L. Meredith, Y. Ni, D. J. Felmlee, J. A. McKeating, S. Urban, *Curr. Opin. Virol.*, **4**, 58 (2014).

[2] S. Kuroda, S. Otaka, T. Miyazaki, M. Nakao, Y. Fujisawa, *J. Biol. Chem.*, **267**, 3 (1992).

[3] M. Somiya, S. Kuroda, *Adv. Drug Deliv. Rev.*, **95**, 77 (2015).

[4] T. Yamada, Y. Iwasaki, H. Tada, H. Iwabuki, M. K. Chuah, T. VandenDriessche, H. Fukuda, A. Kondo, M. Ueda, M. Seno, K. Tanizawa, S. Kuroda, *Nat. Biotechnol.*, **21**, 885 (2003).

[5] J. Jung, T. Matsuzaki, K. Tatematsu, T. Okajima, K. Tanizawa, S. Kuroda, *J. Control. Release*, **126**, 3 (2008).

[6] M. Somiya, Y. Sasaki, T. Matsuzaki, Q. Liu, M. Iijima, N. Yoshimoto, T. Niimi, A. D. Maturana, S. Kuroda, *J. Control. Release*, **212**, 10 (2015).

[7] Q. Liu, M. Somiya, N. Shimada, W. Sakamoto, N. Yoshimoto, M. Iijima, K. Tatematsu, T. Nakai, T. Okajima, A. Maruyama, S. Kuroda, *Biochem. Biophys. Res. Commun.*, **474**, 2 (2016).

[8] C. Sureau, J. Salisse, *Hepatology*, **57**, 3 (2013).

[9] J. Jung, M. Somiya, S.-Y. Jeong, E. K. Choi, S. Kuroda, *Nanomedicine: NBM*, **14**, 595 (2017).

[10] H. Yan, G. Zhong, G. Xu, W. He, Z. Jing, Z. Gao, Y. Huang, L. Fu, M. Song, P. Chen, W. Gao, B. Ren, Y. Sun, T. Cai, X. Feng, J. Sui, W. Li, *Elife*, **1**, 1 (2012).

[11] P. Gripon, J. Le Seyec, S. Rumin, C. Guguen-Guillouzo, *Virology*, **213**, 2 (1995).

[12] M. Somiya, Q. Liu, N. Yoshimoto, M. Iijima, K. Tatematsu, T. Nakai, T. Okajima, K. Kuroki, K. Ueda, S. Kuroda, *Virology*, **497**, 23 (2016).

[13] J. Petersen, M. Dandri, W. Mier, M. Lütgehetmann, T. Volz, F. von Weizsäcker, U. Haberkorn, L. Fischer, J. M. Pollok, B. Erbes, S. Seitz, S. Urban, *Nat. Biotechnol.*, **26**, 3 (2008).

[14] K. Watashi, A. Sluder, T. Daito, S. Matsunaga, A. Ryo, S. Nagamori, M. Iwamoto, S. Nakajima, S. Tsukuda, K. Borroto-Esoda, M. Sugiyama, Y. Tanaka, Y. Kanai, H. Kusuhara, M. Mizokami, T. Wakita, *Hepatology*, **59**, 5 (2014).

[15] M. Iwamoto, K. Watashi, S. Tsukuda, H. H. Aly, M. Fukasawa, A. Fujimoto, R. Suzuki, H. Aizaki, T. Ito, O. Koiwai, H. Kusuhara, T. Wakita, *Biochem. Biophys. Res. Commun.*, **443**, 3 (2014).

Chap 11

人工金属酵素の次世代設計

Next Generation Design of Artificial Metalloenzymes

上野 隆史
(東京工業大学生命理工学院)

Overview

タンパク質と金属イオンや金属コファクターを複合化することによって合成される人工金属酵素は，再構成法も限られており，わずかな種類の反応を触媒できるのみであった．しかし，この10年間でさまざまなタンパク質と金属化合物の複合化法が開発され，多様な触媒反応への展開だけではなく，生体内での利用までも実現し，その勢いは有機合成化学や錯体化学を巻き込んだ合成生物学の新たな潮流を生みだすまでになっている．本章では，最近の人工金属酵素研究の動向を紹介するとともに，人工金属酵素特有の機能化法やその将来展望について述べる．

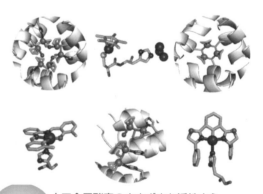

▲人工金属酵素のさまざまな活性中心
[口絵参照]

■ **KEYWORD** 🕮マークは用語解説参照

- ■人工金属酵素(artificial metalloprotein)
- ■有機金属タンパク質(organometalloprotein)
- ■タンパク質ケージ(protein cage) 🕮
- ■タンパク質集合体(protein assembly)
- ■ヘムタンパク質(heme protein) 🕮
- ■ストレプトアビチン(streptavidin)
- ■フェリチン(ferritin)

はじめに

金属酵素は，酸化反応から，光合成，窒素固定まで広範囲にわたり，生命反応に欠かすことのできない役割を担っている．生物無機化学にかかわる研究領域では，それら天然の反応メカニズムを解明するために，モデル化合物の合成や特性評価，さらには天然の金属酵素の機能と構造の相関関係の解明が進められてきた．

生体では，必須微量元素である鉄や銅，亜鉛等を巧みに使い，単核からクラスターまで，特異な構造をもつ活性中心をつくりだし，人工的には達成できないような高活性かつ，高選択性の反応を生みだす．一方，「天然の金属酵素の反応原理をしっかりと理解することができれば，生体にはない反応や構造体の構築までもが金属酵素を用いた分子設計によって実現できる」との発想に基づき，人工金属酵素の研究は進められてきた[1]．たとえば，有機金属錯体等の生体が使わない金属の反応性をタンパク質と融合すれば，天然の金属酵素では不可能な反応を生体内で実現させるといったことも可能となる．

とくに，ここ数年で人工金属酵素の研究は大きな転換期を迎え，その研究ターゲットは金属活性サイトの構築法の開発から，まったく新しい有機反応を触媒する人工金属酵素の設計や，細胞内，生体内などの新しい反応系構築を目指したタンパク質の開発へとシフトしている．そこで本章では，最新の人工金属酵素の（1）分子設計法と（2）生体系への開拓，さらに（3）将来の展望について議論する．

1 人工金属酵素の分子設計法

人工金属酵素の分子設計法は，二つに大別される．一つ目は，天然の金属酵素の活性を改善，あるいは別のタンパク質に再構築する方法であり，おもにアミノ酸置換による活性中心の構造の改変や金属イオン結合サイトの構築によって達成される[1b]．先駆的な例としては，渡辺らによる酸素貯蔵タンパク質ミオグロビン（myoglobin：Mb）の酸素添加酵素への改変があげられる[2]．Mbでは酸素分子を安定にヘムの鉄イオンに結合させるために，ヘムの真上にあるHis64（64位のヒスチジン）からの水素結合を利用する．このHisの位置に着目し，酸素の代わりに過酸化水素を活性化するアスパラギン酸（Asp）を導入し，ほかのヘム酵素と同様の反応中間体の形成による酸化反応を達成している〔図11-1（a）〕．

Luらは，銅結合サイトを構築し，ヘム－銅酸化酵素への改変に成功している[3]〔図11-1（b）〕．さらに，Arnoldらは，一酸素添加ヘム酵素であるP450のアミノ酸置換により，ヘム反応中間体をカルベン転移反応へと利用できることを示している[4]（図11-2）．これらの研究では，天然のヘムがタンパク質内でもつ本来の反応性を巧みに利用している．

Mb中では，ヘムが非共有結合的に固定化されている．その特徴を利用することによって，化学修飾した人工ヘムや，ヘムに構造が類似した金属錯体のタンパク質内固定化が達成されてきた[5]〔図11-1（c）〕．最近では，イリジウムの修飾ヘム置換体をMbに固定化することによってC—Hへのカルベン挿入を実現している[6]．また，ヘムから構造がわず

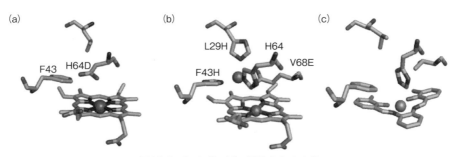

図11-1　ミオグロビン活性中心の変換
（a）His64をAspへ変換して酸化反応を実現，（b）L29，F43，V68にそれぞれ変異を導入して銅結合サイトを構築，（c）ヘムを金属錯体に変換した人工金属酵素．

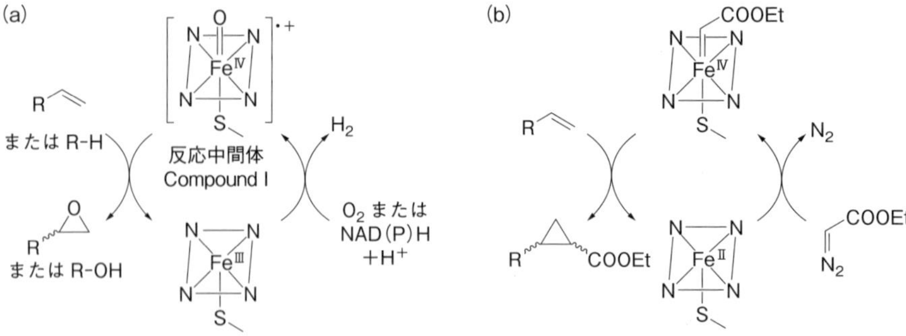

図11-2　P450変異体による非天然反応への変換
（a）活性中心のヘムが触媒する天然一酸素添加反応と（b）シクロプロパン化反応の反応機構．

かに異なる鉄ポルフィセンをMb内に固定化することによっても，カルベン種の生成が劇的に向上することが報告されている[7]．

ヘムタンパク質以外にも，高い熱的安定性や特徴的な立体構造をもつタンパク質は，人工金属酵素の作成には魅了的なテンプレートとなる．多数報告されているのは，システインのチオール基への化学修飾を用いた構築方法である．化学修飾が容易な残基の一つであるリジンに比べ，システインはタンパク質表面に存在する数も少なく，タンパク質内部の疎水的環境に存在することが多いため，アミノ酸置換による新規の導入を含め，タンパク質変性や修飾する金属錯体の数の制御などの問題点の克服も容易である．この手法を用いて，マンガン，鉄，銅，ロジウムなどの有機金属錯体が導入されている[5b]．

さらに高い安定性をもつタンパク質へさまざまな金属錯体を強固に固定化できるシステムがあれば，アミノ酸置換と組み合わせた人工金属酵素の最適化が迅速に達成できる．Wardらは，1978年にWhitesidesらによって報告されたビオチン修飾有機金属錯体のアビジンへの導入を使って，ビオチン修飾した有機金属錯体触媒をストレプトアビジンの変異体ライブラリーへ挿入し，多数の人工金属酵素の作成に成功している[8]．彼らの研究グループが近年報告したベンズアヌレーション反応を触媒する人工金属酵素の例では，ビオチン修飾により固定化されたロジウム錯体の遷移状態安定化に近傍に導入したグルタミン酸を利用している[9]（図11-3）．このような活性向上は，タンパク質の特異的反応空間を利

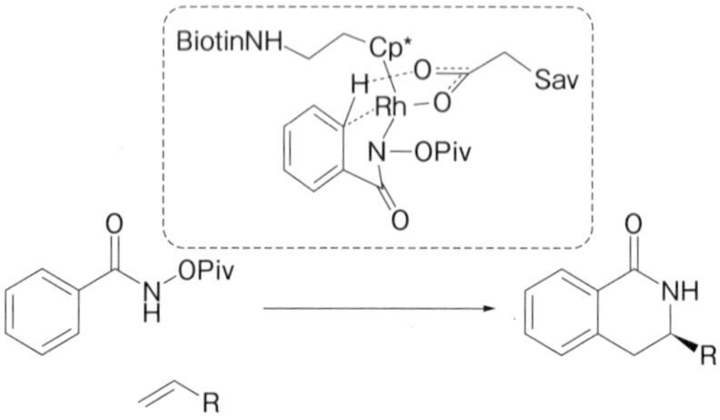

図11-3　ビオチン・アビジン複合化を利用したベンズアヌレーション反応

用することによって初めて達成できるものである．

以上で述べてきた人工金属酵素の構築法は，一つのタンパク質（単量体）内に一つの金属活性部位を構築する手法であった．一方，自然界では，タンパク質集合体の内部に酵素や金属コファクターなどの機能性分子を固定化することによって，複数の反応を効率よく組み合わせた触媒機能を発現している．たとえば，バクテリアでは，マイクロコンパートメントとよばれるタンパク質ケージを形成し，その100 nmの内部空間に複数の酵素を内包して代謝反応などの多段階反応を進行させる[10]．また，光化学系IIは，タンパク質集合体のなかに複数個のクロロフィルやマンガンクラスターなどを適切な位置に固定化することにより，電子伝達と化学反応の効率的なカップリングを実現している[11]（図11-4）．この自然界の機能化手法に倣い，近年，タンパク質集合体の利用が二つ目の手法として注目されている．

最も代表的な例は，鉄貯蔵タンパク質フェリチン

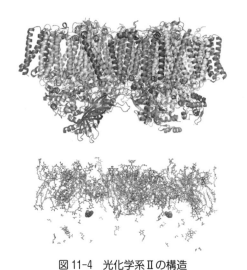

図11-4 光化学系IIの構造
タンパク質集合体構造(上図)と内部に固定化されている複数のコファクターの配置(下図)．タンパク質集合体によって形成される分子空間により，異なる種類のコファクター数，配向，距離が制御され，酵素反応が促進されている．

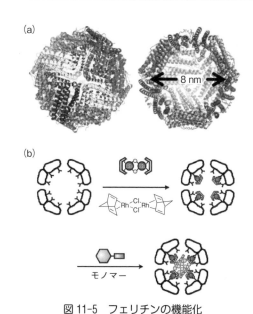

図11-5 フェリチンの機能化
(a) フェリチンの結晶構造(PDB ID：1DAT)と(b) 金属錯体挿入による重合反応のスキーム．

(ferritin: Fr)の利用である．Frは，外径12 nm，内径8 nmの24量体からなり，pH2〜10，80℃まで球状構造を維持する高い安定性をもつカゴ型タンパク質である．1991年にMannらが鉄以外の金属酸化物をフェリチンに導入した実験を報告して以来[12]，さまざまな無機材料合成とその材料応用の研究が注目されてきたが，人工金属酵素としては利用されてこなかった．

筆者らは，Fr内部空間へパラジウムイオンを集積させ，その後の還元反応によって，パラジウム微粒子をFr内部で合成し，オレフィンの水素化反応を達成した．この結果は，固体触媒を活性中心とする人工金属酵素の実現を初めて示したものである[13]．さらに，Frの多数の金属結合部位と，8 nmの巨大な中空空間を利用して，ロジウム錯体を固定化して，難溶性であるフェニルアセチレンの重合と，得られた重合体のFr内部への孤立化も実現している[14](図11-5)．このように，さまざまなタンパク質の特徴を使って人工金属酵素の合成方法が開発されてきた．

2 生体系への展開

これまで確立されてきた人工金属酵素の構築方法を使って，in vivo利用などの生体系への展開も進

められている．たとえば，Frは，金属結合部位がケージ内部にあるために，内部に存在する金属錯体は外的環境の変化に対してきわめて高い安定性をもつ．同時に，細胞での金属錯体の利用を考えた場合も，金属由来の細胞毒性低減にも威力を発揮する．この技術を用い，Frの内部空間に金属カルボニル錯体を固定化することで，シグナルガス分子である一酸化炭素(CO)の細胞内輸送を達成した[15]．

COは細胞内で少量産生され，細胞機能を制御することが報告されている．これまで細胞内CO輸送のためのCO放出分子(CO-releasing molecules：CORMs)として，$[Ru(CO)_3Cl_2]_2$(CORM-2)，Ru-$(CO)_3Cl$(glycinate)(CORM-3)などの金属カルボニルが用いられてきたが，取り込み効率や安定性に課題があった．筆者らは，FrとCORM-2を反応させることで，Fr内部空間へRu(CO)錯体を導入し，安定なCO輸送システムを構築した．水溶性のCORMであるCORM-3に比べ，HEK293細胞内の転写因子 nuclear factor-kappaB(NF-κB)活性に与える影響が2倍となった．

このような人工金属酵素の細胞内利用では，グルタチオンなどの細胞内成分が人工金属コファクターの触媒毒となる．したがって，通常の人工酵素の機

COLUMN

★いま一番気になっている研究者

Akif Tezcan
（アメリカ カリフォルニア大学サンディエゴ校 教授）

　Tezcan教授はカリフォルニア工科大学のGray教授のもとで，2001年にタンパク質の電子伝達の研究で学位を取得し，引き続き同大学のRees教授のもと，博士研究員としてニトロゲナーゼの構造生物学的研究を進め，2005年よりカリフォルニア大学サンディエゴ校で研究室をスタートさせた．彼の研究の特徴は，タンパク質–タンパク質界面の性質を配位化学によって制御する新しい概念を創成した点にある．タンパク質の表面に金属イオンの結合部位を設計し，異なる金属種の配位の違いによって，タンパク質をビルディングブロックとしたさまざまな集合体を作成している．その展開は，超分子的な分子操作を巨大なタンパク質集合体の構築の理解からその材料応用まで幅広く拡大しており，細胞内のタンパク質集合体の制御から機能発現，タンパク質結晶の動的制御にまでつなげられている．いままさにタンパク質エンジニアリングの新領域を開拓している研究者の一人であり，今後の活躍がますます期待される．

能向上に用いられる．細胞内での分子進化工学的手法に適応させるのは困難と考えられてきた．

　Tezcanらは，人工金属酵素の細胞内産生の問題点を解決するために，触媒毒となる細胞内成分が少ないとされる大腸菌のペリプラズム領域に着目した．彼らは，これまでに報告してきたヘムタンパク質（cytochrome cb$_{562}$）をビルディングブロックとするタンパク質四量体の作成を亜鉛イオン存在の下，大腸菌ペリプラズムで実現した．さらに，その亜鉛イオン配位部位の設計により，β-ラクタマーゼ活性を付与し，大腸菌内でアンピシリン耐性を示すことが明らかとなった[16]（図11-6）．

　さらにWardらは，その方法をビオチン・アビジン複合化による人工金属酵素構築に応用し，ビオチン修飾された人工金属コファクターと細胞質内で産生されるストレプトアビジンのライブラリータンパク質を大腸菌のペリプラズム領域で複合化し，人工金属酵素の活性を分子進化工学的に向上させることに成功した[17]（図11-7）．この手法によって，人工金属酵素の活性向上と細胞内利用が一気に加速化されると考えられる．

3　今後の展望

　先述の通り，この10年で人工金属酵素の研究は

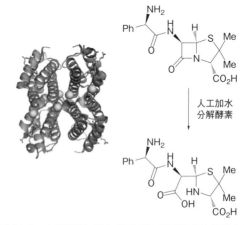

図11-6　大腸菌のペリプラズムで再構成される人工金属酵素による加水分解反応

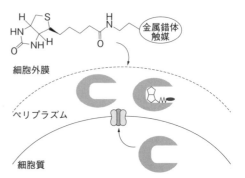

図11-7　大腸菌を利用したビオチン・アビジンタイプの人工金属酵素構築法

大きく発展してきた．ターゲットとする触媒反応については，より緻密な反応設計に基づいた酵素機能の理解と構築の深化が進むと考えられる．したがって，精密な分子設計を得意とする有機合成化学者や錯体化学者のさらなる参入を期待したい．

一方，ターゲットとなるタンパク質としては，単量体から集合体の利用へと展開していくと考えられる．たとえば，タンパク質集合体のサイズをマイクロメートルまで拡張していくと，タンパク質結晶までもが人工金属酵素のテンプレートとして利用可能となる．その特徴はタンパク質結晶が細孔空間をもち，その細孔表面には配位可能なアミノ酸側鎖が規則正しく配置されているため，金属化合物の機能性テンプレートとして利用できる点にある（図11-8）．近年，タンパク質結晶を利用した金属イオンや金属錯体の活性化，機能化が報告されているものの，いぜんとしてその例は少ない[18]．安定なタンパク質結晶が大量に入手できるようになれば，さらに活発に展開する領域の一つとなるであろう．

このように，タンパク質集合体はナノメートルからマイクロメートルのサイズをもち，生体触媒反応だけではなく，分子マシンや固体材料としての機能も併せもつ．近い将来はスーパーコンピュータを用いた長時間全原子分子動力学シミュレーションによって，分子の機械的動きと触媒反応を連動させるような人工金属酵素の分子設計が行われる日も近いと考えられる．

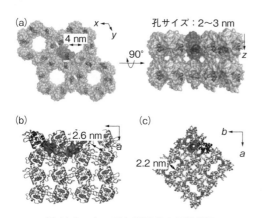

図11-8 タンパク質結晶の細孔構造
（a）ミオグロビン結晶と卵白リゾチームの（b）斜方晶と（c）正方晶結晶の結晶格子構造．

◆ 文　献 ◆

[1] （a）Y. Lu, N. Yeung, N. Sieracki, N. M. Marshall, *Nature*, **460**, 855 (2009)；（b）F. Yu, V. M. Cangelosi, M. L. Zastrow, M. Tegoni, J. S. Plegaria, A. G. Tebo, C. S. Mocny, L. Ruckthong, H. Qayyum, V. L. Pecoraro, *Chem. Rev.*, **114**, 3495 (2014).

[2] T. Matsui, S.-i. Ozaki, Y. Watanabe, *J. Am. Chem. Soc.*, **121**, 9952 (1999).

[3] J. A. Sigman, B. C. Kwok, Y. Lu, *J. Am. Chem. Soc.*, **122**, 8192 (2000).

[4] P. S. Coelho, E. M. Brustad, A. Kannan, F. H. Arnold, *Science*, **339**, 307 (2013).

[5] （a）T. Hayashi, Y. Hisaeda, *Acc. Chem. Res.*, **35**, 35 (2002)；（b）T. Ueno, S. Abe, N. Yokoi, Y. Watanabe, *Coord. Chem. Rev.*, **251**, 2717 (2007).

[6] H. M. Key, P. Dydio, D. S. Clark, J. F. Hartwig, *Nature*, **534**, 534 (2016).

[7] K. Oohora, H. Meichin, L. Zhao, M. W. Wolf, A. Nakayama, J. Y. Hasegawa, N. Lehnert, T. Hayashi, *J. Am. Chem. Soc.*, **139**, 17265 (2017).

[8] （a）M. E. Wilson, G. M. Whitesides, *J. Am. Chem. Soc.*, **100**, 306 (1978)；（b）T. R. Ward, *Acc. Chem. Res.*, **44**, 47 (2010).

[9] T. K. Hyster, L. Knörr, T. R. Ward, T. Rovis, *Science*, **338**, 500 (2012).

[10] T. O. Yeates, C. A. Kerfeld, S. Heinhorst, G. C. Cannon, J. M. Shively, *Nat. Rev. Microbiol.*, **6**, 681 (2008).

[11] J. R. Dempsey, J. R. Winkler, H. B. Gray, *Chem. Rev.*, **110**, 7024 (2010).

[12] F. C. Meldrum, V. J. Wade, D. L. Nimmo, B. R. Heywood, S. Mann, *Nature*, **349**, 684 (1991).

[13] T. Ueno, M. Suzuki, T. Goto, T. Matsumoto, K. Nagayama, Y. Watanabe, *Angew. Chem. Int. Ed. Engl.*, **43**, 2527 (2004).

[14] S. Abe, K. Hirata, T. Ueno, K. Morino, N. Shimizu, M. Yamamoto, M. Takata, E. Yashima, Y. Watanabe, *J. Am. Chem. Soc.*, **131**, 6958 (2009).

[15] K. Fujita, Y. Tanaka, T. Sho, S. Ozeki, S. Abe, T. Hikage, T. Kuchimaru, S. Kizaka-Kondoh, T. Ueno, *J. Am. Chem. Soc.*, **136**, 16902 (2014).

[16] W. J. Song, F. A. Tezcan, *Science*, **346**, 1525 (2014).

[17] M. Jeschek, R. Reuter, T. Heinisch, C. Trindler, J. Klehr, S. Panke, T. R. Ward, *Nature*, **537**, 661 (2016).

[18] S. Abe, B. Maity, T. Ueno, *Curr. Opin. Chem. Biol.*, **43**, 68 (2017).

Chap 12

機能性抗体の創製

Creation of Functionalized Antibodies

山口 浩靖
(大阪大学大学院理学研究科)

Overview

ヒトや動物などは体内に侵入してきた異物(非自己)を排除するための恒常性維持機構をもっている。この免疫システムが活性化されると、異物である抗原に特異的に結合する抗体が産生される。通常は一つの抗原に対してさまざまな抗体(ポリクローナル抗体)が産生され、一つの抗体産生細胞から産生される抗体は化学的に均一な抗体(モノクローナル抗体)である。細胞工学や遺伝子工学の進歩により、近年、モノクローナル抗体を量産できるようになり、あらゆる分子に対して相補的な構造をもつモノクローナル抗体をつくることができる。特定の分子を特異的に、かつ強く結合することができる生体高分子「モノクローナル抗体」を利用して、高感度で標的分子の存在を検知するセンシングシステムや、特異な抗体の結合空間を使用した触媒システムが構築されている。

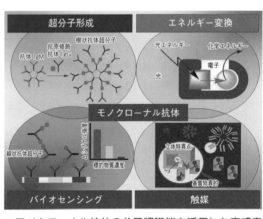

▲モノクローナル抗体の分子認識能を活用した高感度検出システム・特異的反応場の創製[口絵参照]

■ KEYWORD □マークは用語解説参照

- ■モノクローナル抗体(monoclonal antibody)
- ■抗原決定基(hapten)
- ■分子認識(molecular recognition)
- ■特異性(specificity)
- ■バイオセンサー(biosensor)
- ■不斉触媒(asymmetric catalyst)
- ■エネルギー変換(energy conversion)
- ■キラル分離(chiral separation)

はじめに

　生体の免疫システムは体外から侵入してきた異物を認識し，排除するために抗体を産生する．この抗体は，クラウンエーテルやシクロデキストリンなどのような超分子科学における優れた人工ホスト分子よりも，より大きくて複雑な分子と厳密かつ強く結合することができる．また抗体には多様性がある．抗体は免疫グロブリン（immunoglobulin：Ig）ともよばれ，その構造の違いからIgG，IgA，IgM，IgD，IgEの五つのクラスに分類される．代表的な免疫グロブリンであるIgGの構造と，その5量体に相当するIgMを図12-1に示す．基本構造は分子量約50,000のポリペプチドである重鎖（H鎖）と分子量約25,000のポリペプチドである軽鎖（L鎖）がジスルフィド結合を介してつながったもので，IgGでは一つの分子に2個の抗原結合部位が存在する．また，IgMには一つの分子に10個の抗原結合部位がある．

　KollerとMilsteinが，1975年に化学的に均一な抗体であるモノクローナル抗体の作製方法[1]を開発して以来，抗体は医学・生物学・化学を含むさまざまな分野で活用されている[2~4]．近年では，ヒト化抗体作製技術の確立により，抗体医薬の開発も盛んに行われている．抗体はその高い特異性と強い結合力ゆえに，診断薬[5]やセンシング・イメージング素子[6~10]として利用されてきた．

　少量のサンプル中の標的分子を迅速かつ多品目分析できるマイクロアレイ型バイオチップの研究・開発に伴い[11]，抗体は重要な役目を果たしている．コンビナトリアルサイエンスの技術を基にしたファージディスプレイ法の開発により[12]，短期間で抗体タンパク質を発現させ，量産することもできるようになった．

　触媒化学においても抗体は魅力的な反応場として利用されている．1986年，生体防御のためにつくりだされる抗体には天然酵素のような特異性と触媒機能があると見いだされて以来[13,14]，さまざまな反応を触媒する機能性材料として抗体が注目されるようになった[15,16]．本章ではセンシング材料や触媒としてモノクローナル抗体を活用した研究例の一部を紹介する．

1 抗体を用いたキラルセンシングとキラル分離

　キラリティーは，医薬や材料科学をはじめさまざまな領域において重要な構成要素である．医薬において一方の光学異性体には薬効があるが，他方の光学異性体では深刻な副作用をもたらすこともある．光学活性化合物の分離精製には高速液体クロマトグラフィーが広く用いられているが，キラル固定相の開発や分離条件の最適化には，依然として多くの試行錯誤が必要である．

　分離精製の際に，標的分子のキラリティーを厳密に識別できる素子や材料を用いれば，簡便な光学分

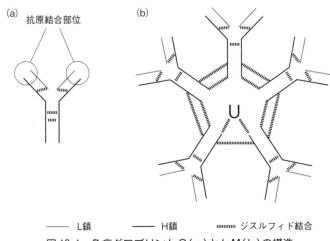

図12-1　免疫グロブリンIgG（a）とIgM（b）の構造
―― L鎖　　―― H鎖　　⋯⋯ ジスルフィド結合

割が可能となる．この素子として，テーラーメイドで作製可能な抗体が最適であると考えられる．しかし，アフィニティーカラムのキラル固定相としてモノクローナル抗体を使用する場合，標的分子に対する高い親和性ゆえに，目的のキラル分子を過酷な条件で溶出しなければいけない．カラムのいらない簡便な方法が開発できれば，モノクローナル抗体の特性を最大限に活かすことができる．そこで筆者らは，モノクローナル抗体の標的分子への高い特異性と分子量の大きさに注目した．

標的分子が低分子の場合，モノクローナル抗体に結合する標的分子と遊離の分子との分子量の大きな差を利用することで容易に分離することができるようになる．モノクローナル抗体をそれぞれの光学異性体に対して作製すれば，簡便に両方の光学異性体をそれぞれ高い純度で得ることができる．そのため，不斉触媒の配位子として広く用いられているビナフチル誘導体（binaphthyl derivative：BN）のキラル認識素子としてモノクローナル抗体を用いた．

BN の R 異性体〔BN(R)〕と S 異性体〔BN(S)〕に対して特異的に結合するモノクローナル抗体をそれぞれ得た．BN のラセミ体〔BN(rac)〕を接種して免疫を獲得したマウスからは，BN(R) に特異的な抗体と BN(S) に特異的な抗体の両者が得られた．ラセミ体を用いることによって，一度に R 体と S 体のそれぞれの光学異性体に特異的に結合するモノクローナル抗体が単離できることがわかった．モノクローナル抗体と BN(rac) を混合した水溶液を遠心式限外濾過フィルターユニットに入れて遊離の BN を分離した．その濾液の光学純度を UV-Vis スペクトルおよび CD スペクトルから算出した．BN(R) に結合するモノクローナル抗体を用いた場合には S 体が，BN(S) に強く結合するモノクローナル抗体を用いた場合には R 体が，それぞれ 97 ± 3% e.e. の光学純度で得られた（図 12-2）[17]．高い不斉認識能と分子量をもつモノクローナル抗体を利用することで，短時間かつ簡便な操作で光学分割することに成功した．抗体に結合した BN も，抗原-抗体間の相互作用を弱める溶媒，たとえば高濃度の塩を含む緩衝液や少量のエタノールを含む緩衝液などを用いて

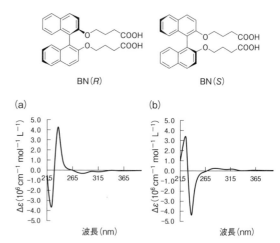

図 12-2 軸不斉をもつビナフチル誘導体の光学異性体〔BN(R)，BN(S)〕，BN(rac) とキラル認識抗体を混合後，遠心濾過したときの濾液の CD スペクトル

（a）BN(R) に対して作製したモノクローナル抗体を用いた系．（b）BN(S) に対するモノクローナル抗体を用いた系．実線は濾液，点線は（a）高純度 BN(S) と（b）BN(R) の各水溶液の CD スペクトル．

遠心分離すれば，短時間で分離することができる．

BN(S) を熱応答性高分子ポリ N-イソプロピルアクリルアミド（pNIPAM）の中央部にリンカーを介して導入した pNIPAM-BN(S)（図 12-3）と抗 BN(S) 抗体を混合すると，その溶液の下限臨界溶液温度（lower critical solution temperature：LCST）は pNIPAM-BN(S) のみの系よりも高くなった〔図 12-3(a)〕．一方，BN(R) を導入したポリマーに抗 BN(S) 抗体を添加しても，その LCST は pNIPAM-BN(R) そのものと変わらなかった〔図 12-3(b)〕．pNIPAM 中の BN にモノクローナル抗体が結合することにより，pNIPAM の凝集挙動が変化することがわかった．pNIPAM-BN(S) あるいは pNIPAM-BN(R) の水溶液を 32.0℃に保ち，ここに抗 BN(S) 抗体を添加すると，pNIPAM-BN(S) では溶液の白濁が解消されるのに対して，pNIPAM-BN(R) ではまったく変わらなかった〔図 12-3(c)，(d)〕．したがって，熱応答性合成高分子を活用することにより，抗体のキラル識別挙動を可視化することができる[18]．

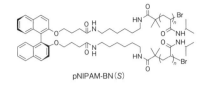

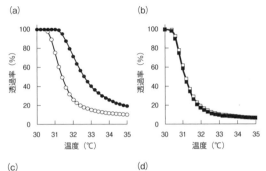

 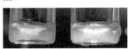

図12-3 BN(S)に強く結合する抗体存在下(●,■)・非存在下(○,□)でのpNIPAM-BN(S)(a),あるいはpNIPAM-BN(R)(b)の各水溶液の温度応答性と,32.0℃でのpNIPAM-BN(S)(c),pNIPAM-BN(R)(d)の水溶液の状態を示す写真

(c),(d)それぞれ左サンプルが抗体非存在下,右が抗体存在下.

2 抗体の超分子錯体形成を利用したセンシングシグナル増幅システム

　内分泌撹乱化学物質や環境汚染物質は,ごくわずかな量で人体および環境に影響を及ぼすため,原因の特定には微量検出可能なシステムが必要である.また,最近のバイオテロの未然防止においても極微量特定物質の高感度検出の必要性が高まっている.微量物質の計測は,ガスクロマトグラフィーや高速液体クロマトグラフィーで分離した成分を各種分光法や質量分析法などにより検出・定量する方法が主流であるが,これらは特異的にターゲットとなる物質のみを検出する方法ではない.特異的に標的物質を検出するには,抗体をセンシング素子として組み込んだセンサーが最も有用であると考えられる[19〜21].

　抗体を用いた免疫センサーには,酵素や蛍光色素などで標識した抗体を用いるものと非標識のものがあり,それぞれ電気化学あるいは光学デバイスを用いて検出する.なかでも非標識抗体を用いた表面プラズモン共鳴(surface plasmon resonance: SPR)免疫センサーは,簡便かつリアルタイムでの検出が可能な迅速方法である.ただ,SPRを検出原理とするバイオセンサーにおいて微量の低分子を検出しようとしても,低分子がセンサーチップ上に固定された抗体と結合したときのシグナル強度は非常に小さい.これはバイオセンサーの応答出力がセンサーチップ表面での密度変化,つまり単位面積あたりの重量変化に比例するため,低分子を有意差として検出するにはシグナルを増幅させる必要がある.

　この問題を克服するシグナル増幅法の一つが,抗体と標的物質の二量体(二価性抗原)との超分子形成である.二価性抗原とその抗原に相補的な抗体を等量ずつ混合すると,線状もしくは環状の会合体を形成する.抗体を固定したセンサーチップに二価性抗原と抗体を順次交互に添加すると,SPRの応答シグナル強度は抗原-抗体間の会合体の成長とともに増大する.一方,この超分子形成過程で二価性抗原の代わりに標的物質が添加されると,標的分子が超分子末端の抗原結合部位をブロックして二価性抗原と抗体の超分子形成が阻害される(図12-4,下段).

　このシステムにおいて,微量の標的物質の存在は二価性抗原と抗体との超分子形成を阻害するため,抗体の線状超分子形成量の減少としてモニターされる.標的物質の分子量が数百程度で,その結合由来のSPRシグナル強度が非常に小さくとも,標的物質は分子量約150,000の抗体の結合阻害挙動としてモニターできるようになる.図12-4はこのシステムの概略図であり,2段階のシグナル増幅法になっている.①センサーチップ上に固定された抗体と二価性抗原との複合体に,抗体と標的物質含有試料を添加する.②さらに抗体-二価性抗原の1:2錯体をつづけて添加する.標的物質存在下でのシグナル強度を非存在下のときと比較すると,二価性抗原と抗体との超分子形成を阻害した量,つまり完全な超分子形成に基づくシグナル強度からの減少量として標的物質を検出・定量することができる[22].

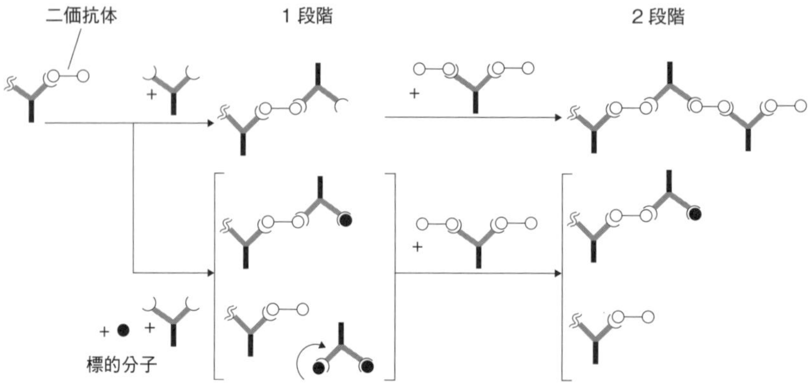

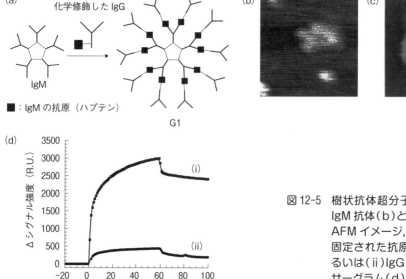

図 12-4 抗体と二価性抗原を用いた低分子高感度検出システム
ここではメチルビオロゲンを標的分子とする．抗体-ビオロゲンダイマー錯体を固定したセンサーチップに抗ビオロゲン抗体とメチルビオロゲン含有サンプルを添加したときの状態（1段階目）と，さらにその後に抗体-ビオロゲンダイマー錯体を添加した系（2段階目）．メチルビオロゲン非存在下での抗体-ビオロゲンダイマー超分子錯体形成（上段），およびメチルビオロゲン存在下（中段と下段）．［メチルビオロゲン］＜［抗体結合部位］：（中段），［メチルビオロゲン］≫［抗体結合部位］：（下段）．

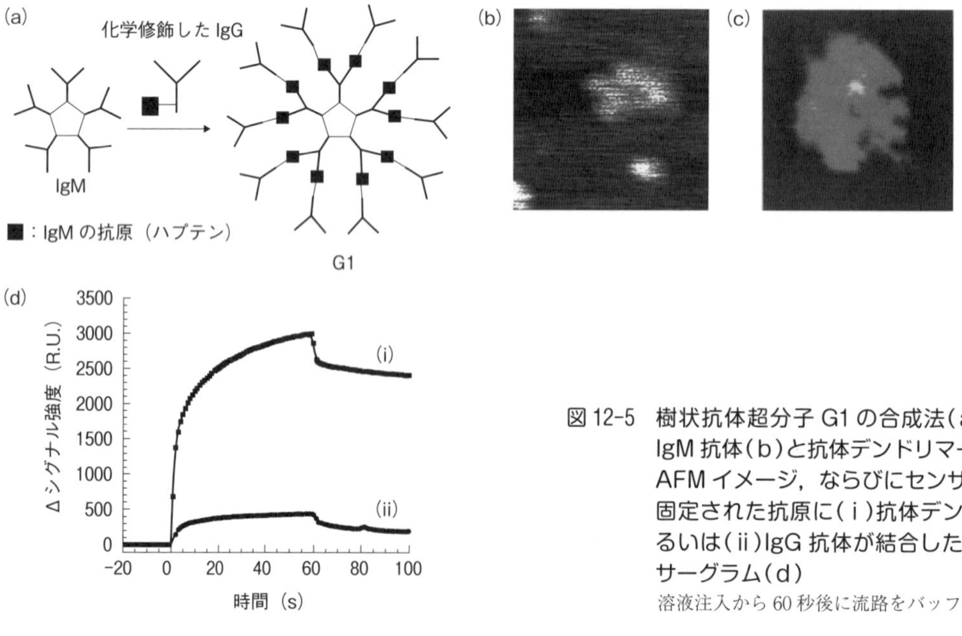

図 12-5 樹状抗体超分子 G1 の合成法(a)，および IgM 抗体(b)と抗体デンドリマー G1(c)の AFM イメージ，ならびにセンサー基板上に固定された抗原に(ⅰ)抗体デンドリマーあるいは(ⅱ)IgG 抗体が結合したときのセンサーグラム(d)
溶液注入から60秒後に流路をバッファーで置換．

図 12-5（a）に示すように，IgM 抗体を核に，化学修飾した IgG 抗体を分岐として抗原抗体反応によって抗体を連結した樹超分子を合成した．ここでは，ある抗原を接種して得られた抗体 IgM と，別種の抗原に結合する抗体 IgG の2種類の抗体を用意した．抗体 IgG には，IgM が結合する抗原決定基を化学修飾した．IgM と抗原決定基修飾 IgG を混合して得られた超分子 G1 の構造を原子間力顕微鏡（atomic force microscope：AFM）[23]により観察した結果を図 12-2（b），（c）に示す．この超分子の直径は IgM の直径の2倍で，放射状構造体の存在が確認された．

抗体デンドリマーの基質特異性はきわめて高く，酵素標識抗体測定法（enzyme-linked immune sorbent assay：ELISA）のシグナル増幅効果がある

ことを見いだした．このデンドリマーが抗原固定プレートに結合すると，デンドリマー構成要素となっている抗体に結合する二次抗体の結合量が多くなったことを示唆している．IgG の抗原決定基を表面修飾したセンサーチップに抗体 IgG あるいは抗体デンドリマーを添加したときの SPR センサーグラムを図 12-5（d）に示した．抗体 IgG の濃度とデンドリマー中の IgM と IgG を合わせた濃度が同一になるように調製した溶液を添加したときの応答強度は，デンドリマーの系では抗体 IgG そのものの 6 倍に増幅された[23]．

複数種の抗原修飾抗体を用意し，図 12-5（a）のような抗原抗体反応を繰り返すと，この樹状抗体集積構造物の最外殻表面には世代ごとに異なる分子に特異的に結合する抗原結合部位を配置できる．多数の結合部位を超分子表面に配向させることによりウイルスなどの多価抗原と強く結合し，高感度で抗原の存在を検知することができるようになる．つまり精密診断・分析試薬としての利用が期待できる．また抗体間をつなぐ抗原分子に蛍光分子を用いると，高性能蛍光イメージング材料になる．さらに樹状構造を構成する抗体分子の隙間に薬物を内包させれば，薬物徐放やドラッグデリバリーシステムなどの機能性材料としての利用も期待できる．

3 金属ポルフィリンとモノクローナル抗体を用いたエネルギー変換・触媒システム

ポルフィリンは生体内外で重要な働きをしている．たとえば，酸素運搬体のヘモグロビンやミオグロビン，酸化還元酵素のカタラーゼやペルオキシダーゼ，電子伝達体シトクロム，光合成クロロフィルなど，それぞれの分子の活性中心あるいは反応中心にポルフィリン誘導体をもつ機能性分子が多く見られる．これらのポルフィリンはタンパク質に取り込まれた構造をもち，タンパク質に取り込まれることによってはじめてその機能を十分に発揮する．いままでに合成ポルフィリンと基質あるいは電子受容体を同時に認識できる抗体を得ることによって，抗体-ポルフィリン錯体の基質・電子受容体に対する特異性，酸化触媒能，光学特性を検討してきた（図 12-6）[24〜29]．

水溶性の合成ポルフィリン〔テトラカルボキシフェニルポルフィリン，tetrakis(4-carboxyphenyl) porphyrin：TCPP〕に結合するモノクローナル抗体を数種類得た．そのうちの一種，抗体 2B6 は TCPP のみならず，その亜鉛錯体（ZnTCPP）とも錯体を形成した．この抗体-ZnTCPP 錯体に電子アクセプターとしてメチルビオロゲン（methylviologen：MV）を添加すると，ZnTCPP から MV への光誘起電子移動が促進されることを見いだした．抗体非存在下では電子移動生成物（メチルビオロゲンカチオンラジカル）がほとんど生成しない濃度条件下でも，抗

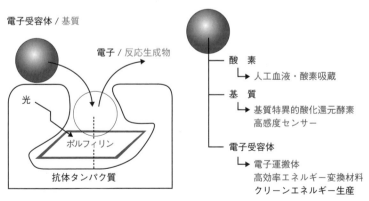

図 12-6 ポルフィリンと基質あるいは電子受容体をともに取り込む抗体に期待される機能

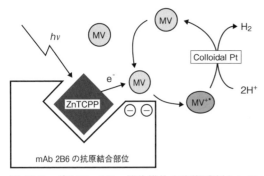

図 12-7 ポルフィリン-抗体錯体を光増感剤として用いた水素発生システム

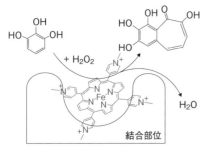

図 12-8 ペルオキシダーゼ活性をもつポルフィリン-抗体錯体

体を添加すると安定なカチオンラジカルが得られる．このポルフィリン-抗体錯体を光増感剤として用い，白金コロイドを系中に添加することにより，光誘起水素発生システムを構築することができた[28]（図12-7）．

また生体内に存在しないカチオン性ポルフィリンに対して作製したモノクローナル抗体の一つは，そのポルフィリンの鉄錯体とも複合体を形成し，酸化酵素の一つである西洋ワサビのペルオキシダーゼ（horseradish peroxidase：HRP）と類似の触媒活性をもち，さらに高濃度の過酸化水素存在下でもその活性を失わなかった（図12-8）[29]．

4 遷移金属錯体とモノクローナル抗体の複合体からなる不斉触媒

抗体が結合する人工化合物として生体内には存在しない遷移金属錯体を用いれば，その遷移金属錯体-タンパク質複合体は遷移金属錯体のみでは見られな

いようなユニークな反応場となると期待される．遷移金属錯体と基質の分子の両分子を取り込む鋳型となる分子を設計することにより，高度な反応制御および立体特異的触媒反応が可能になると考えた．

筆者らはアキラルなロジウム錯体に結合するモノクローナル抗体を作製し，得られたロジウム錯体と抗体との複合体がもつ機能を検討した．一連の細胞工学操作により，ロジウム錯体を特異的に結合する4種類のモノクローナル抗体を得た．アルゴン雰囲気下，リン酸バッファー中で抗体1G8とロジウム錯体を混合し，ここにアラニン前駆体である2-アセトアミドアクリル酸を基質として添加した．この溶液に水素をバブリングし，37℃で12時間反応させた．抗体非存在下ではN-アセチルアラニン D-体/L-体のラセミ体が生成するのに対して，抗体1G8存在下ではL-体のみが得られた．比較として，BSAに固定したロジウム錯体あるいはほかの3種類のIgM抗体とロジウム錯体との各混合溶液を用いて同様の条件下において2-アセトアミドアクリル酸の水素化反応を行ったところ，これらの反応生成物はすべてD-体とL-体のラセミ体であった．これらの結果から，ロジウム錯体と抗体1G8との錯体系におけるエナンチオ選択性は，ロジウム錯体が本抗体の結合部位に取り込まれることによりはじめて発現したものであることがわかった（図12-9）[30]．

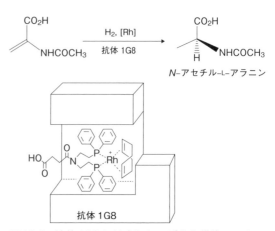

図 12-9 抗体1G8に結合したロジウム錯体のエナンチオ選択的不斉水素化反応

5 まとめと今後の展望

あるターゲット分子と強く結合する材料を線状あるいは樹状に集積すれば，バイオセンサーの応答シグナルは増大する．優れた特異性をもった高分子を集積することによる重量増大を利用すれば，既存の測定技術における検出感度を改善することができる．抗体は分子量が大きく，特異的に標的分子を結合する機能性高分子であり，低分子検出シグナルの増幅や可視化[31~33]に威力を発揮する．モノクローナル抗体を利用すれば短時間でキラル化合物を分離できることから，キラル配位子をもつ不斉触媒を簡便に分離精製することができ，触媒化学の分野でも新たな展開が期待される．優れた分子認識能をもつ生体高分子を人工系で活用し，さらに生体・合成高分子を併用することにより，低分子系や単純な高分子系では実現できなかった優れた分離技術が開発できるであろう．自然が秘めた潜在能力を人工系にうまく取り入れてその利点を十分に引きだし，テーラーメイドの反応場として抗体を利用すれば，環境の負荷を軽減できる環境調和型機能性触媒になると期待される．

◆ 文 献 ◆

[1] G. Köhler, C. Milstein, *Nature*, **256**, 495 (1975).
[2] P. Holliger, P. J. Hudson, *Nat. Biotechnol.*, **23**, 1126 (2005).
[3] V. Marx, *Nat. Methods*, **10**, 829 (2013).
[4] A. Bradbury, A. Plückthun, *Nature*, **518**, 27 (2015).
[5] A. M. Scott, J. D. Wolchok, L. J. Old, *Nat. Rev. Cancer*, **12**, 278 (2012).
[6] H. Ueda, K. Tsumoto, K. Kubota, E. Suzuki, T. Nagamune, H. Nishimura, P. A. Schueler, G. Winter, I. Kumagai, W. C. Mohoney, *Nat. Biotechnol.*, **14**, 1714 (1996).
[7] R. Abe, H. Ohashi, I. Iijima, M. Ihara, H. Takagi, T. Hohsaka, H. Ueda, *J. Am. Chem. Soc.*, **133**, 17386 (2011).
[8] K. P. H. Nhat, T. Watanabe, K. Yoshikoshi, T. Hohsaka, *J. Biosci. Bioeng.*, **122**, 146 (2016).
[9] Y. Sato, M. Mukai, J. Ueda, M. Muraki, T. J. Stasevich, N. Horikoshi, T. Kujirai, H. Kita, T. Kimura, S. Hira, Y. Okada, Y. Hayashi-Takanaka, C. Obuse, H. Kurumizaka, A. Kawahara, K. Yamagata, N. Nozaki, H. Kimura, *Sci. Rep.*, **3**, 2436 (2013).
[10] H. Zhou, G. Tourkakis, D. Shi, D. M. Kim, H. Zhang, T. Du, W. C. Eades, M. Y. Berezin, *Sci. Rep.*, **7**, 41819 (2017).
[11] S. P. Fodor, J. L. Read, M. C. Pirrung, L. Stryer, A. T. Lu, D. Solas, *Science*, **251**, 767 (1991).
[12] G. P. Smith, *Science*, **228**, 1315 (1985).
[13] S. J. Pollack, J. W. Jacobs, P. G. Schultz, *Science*, **234**, 1570 (1986).
[14] A. Toramontano, K. D. Janda, R. A. Lerner, *Science*, **234**, 1566 (1986).
[15] E. Keinan, "Catalytic Antibodies," Wiley-VCH (2005).
[16] E. Hifumi, S.-I. Takao, N. Fujimoto, T. Uda, *J. Am. Chem. Soc.*, **133**, 15015 (2011).
[17] T. Adachi, T. Odaka, A. Harada, H. Yamaguchi, *ChemistrySelect*, **2**, 2622 (2017).
[18] T. Odaka, T. Adachi, A. Harada, H. Yamaguchi, *Chem. Lett.*, **46**, 1173 (2017).
[19] H. Yamaguchi, A. Harada, *Top. Curr. Chem.*, **228**, 237 (2003).
[20] H. Yamaguchi, T. Ogoshi, A. Harada, "Chemosensors: Principles, Strategies, and Applications," B. Wang, E. V. Anslyn, Eds., John Wiley & Sons (2011), pp. 211–226.
[21] T. Matsumoto, H. Yamaguchi, K. Kamijo, M. Akiyoshi, T. Matsunaga, A. Harada, *Bull. Chem. Soc. Jpn.*, **86**, 198 (2013).
[22] H. Yamaguchi, A. Harada, *Biomacromolecules*, **3**, 1163 (2002).
[23] A. Harada, H. Yamaguchi, K. Tsubouchi, E. Horita, *Chem. Lett.*, **32**, 18 (2003).
[24] A. Harada, K. Shiotsuki, H. Fukushima, H. Yamaguchi, M. Kamachi, *Inorg. Chem.*, **34**, 1070 (1995).
[25] A. Harada, H. Fukushima, K. Shiotsuki, H. Yamaguchi, F. Oka, M. Kamachi, *Inorg. Chem.*, **36**, 6099 (1997).
[26] A. Harada, H. Yamaguchi, K. Okamoto, H. Fukushima, K. Shiotsuki, M. Kamachi, *Photochem. Photobiol.*, **70**, 298 (1999).
[27] H. Yamaguchi, M. Kamachi, A. Harada, *Angew. Chem. Int. Ed.*, **39**, 3829 (2000).
[28] H. Yamaguchi, T. Onji, H. Ohara, N. Ikeda, A. Harada, *Bull. Chem. Soc. Jpn.*, **82**, 1341 (2009).
[29] H. Yamaguchi, K. Tsubouchi, K. Kawaguchi, E. Horita, A. Harada, *Chem. Eur. J.*, **10**, 6179 (2004).
[30] H. Yamaguchi, T. Hirano, H. Kiminami, D. Taura, A. Harada, *Org. Biomol. Chem.*, **4**, 3571 (2006).
[31] A. Harada, R. Kobayashi, Y. Takashima, A. Hashidzume, H. Yamaguchi, *Nat. Chem.*, **3**, 34 (2011).
[32] Y. Kobayashi, Y. Takashima, A. Hashidzume, H. Yamaguchi, A. Harada, *Sci. Rep.*, **3**, 1243 (2013).
[33] Y. Kobayashi, Y. Takashima, A. Hashidzume, H. Yamaguchi, A. Harada, *Sci. Rep.*, **5**, 16254 (2015).

Part II 研究最前線

Chap 13 多糖/核酸複合体の創製と核酸医薬デリバリー

Polysaccharide/Oligonucleotide Complex and its Application of Teraqeutic Oligonucleotide Delivery

宮本 寛子　望月 慎一　櫻井 和朗
（愛知工業大学工学部）　（北九州市立大学国際環境工学部）

Overview

核酸医薬は次世代医薬として開発が期待されている．しかしながら，その生体内安定性やデリバリーツールの開発が課題である．天然多糖の一つのβグルカンはある種の核酸と複合体を形成する．βグルカンは抗原提示細胞上の受容体に認識されることから，多糖/核酸複合体は核酸医薬の抗原提示細胞特異的なデリバリーツールとなる．

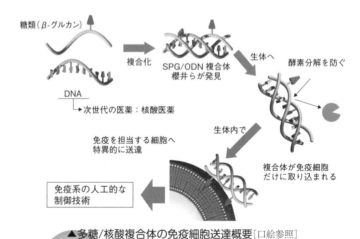

▲多糖/核酸複合体の免疫細胞送達概要［口絵参照］

■ **KEYWORD** 📖マークは用語解説参照

- 核酸医薬（oligonucleotide therapeutics）
- 多糖（polysaccharide）
- β-1,3-D-グルカン（β-1,3-D-glucan）
- ドラッグデリバリーシステム（drug delivery system：DDS）📖

はじめに

核酸医薬のアンチセンス核酸（antisense oligonucleotide：AS-ODN）や短鎖RNA（small interfering RNA：siRNA），非メチル化CpG配列をもった核酸（CpG oligodeoxynucleotide：CpG-ODN）は標的に対して特異的に作用するため，副作用なく治療効果を発揮できる．しかし，核酸医薬は患部に到達する前に体内の分解酵素により容易に分解されてしまうという問題がある．現在この問題の解決や核酸医薬の実用化に向けて，薬剤を必要な場所に必要な量だけ送達するドラッグデリバリーシステム（drug delivery system：DDS）の研究が広く行われている．筆者らは，核酸医薬を抗原提示細胞へ選択的に送達するDDSツールとして，多糖核酸複合体の開発の研究を進めている．

β-1,3-D-グルカンの一種であるシゾフィラン（schizophyllan：SPG）はホモ配列のオリゴデオキシヌクレオチド（oligodeoxynucleotide：ODN）と水素結合や疎水性相互作用によってSPG/ODN複合体を形成する．また，マクロファージや樹状細胞などの抗原提示細胞上には，β-1,3-D-グルカンの受容体であるデクチン-1（Dectin-1）が発現している．その

ため，この複合体を用いることで，核酸医薬を抗原提示細胞に特異的に送達することが可能になると考えられる．実際に，SPG/AS-ODN複合体をリポ多糖誘導型マウス肝炎モデルに投与すると，炎症は抑えられた．一方で，SPG/CpG複合体をワクチンのアジュバントとして投与したとき，高いCTL誘導を促した．つまり，SPGはとくに抗原提示細胞を標的にしたDDSのキャリアとして有用である．本章では，多糖核酸複合体による核酸医薬デリバリーに焦点をあてて述べる．

1 多糖/核酸複合体[1]

SPGは新菌類の一種である*Schizophyllum commune* Fries（スエヒロタケ）によって産生される細胞外多糖であり，主鎖であるβ-1,3-D-グルコース三つに一つの割合で側鎖にβ-1,6-D-グルコースをもつ〔図13-1（a）〕．SPGは水中において棒状の三本鎖（triple stranded SPG：tSPG）としてふるまっているが，DMSO中やアルカリ水溶液中（>0.25 N NaOH）では一本鎖（single stranded SPG：sSPG）に解離する（変性）．sSPGはpH 5〜8またはDMSO/water < 4/1（w/w）へ変化させることによりtSPG

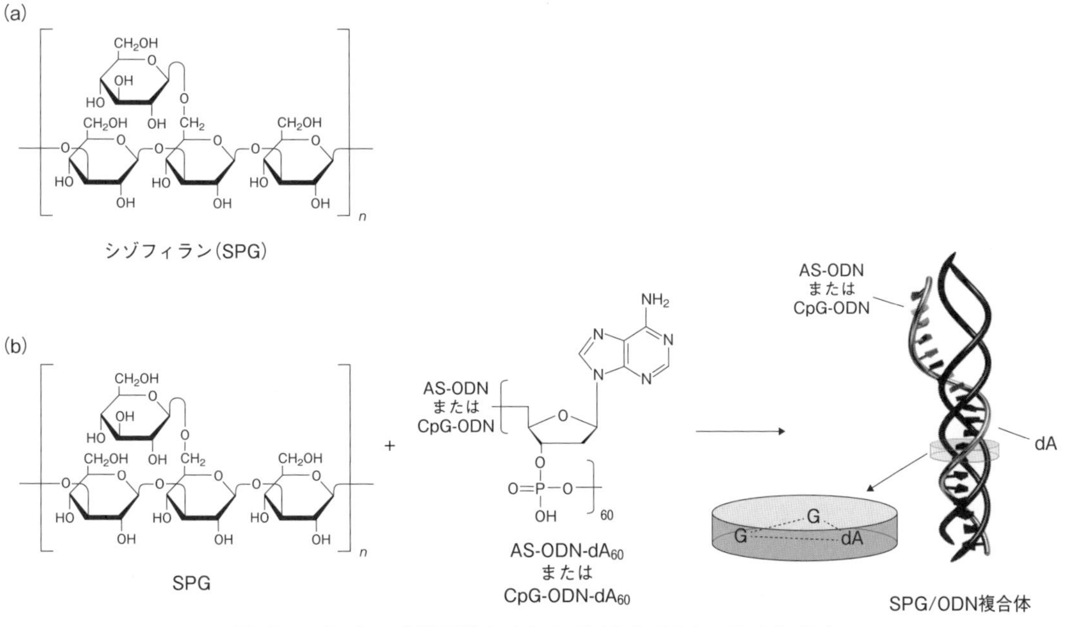

図13-1 SPGの化学構造（a）およびdAとSPGの複合化（b）
主鎖グルコース2分子とデオキシアデニン1分子が三重らせん構造を形成．

へと戻る（再性）．また，X線回折から再性 tSPG の局所構造は天然のものと同様であり，再性の際の濃度条件により多数の分岐や架橋が生じることも知られている．

さらに興味深いことに，塩基数がある一定以上のポリシトシン〔(poly(C)〕やポリデオキシアデニン〔poly(dA)〕などのような一本鎖ポリホモ核酸が SPG の一本鎖から三本鎖に再性する過程に存在すると，本来形成するべき tSPG の代わりに SPG/ODN 複合体が形成された〔図 13-1(b)〕．また，この複合体は水素結合や疎水性相互作用などによって，一つの核酸残基に対して二つの主鎖グルコースになるような厳密な化学量論比で結合していることが，計算化学により裏づけられている．

核酸のなかで poly(dA)$_x$（x は塩基数）は SPG と高い結合親和性を示し，40 塩基以上で SPG と核酸の複合化反応の収率はほぼ 100％になる．また，poly(dA) の主鎖骨格のリン酸基をホスホロチオエート化した Spoly-(dA)$_x$ によって，複合体の安定性が著しく上昇することがわかってきた．

2 多糖/核酸複合体の応用

筆者らは，AS-ODN や CpG-ODN のように治療効果をもった核酸医薬に Spoly-(dA)$_x$ を結合させ，SPG/ODN 複合体を形成させることで，核酸医薬の送達を行っている[2]．本節からは，抗原提示細胞への特異性をもった SPG の DDS キャリアとしての可能性を紹介する．

2-1 SPG/AS-TNFα 複合体を用いたマウス LPS/D-GalN 誘導肝炎の治療[3]

AS-ODN は，標的遺伝子 RNA のスプライシングおよび翻訳を阻害できるため，遺伝子発現によって引き起こされるさまざまな病気を治療できる可能性を秘めている．しかしながら，AS-ODN を核酸医薬として用いるためには，生体内での酵素分解や非特異的な吸着・吸収を防ぐ適切な輸送手段を確立する必要があり，これらが実用化への障害となっていた．筆者らはこの課題を克服するべく，AS-ODN と SPG からなる AS-ODN/SPG 複合体を新たな DDS キャリアとして作製した．

腫瘍懐死因子（tumor necrosis factor α：TNFα）は，初期の炎症反応，細胞生存，アポトーシスなどにおけるシグナル経路を活性化する多機能な炎症誘発性サイトカインである．リウマチや慢性炎症性疾患には TNFα の産生を抑える抗 TNFα 治療薬が用いられる．SPG/AS-TNFα 複合体は SPG と dA$_{60}$ を結合させた TNFα の AS-TNFα (AAC CCA TCG GCT GGC ACC AC)-dA$_{60}$(SPG/AS-TNFα) を用いて作製した．

SPG/AS-TNFα 複合体を用いてリポ多糖体（lipopolysaccharide：LPS）の刺激で産生される TNFα の抑制を評価した．図 13-2(a)より，AS-TNFα 単体（naked）の添加では TNFα の抑制効果はないのに対し，SPG/AS-TNFα 複合体を用いたとき，添加量依存的に TNFα の産生を抑制した．この抑制効果は一般的に用いられるアンチセンスの量よりも少ない 10 nmol L^{-1} で効果を示した．

LPS/D-ガラクトサミン（LPS/D-GalN）投与で誘導される劇症肝炎には，肝臓の非実質細胞中のマクロファージである Kupffer 細胞が強く関与すると知られている．そこで，肝炎を誘発させたマウスに蛍光修飾した SPG/AS-TNFα を投与し，その細胞への蛍光の取り込み量（蛍光強度）を調べたところ，この複合体はデクチン-1 を発現しない実質細胞（parenchymal cell：PC）よりも発現する非実質細胞（non-parenchymal cell：NPC）により多く取り込まれた．このことから SPG/AS-TNFα はデクチン-1 を介して取り込まれることがわかった〔図 13-2(b)〕．

最後に，LPS/D-GalN でマウスに肝炎を誘発させ，それに対する SPG/AS-TNFα 複合体の治療効果を評価した〔図 13-2(c)〕．LPS/D-GalN をマウスに投与した後，何も薬剤を投与しない群（phosphate buffered saline：PBS）では 12 時間以内に 80％の死亡が確認され，AS-TNFα 単体をマウスに投与した群においても同様の結果が得られた．一方，SPG/AS-TNFα 複合体を投与した群では 80％の生存が確認された．このとき，わずか 1 時間で TNFα の血清レベルが PBS と比べて著しく減少していることがわかった．

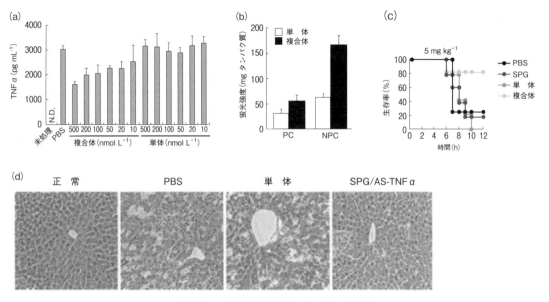

図 13-2　SPG/AS-TNFα複合体の評価
（a）SPG/AS-TNFα複合体によるTNFαの産生評価．（b）SPG/AS-TNFα複合体取り込み評価．
（c）LPS/D-GalN投与後のマウス生存率．（d）LPS/D-GalN投与後の肝臓の組織観察．

さらに，マウスの肝臓の組織的解析〔図13-2（d）〕から，PBSやAS-TNFα単体をマウスに投与した群では，細胞の壊死が目立ち，出血も起こしていたが，複合体を投与した群ではそれらが観察されなかった．これら組織学的な結果は，マウスの生存率の上昇やTNFαの減少を示した結果を裏づけるものである．

以上より，SPG/AS-TNFα複合体はデクチン-1を介して細胞内に取り込まれ，炎症を抑制し，マウスの生存率を向上させることができた．これらのことから，SPGは抗原提示細胞特異的なAS-ODNのキャリアとして有用であることが示された．

2-2　SPG/CpG-ODN複合体によるがんワクチンの開発

自然免疫機構は，Toll様受容体(Toll-like receptor：TLR)を用いることで，自己と病原性の分子のわずかな違いを区別して認識している．とりわけ，TLR9は抗原提示細胞のエンドソームに存在し，CpG-ODNと結合する．近年，CpG-ODNによるTLR9の活性化には，TLR9の二量化が必要不可欠であることが明らかにされている．

CpG-ODNは，非メチル化されたCG配列の5′側に二つのプリン，3′側に二つのピリミジンをもつPu-Pu-C-G-Py-Pyの配列であるとされている．これはメチル化されたシトシンや，CpGの配列を入れ替えたGpC配列ではTLR9はまったく活性化されないため，TLR9によるCpG-ODNの認識は分子構造に高い選択性をもっていることがわかる．10年ほど前から，CpG-ODNとTLR9の相互作用の分子機構が徐々に解明されてきた．それに伴い，アレルギー，ぜんそく，がん，ある種の感染症などで，CpG-ODNを用いた臨床試験が行われている．筆者らはSPG/CpG複合体の形成することでTLR9に認識され，アジュバント効果が高くなるということを見いだした[4]．以下，SPG/CpG複合体を用いたがんワクチン開発[5]について紹介する．

免疫細胞に取り込まれやすい粒径は，20～200 nmであるとされる[6,7]．一方，筆者らが作製したSPG/ODN複合体は10～20 nmのサイズであり，それと比べて小さいため，粒径に注目したアジュバント開発を試みた[8,9]．粒子サイズを制御する方法の一つとして，CpG-ODNの一部を相補鎖で架橋したSPG/CpG複合体(cross-linked SPG/CpG complex：CL-CpG)を作製した〔図13-3(a)〕．

+ COLUMN +

★いま一番気になっている研究者

Vòng Bính Long

（ベトナム国家大学 博士）

　彼は，レドックス粒子を中心としたDDSの研究を精力的に展開し，素晴らしい業績を収めている．彼は筑波大学の長崎幸夫教授のもとで博士課程を過ごし，レドックスナノ粒子の経口投与による潰瘍性大腸炎と大腸がんの治療の研究を行っている．学会では演者に鋭い質問を投げかけ，高度なディスカッションをしている姿がとても印象深い．将来のDDSを先導する研究者の一人となるだろう．今後の活躍が期待される．

　SPG/CpG複合体はCpG-ODN（ATC GAC TCT CGA GCG TTC TC-dA$_{40}$）を用いて作製し，その相補鎖CpG-ODN（complementary CpG-ODN: cCpG: GAG AAC GCT CGA GAG TCG AT-dA$_{40}$）を用いてSPG/cCpG複合体を作製した．CL-CpGはSPG/CpG複合体とSPG/cCpG複合体を混合して作製し，混合比を変えることで粒径を10〜160 nmと制御可能であった〔図13-3（b）〕．CL-CpGの免疫細胞への取り込み量は，粒径が大きくなると増え，両者間には相関関係が見いだされた．

　野生型マウスに，チキン卵白アルブミン（Ovalbumin: OVA）単体，アジュバントとしてCpG-ODNとSPG/CpG複合体，およびCL-CpGを投与し，その後OVAを発現するマウスリンパ腫を接種し，がんワクチンとしての効果を評価した〔図13-3（c）〕．SPG/CpGはCpG単体と比べ，腫瘍の増殖を抑制し

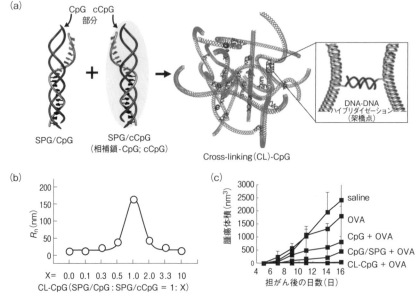

図13-3 架橋したSPG/CpG複合体（CL-CpG）のがんワクチンのアジュバントとしての有効性

（a）CL-CpGの概要図，（b）SPG/CpG複合体とSPG/cCpG複合体の混合比を変えたときのCL-CpGの粒径，（c）がんワクチンの評価としてOVA発現がん細胞を用いた腫瘍の増殖観察．OVA発現がん細胞を接種する17日前と7日前に抗原とアジュバントを投与した（投与量はOVA: 10 μg/head ＋ ODN: 5 μg/head）．

ていた．注目すべきは CL-CpG では腫瘍の増殖を著しく抑制していたことである．このときアジュバントとして用いた CL-CpG は 160 nm の大きさである．マウスの in vivo 試験で，CL-CpG は CpG-ODN や SPG/CpG 複合体と比較して OVA 特異的な細胞障害性 T 細胞（cytotoxic T lymphocyte：CTL）の活性を高く誘導していた．化学結合などを施さずにただ加えたタンパク質抗原に対して，強い CTL 活性を観察することができた．これらの結果は，CL-CpG は CpG-ODN 単体や SPG/CpG と比較してより優れたアジュバントであることを示唆している．

以上より，SPG を用いたアジュバント開発において，粒子の粒径制御は抗原特異的な免疫応答に重要な因子であることが示された．SPG/CpG のアジュバントとしての取り込みに関しては，デクチン-1 経路ではなく他の多糖受容体の経路を介していることが明らかになっている．CL-CpG の取り込み経路はいまだ不明であるが，アジュバントとしての有用性は十分期待される．

3 おわりに

本章では SPG と核酸医薬からなる複合体の核酸医薬送達キャリアとしての有用性を紹介した．

AS-ODN はデクチン-1 を介した免疫細胞の細胞質へのデリバリー効果がある．これらの成果により，細胞質での機能性をもつことは明らかとなったが，SPG/AS-ODN のエンドソーム脱出のメカニズムは未解明であり，今後の課題である．また，CpG-ODN は β グルカン受容体を介した抗原提示細胞のエンドソームへのデリバリーによるアジュバント効果がある．SPG/ODN 複合体はサイズ制御や核酸医薬の内包量の制御が可能であり，抗原提示細胞が好むサイズにすることもできる．また，がんワクチンへの応用においても十分な成果が得られた．

SPG/ODN 複合体はデクチン-1 や他の β グルカン受容体を発現している抗原提示細胞やがん細胞を標的とした核酸医薬のキャリアとして非常に有用である．しかしながら，がん細胞を標的とする際は抗原提示細胞への副作用も考慮する必要があり，核酸医薬の選択は重要となる．現在，がん細胞のみに作用する核酸医薬として，正常細胞へ取り込まれた際には副作用がないマイクロ RNA のデリバリー研究が注目されている．本章が今後の分野の発展に貢献することを期待する．

◆ 文　献 ◆

[1] K. Sakurai, S. Shinkai, *J. Am. Chem. Soc.*, **122**, 4520 (2000).

[2] S. Mochizuki, K. Sakurai, *Bioorg. Chem.*, **38**, 260 (2010).

[3] S. Mochizuki, K. Sakurai, *J. Control. Release*, **151**, 155 (2011).

[4] J. Minari, S. Mochizuki, T. Matsuzaki, Y. Adachi, N. Ohno, K. Sakurai, *Bioconjug. Chem.*, **22**, 9 (2011).

[5] K. Kobiyama, T. Aoshi, H. Narita, E. Kuroda, M. Hayashi, K. Tetsutani, S. Koyama, S. Mochizuki, K. Sakurai, Y. Katakai, Y. Yasutomi, Y. Saijo, Y. Iwakura, S. Akira, C. Coban, K. J. Ishii, *Proc. Natl. Acad. Sci. USA*, **111**, 3086 (2014).

[6] S. E. Gratton, P. A. Ropp, P. D. Pohlhaus, J. C. Luft, V. J. Madden, M. E. Napier, J. M. DeSimone, *Proc. Natl. Acad. Sci. USA*, **105**, 11613 (2008).

[7] S. Mitragotri, J. Lahann, *Nat. Mater.*, **8**, 15 (2009).

[8] N. Miyamoto, S. Mochizuki, K. Sakurai, *Chem. Lett.*, **43**, 991 (2014).

[9] N. Miyamoto, S. Mochizuki, S. Fujii, K. Yoshida, K. Sakurai, *Bioconjug. Chem.*, **28**, 565 (2017).

Chap 14

新しい核酸医薬システムの構築
New Development System for Nucleic Acid-based Drugs

建石 寿枝 （甲南大学 FIBER）　杉本 直己 （甲南大学 FIBER&FIRST）

Overview

遺伝子疾患の原因となる DNA や RNA を標的とする核酸医薬品は，これまで治療法がなかった難病の治療に有効であると脚光を浴びている．これまでに承認されている核酸医薬品は，核酸の二重らせん構造を活用したものが主であったが，本章では G（グアニン）-四重らせん構造という非二重らせん構造を用いた新規の核酸医薬システムの開発について解説する．たとえば，G-四重らせん構造を安定化すために，テトラエチレングリコールで修飾したチミンを新規に合成した．この修飾チミンを用いることで，ヒト免疫不全ウイルス (human immunodeficiency virus 1：HIV-1) の増幅反応にかかわる逆転写反応を，優れた効率で抑制することができるようになった．

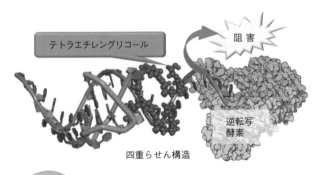

▲人工核酸による逆転写反応の制御

■ KEYWORD □マークは用語解説参照

- ■核酸 (nucleic acid)
- ■G-四重らせん構造 (guanine-quadruplex)
- ■G-三重らせん構造 (guanine-triplex)
- ■逆転写 (reverse transcription)
- ■オリゴエチレングリコール (oligoethylene glycol)
- ■CH-π相互作用 (CH-π interaction)

はじめに

乳児型脊髄性筋萎縮症(spinal muscular atrophy：SMA)の治療薬として，アメリカ Biogen 社のアンチセンス核酸医薬品「Spinraza(スピンラザ)」が2017年7月に厚生労働省で承認された．SMA は survival of motor neuron 1 (*SMN1*)遺伝子の欠失または変異により，運動ニューロン維持に必要なSMN1タンパク質を十分に産生することができない神経疾患である．Spinraza は，SMN1 のパラロガス遺伝子(重複遺伝子)である SMN2 遺伝子に部位特異的に結合する短鎖の核酸(オリゴヌクレオチド)であり，スプライシングを変えることにより，正常に機能する SMN タンパク質の産生を増やすことができる．そのため，これまで治療困難とされていた難病に対する新薬として話題になっている．新薬の承認審査には通常12カ月程度要するが，Spinraza は臨床試験がきわめて良好であったため，わずか7カ月でスピード承認されたことも注目を集めた．このように核酸医薬品とは，一般に「核酸あるいは修飾型核酸が直鎖状に結合したオリゴ核酸を薬効本体とし，タンパク質発現を介さず直接生体に作用するもので，化学合成により製造される医薬品」である[1]．

核酸医薬品は，これまで標的にできなかったDNAやRNAなどを標的にでき，かつ高い特異性をもつため，治療法の確立されていない遺伝子疾患に対しても薬を開発できる可能性がある．しかし，核酸医薬品は生体内において容易に分解されることが弱点であった．近年，修飾核酸の合成技術が進展したことから，安定で有効性の高い核酸医薬品が次つぎと開発されている．本章では，これまでの核酸医薬品の開発動向と，筆者らが新規に開発したDNAの構造変化を活用した，より高い効率で遺伝子発現を抑制できる新規の核酸医薬システムについて解説する．

1 核酸医薬品

核酸医薬品には，構造や標的，作用機序の違いからさまざまな種類が存在する(表14-1)[1]．多くの核酸医薬品〔表14-1，アンチセンス核酸，siRNA (small interfering RNA)，miRNA (micro RNA)，アンチジーン核酸〕では，標的の核酸の塩基配列を認識して結合するため，小分子などによる医薬品より高い標的特異性を期待できる．細胞内で作用する核酸医薬品としては，RNAを標的とするアンチセンス核酸，siRNA (small interfering RNA)，デコイ核酸などが，細胞外ではアプタマーやCpGオリゴ

表14-1 核酸医薬品の分類と開発状況[1]

名称	構造	標的	作用部位	作用機序	開発段階[a]
アンチセンス核酸	一本鎖DNAまたはRNA	mRNA, miRNA	細胞内(核内)	mRNA, miRNAの分解，スプライシングの制御，miRNA分解	承認3品・フェーズ3
siRNA	二重らせん構造RNA	mRNA	細胞内(核内)	mRNAの分解	フェーズ3
miRNA	二重らせん構造RNA，ヘアピン型一本鎖RNA	miRNA	細胞内(細胞質)	miRNAの充填	フェーズ1
アンチジーン核酸	一本鎖DNAまたはRNA	二重らせん構造DNA	細胞内(核内)	転写阻害	前臨床
デコイ核酸	二重らせん構造DNA	タンパク質(転写因子)	細胞内(核内)	転写阻害	フェーズ3
アプタマー	一本鎖DNAまたはRNA	タンパク質(細胞外タンパク質)	細胞外	機能阻害	承認1品・フェーズ2
CpGオリゴ	一本鎖DNA	タンパク質	細胞外(エンドソーム)	自然免疫活性化	フェーズ3

(a) 2017年12月現在．

表 15-2　核酸医薬品の化学修飾による機能向上[1]

修飾部位			期待される効果
化学修飾	リン酸	ホスホロチオエートなど	ヌクレアーゼ耐性の向上
	糖	2'-M-Me 化，MOE 化，F 化など モルフィリノオリゴヌクレオチドなど	ヌクレアーゼ耐性の向上
		架橋（BNA など）	ヌクレアーゼ耐性の向上 結合強化
	塩基	人工塩基を導入（インドール環など）	立体構造の多用化 結合強化
連結	低分子の付加	リガンド（機能性低分子），糖など	ヌクレアーゼ耐性の向上 デリバリーの向上
	高分子の付加	疎水性高分子，PEG 化 ペプチド，タンパク質	ヌクレアーゼ耐性の向上 デリバリーの向上

などがある[1]．2017 年 12 月現在，世界で承認された核酸医薬品は 4 種類あり（日本では 2 種類），そのうちの 3 種類 Vitravene（米国，EU で承認），Kynamro（米国で承認），Spinraza（米国，EU，日本で承認）はアンチセンス医薬品である（もう 1 種類の Macugen はアプタマーで，米国，EU，日本で承認）．

アンチセンス核酸は，標的の RNA と配列特異的に二重らせん構造を介して結合するオリゴヌクレオチドである．標的の RNA と結合した後，立体障害によりリボソームの結合を阻害結合するタイプや，RNase H により標的部位の加水分解を誘発するタイプ，また標的部位周辺でエクソンスキッピングを誘発し，翻訳されるタンパク質の性質を変えるタイプなどがある[2]．siRNA は細胞内で標的 RNA に作用して標的鎖を分解し，結果として遺伝子発現を抑制する[3,4]．またデコイ核酸は，特定の転写因子の結合配列をもつ二重らせん構造の DNA であり，標的となる転写因子に結合し，その下流にある遺伝子の発現を抑制する．一方，アプタマーは細胞外で作用し，核酸の立体構造により標的タンパク質に結合し，機能を阻害する．アプタマーの利点としては，標的タンパク質への高い結合性と特異性があげられる．国内で初めて承認された核酸医薬品の Macugen は，VEGF（vascular endothelial growth factor，血管内皮細胞増殖因子）に結合する RNA アプタマーであり，加齢性黄斑変性症の治療薬である．しかし，Macugen の標的タンパク質に結合するという作用機構は抗体医薬品と競合できるほどだが，その化学合成は効率が悪く，製造が複雑で，抗体医薬品に比べて一般的に高コストである．そのため，アプタマーの活用は，開発・生産コストが実用化への課題とされている．

DNA や RNA からなる核酸医薬品は，低分子医薬品や抗体医薬品などでは困難とされている遺伝子発現制御にかかわる核酸を直接標的にできるというメリットがある．一方で，体内に存在する各種核酸分解酵素（ヌクレアーゼ）により分解されやすい．また，負電荷をもつため細胞膜透過性が低いというデメリットもある．さらに核酸特有の副作用としては，自然免疫系の受容体刺激による免疫系への作用（炎症誘発），相補的配列依存的な off-target 効果などが指摘されている．これらの核酸医薬品のデメリットを克服するためのアプローチとして，核酸の化学修飾があげられる（表 14-2）．核酸の化学修飾には，リン酸部位，糖部位，塩基部位の修飾がある．リン酸部位や糖部位の修飾はおもに核酸にヌクレアーゼ耐性を付与させることを目的としている．とくにリン酸基の O 原子を S 原子に置換したホスホロチオエートは，ヌクレアーゼ耐性が向上し，疎水性が増すことから細胞内への取り込み効率（膜透過性）も向上する．また，核酸分子にポリエチレングリコール（polyethylene glycol：PEG）などを連結させることで，立体障害によるヌクレアーゼ耐性の向上や細胞取り込み，血流対流性の向上などが期待できる．

2 核酸の構造を活用した新規の核酸医薬システムの開発

2-1 DNAの構造多様性により制御される生体反応

遺伝子発現を制御する核酸医薬品は，アンチセンス核酸のように，標的RNA（一本鎖）に結合し，二重らせん構造を形成する核酸がおもであった．しかし近年，遺伝子発現を制御する構造体としてG(グアニン)-四重らせん構造が注目されている．DNAの標準的な構造は二重らせん構造であるが，細胞内のDNAはDNA自身で三重らせん，四重らせん，十字型構造なども形成すると考えられている〔図14-1(a)〕[5]．DNAやRNA上にG-四重らせん構造が形成されると，複製，転写，翻訳，テロメア伸長反応などの生体反応が高い効率で抑制される[6-8]．G-四重らせん構造は，グアニンが連続する領域で形成され，このようなグアニンが連続する領域はヒトゲノム内に約30万カ所あると推察されている[9,10]．そのため，G-四重らせん構造形成が可能な領域に，安定なG-四重らせん構造の形成を誘起させ，生体反応を制御する手法の開発が行われている．

たとえば，細胞のがん化や寿命にかかわるテロメア伸長反応では，安定な四重らせん構造が形成されると反応が阻害される〔図14-1(b)〕．テロメア伸長反応の阻害は細胞のがん化抑制に有効であることから，テロメア領域のG-四重らせん構造を安定化させるテロメスタチンなどのリガンドが開発され，新規の抗がん剤として注目されている〔図14-1(c)〕．さらに，転写や翻訳反応でもG-四重らせん構造が形成されることにより，転写や翻訳の変異が誘発されることも見いだされている．がん原遺伝子であるc-*MYC*，*KIT*，*RAS*などの転写開始領域には，四重らせん構造を形成できる配列が存在する．それらの配列に対して，G-四重らせん構造に結合するリガンド〔5,10,15,20-tetrakis *N*-methyl-4-pridyl porphyrine(TMPyP4)，*N*-methyl mesoporphyrine IX(NMN)など〕やタンパク質（ヌクレオリンなど）の添加することによって，転写を抑制できることが報告されている[6]．そのため，疾患発症にかかわる遺伝子の生体反応制御を目的としたG-四重らせんに結合するリガンドの開発が行われている[9]．

2-2 安定なG-四重らせん構造を誘起する

筆者らは，遺伝子発現反応を制御できるような四重らせん構造を，標的の遺伝子内に人工的につくる方法を開発した．本項では，三大感染症の一つであるエイズの原因となるヒト免疫不全ウイルス-1 (human immunodeficiency virus 1: HIV-1)につい

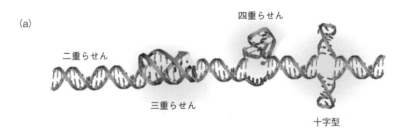

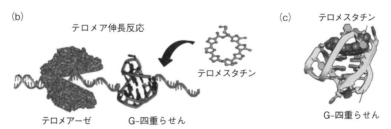

図14-1　核酸構造と核酸構造によって制御される生体反応
（a）DNAの非二重らせん構造，（b）G-四重らせん構造によって制御されるテロメラーゼ伸長反応，（c）テロメスタチンとG-四重らせん構造の結合様式(PDB ID: 2MB3)．

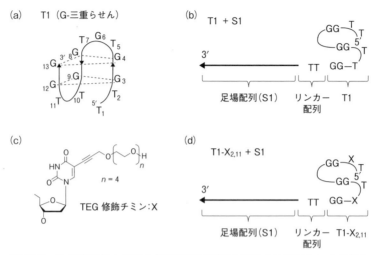

図14-2 G-四重らせん構造を標的配列に誘起させるオリゴヌクレオチドの設計
(a) G-三重らせん構造, (b) ハイブリットオリゴヌクレオチドの分子設計, (c) TEG修飾チミンの化学構造, (d) TEG修飾チミンを導入したハイブリッドオリゴヌクレオチド.

て，ウイルスの増幅にかかわる逆転写反応を阻害する人工オリゴヌクレオチドの開発を述べる．

　グアニンの連続配列において形成されるG-四重らせん構造は，遺伝子現反応の高い阻害能をもつ．一方で，グアニンの連続配列はゲノムのあらゆるところに存在するため，標的配列特異的にG-四重らせん構造を形成するのは困難である．そこで筆者らは，標的配列内のグアニンの連続配列と四重らせん構造を形成する塩基配列〔図14-2(a), (b)，G-三重らせん配列(T1)〕とアンチセンス核酸のように，二重らせん構造によって標的鎖を認識する塩基配列〔図14-2(b)，scaffold配列(S1)〕をもつハイブリッドオリゴヌクレオチド(T1＋S1)を設計した．このハイブリッドオリゴヌクレオチドは，S1の配列を標的となる遺伝子の相補鎖に置き換えることで，任意の遺伝子を標的にできる．

　しかし，このような分子間で形成される四重らせん構造は一般的に不安定であり，酵素反応を十分に阻害できるような安定性をもたないことが予測される．これまで，G-四重らせん構造の形成は周辺環境の影響を大きく受けることを筆者らは見いだしている．たとえば，エチレングリコール(ethylene glycol：EG)やPEGがDNA四重らせん構造を大き

く安定化させることなどである．さらに，PEGの核酸修飾はヌクレアーゼ耐性を増強し，細胞内で活用するために有効である．そこで金原 数(東京工業大学)・村岡貴博(東京農工大学)先生らの協力を得て，テトラエチレングリコールを修飾したデオキシチミン〔TEG(tetraethylene glycol)修飾チミン，図14-2(c)〕を設計・合成し，G-四重らせん構造を安定化させることを試みた．

　修飾したTEGが四重らせん構造と相互作用しやすい位置に配置できるように，G-四重らせん構造の詳細が明らかになっているトロンビンタンパク質のアプタマー配列であるDNA四重らせん構造を基盤にし，TEG修飾チミンの導入部位を設計した〔図14-2(d)，T1のX部位〕．この設計したオリゴヌクレオチド(T1-$X_{2,11}$＋S1)を用いることで，標的RNAに安定なG-四重らせん構造が形成され，逆転写反応を抑制できると期待した(図14-3)．

　まず，標的配列との結合により形成されるG-四重らせん構造の熱安定性をG-四重らせん構造の解離に由来する紫外線吸収スペクトルの変化によって解析した．その結果，天然のオリゴヌクレオチドと標的RNAによって形成される四重らせん構造の融解温度の値は26.5℃であったのに対し，TEG修飾

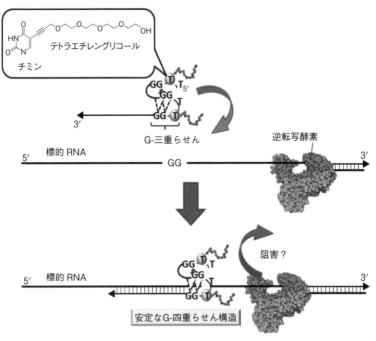

図 14-3 人工オリゴヌクレオチドによる逆転写反応の制御
標的 RNA と添加したオリゴヌクレオチドによって安定な四重鎖を形成させ，逆転写反応を阻害する．

チミンをもつオリゴヌクレオチドと標的 RNA によって形成される G-四重らせん構造の融解温度は 35.1℃であり，TEG 修飾チミンにより G-四重らせん構造は大きく安定化されることがわかった〔図 14-4（a）〕．

そこで開発したオリゴヌクレオチドを用いて，逆転写反応の阻害実験を行った．逆転写反応は，標的の HIV-1 由来の RNA 配列（70 塩基）の 3′ 末端に結合する 15 塩基の DNA をプライマーとして用い，HIV-1 由来の逆転写酵素を添加し，逆転写溶液中で 60 分行った．TEG 修飾チミンが逆転写反応に及ぼす影響を解析するために，逆転写溶液は，（1）オリゴヌクレオチドを含まない溶液（none），（2）scaffold 配列のみのオリゴヌクレオチドを添加した逆転写反応溶液（S1），（3）オリゴヌクレオチド（T1 + S1）を添加した逆転写反応溶液，（4）TEG 修飾チミンをもつオリゴヌクレオチド（T1-$X_{2,11}$ + S1）を含む逆転写反応溶液を調製した．逆転写反応後，逆転写産物をゲル電気泳動によって解析し，鋳型 RNA の 5′ 末端まで逆転写が行われた逆転写産物の量を未反応の

プライマー量と比較し，逆転写効率を算出した．図 14-4（b）に各溶液中の逆転写効率を示す．none，S1 および T1 + S1 溶液中の逆転写効率は 88.2〜94.5％となり，オリゴヌクレオチドの有無にかかわらず，逆転写反応は進行した．一方，TEG 修飾チミンを添加した逆転写溶液では，逆転写効率は 30％以下であり，70％以上の反応が抑制された．さらに設計したオリゴヌクレオチドは，生体内で薬剤として活用するために重要なヌクレアーゼ耐性が非常に高かった[11]．ここでは，逆転写反応を標的としてオリゴヌクレオチドを設計した研究について述べた．この安定な G-四重らせん構造を誘起する技術は，さまざまな疾患（がんなど）を標的とした薬剤の開発にも適用できる，一般的な遺伝子発現制御システムとして注目されている．

2-3 G-四重らせん構造を安定化する新しい相互作用

どのような相互作用が前述のような分子間の G-四重らせん構造を安定化させているのであろうか．これを明らかにするために，トロンビンタンパク質

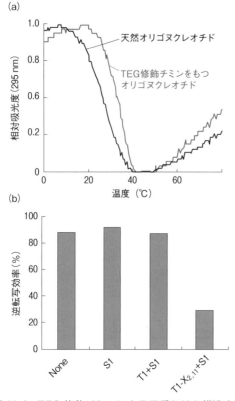

図14-4 TEG修飾チミンによる四重らせん構造安定化と逆転写反応制御
(a) 標的RNAと天然のオリゴヌクレオチドまたはTEG修飾チミンをもつオリゴヌクレオチドのUV融解挙動. (b) 逆転写効率の比較. 逆転写反応は逆転写溶液中(300 mmol L^{-1} KCl, 40 mmol L^{-1} Tris-HCl(pH 8.3), 10 mmol L^{-1} MgCl$_2$, 10 wt% PEG 200 and 1 mmol L^{-1} DTT)で, 25℃において60分行った.

のアプタマー配列である四重鎖(Q1)にTEG修飾チミン(X)を導入したDNAオリゴマー(Q1-X)を設計し, TEG修飾が四重らせん構造の安定化に寄与する影響を解析した. まず100 mmol L^{-1} KClを含むリン酸緩衝溶液中におけるDNA構造を円二色分散計[circular dichroism (CD) spectrometer]によって解析した. その結果, Q1, Q1-Xはアンチパラレル型四重らせん構造に特徴的なCDスペクトルを示し, Xを導入してもDNAの全体構造は変化しないことが示された.

次に, これらのDNA構造の温度上昇に伴うUV融解挙動を測定した. 融解温度(T_m)の値は, Q1およびQ1-Xでそれぞれ50.7および58.8℃であった.

すなわち, Xを導入することにより, 四重らせん構造は安定化されることが示された. これらDNA構造の安定性変化を分子レベルで理解するために, DNA構造形成に伴う熱力学的パラメータを算出した. その結果, Xによる四重らせん構造の安定化は構造形成時のエンタルピー変化に由来することがわかった. このようなエンタルピーの寄与を分子レベルで理解するために, 大山達也(甲南大学FIBER)・田中成典(神戸大学)先生らの協力を得て, 分子動力学計算を行った. その結果, TEG部位は四重らせん構造のG-カルテット塩基およびループ塩基周辺に長時間滞在することがわかった. さらに, フラグメント分子軌道(fragment molecular orbital: FMO)計算の結果から, TEGと塩基部位はCH-π相互作用により結合し, 四重らせん構造を安定化していることが示された(図14-5). 核酸構造を安定化させる相互作用は, 水素結合やスタッキング相互作用がよく知られているが, 今回の計算によってCH-π相互作用も核酸の構造安定化に重要であることが初めて示された[12].

3 まとめと今後の展望

1953年にWatsonとCrickによって提唱された二重らせん構造は, 生命の重要な遺伝情報を託す構造として優れている. 二重らせん構造の発見から70年近くが経過し, 核酸の非二重らせん構造の形成が

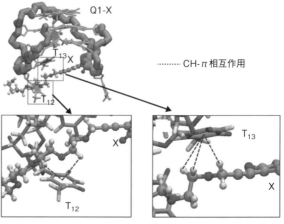

図14-5 G-四重らせん構造内のCH-π相互作用
四角はDNAのチミン塩基とTEGによるCH-π相互作用を示す.

細胞内外で見いだされ，非二重らせん構造の細胞内での役割を解析し，活用する研究が加速している[13〜15]．ヒトゲノム計画によって公表されたゲノム配列中の遺伝子領域は約25％，このうちタンパク質を産生するための情報を保持しているコード領域はたった1％程度であり，残りの約24％はタンパク質の非コード領域である．このような非コード領域は「DARK SIDE」と呼ばれ，その役割はいまだ議論されている．

興味深いことに，非コード領域にはグアニンの連続配列や単調な反復配列が多く存在し，非二重らせん構造が形成されやすいと考えられる．筆者らの所属する研究所FIBERでは，このような非二重らせん構造の形成は，細胞内の環境変化の影響を受けやすいこと，非二重らせん構造が形成されると重要な遺伝子発現（複製・転写・翻訳など）が抑制されることなどを見いだしている．つまり，核酸は塩基の「並び」を利用して遺伝情報を保持しているだけでなく，その「形」を利用して生体反応を制御する機能をもつ可能性がある．

一方で，非二重らせん構造の形成を人為的に制御することができれば，新薬の開発に非常に有用である．前述したとおり，非二重らせん構造は遺伝子発現反応の抑制効率が高い．一般的に非二重らせん構造は，特殊な塩基領域でのみ形成されるが，本章では人工核酸を用いることで，四重らせん構造を任意の遺伝子部位に人工的につくりだす新たな取り組みについて紹介した．これまでの核酸医薬分野における核酸修飾は，ヌクレアーゼ耐性を付与させることに焦点があてられていた．しかしながら，ここで述べたように非二重らせん構造を誘起するための化学修飾を施すことで，逆転写の阻害効率を従来法より格段に高めることに成功している．核酸の構造に注目した遺伝子発現制御システムの確立は新規の医薬品開発において非常に有用になると期待される．

さらに注目すべき点は，非二重らせん構造の形成は溶液環境によって制御できることである．細胞の環境は細胞の状態（疾患の有無，細胞周期など）によって著しく変化する．たとえば，細胞ががん化すると，正常細胞と比較してカリウムイオンやカルシウムイオンなどのイオン濃度が変動する．さらに，細胞質や細胞外のpHも変化する．このような標的疾患特有の環境変化に注目し，非二重らせん構造の環境応答性を活用すれば，疾患細胞内でのみ作用する核酸医薬品の開発が可能となり，疾患の発症時にだけ機能を発するような薬剤の開発ができると考えられる[16]．

◆ 文　献 ◆

[1] 井上貴雄, *Drug Delivery System*, **31**, 10 (2016).

[2] M. Taniguchi-Ikeda, K. Kobayashi, M. Kanagawa, C. C. Yu, K. Mori, T. Oda, A. Kuga, H. Kurahashi, H. O. Akman, S. DiMauro, R. Kaji, T. Yokota, S. Takeda, T. Toda, *Nature*, **478**, 127 (2011).

[3] A. Fire, S. Xu, M. K. Montgomery, S. A. Kostas, S. E. Driver, C. C. Mello, *Nature*, **391**, 806 (1998).

[4] S. M. Elbashir, J. Harborth, W. Lendeckel, A. Yalcin, K. Weber, T. Tuschl, *Nature*, **411**, 494 (2001).

[5] S. Nakano, D. Miyoshi, N. Sugimoto, *Chem. Rev.*, **114**, 2733 (2014).

[6] H. Tateishi-Karimata, N. Isono, N. Sugimoto, *PLoS One*, **9**, e90580 (2014).

[7] S. Takahashi, J. A. Brazier, N. Sugimoto, *Proc. Natl. Acad. Sci. USA*, **114**, 9605 (2017).

[8] T. Endoh, N. Sugimoto, *Chem Rec*, **17**, 817 (2017).

[9] A. Siddiqui-Jain, C. L. Grand, D. J. Bearss, L. H. Hurley, *Proc. Natl. Acad. Sci. USA*, **99**, 11593 (2002).

[10] J. L. Huppert, S. Balasubramanian, *Nucleic Acids Res.*, **33**, 2908 (2005).

[11] H. Tateishi-Karimata, T. Muraoka, K. Kinbara, N. Sugimoto, *Chembiochem.*, **17**, 1399 (2016).

[12] H. Tateishi-Karimata, T. Ohyama, T. Muraoka, P. Podbevsek, A. M. Wawro, S. Tanaka, S. I. Nakano, K. Kinbara, J. Plavec, N. Sugimoto, *Nucleic Acids Res.*, **45**, 7021 (2017).

[13] E. Y. Lam, D. Beraldi, D. Tannahill, S. Balasubramanian, *Nat. Commun.*, **4**, 1796 (2013).

[14] G. Biffi, D. Tannahill, J. McCafferty, S. Balasubramanian, *Nat. Chem.*, **5**, 182 (Mar, 2013).

[15] C. K. Kwok, S. Balasubramanian, *Angew. Chem. Int. Ed. Engl.*, **54**, 6751 (2015).

[16] H. Tateishi-Karimata, K. Kawauchi, N. Sugimoto, *J. Am. Chem. Soc.*, **140**, 642 (2018).

Chap 15

化学修飾DNAを利用したRNAi創薬
Generation of RNAi Medicine Using an Artificial-DNA

田良島 典子　南川 典昭
(徳島大学大学院医歯薬学研究部)

Overview

核酸医薬品の創出へ向けて，生体内においてセントラルドグマの上流に位置するDNAやRNAの機能を核酸によって「制御する」ことを目的に，数多くの化学修飾核酸が開発されてきた．一方，近年では，天然型のDNAとは異なる構造をもちながらも，in celluloあるいはin vivoのレベルでセントラルドグマの「一翼を担う」化学修飾DNAを開発しようとする試みがなされている．本章では，これらの開発研究の現況について概説するとともに，化学修飾DNAからのin cellulo RNA転写を基盤として，筆者らが開発した新しい核酸創薬手法を紹介する．

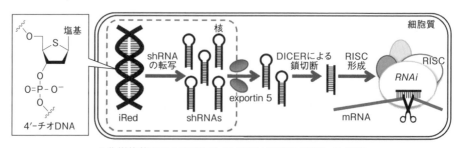

▲化学修飾DNAを利用したRNAi創薬の概略［口絵参照］

■ KEYWORD 📖マークは用語解説参照

- RNA干渉 (RNA interference)
- 核酸創薬 (oligonucleotide therapeutics)
- 化学修飾核酸 (chemically-modified oligonucleotide)
- 機能性RNA (functional RNA)
- セントラルドグマ (central dogma)
- ポリメラーゼ連鎖反応 (polymerase chain reaction: PCR)
- 自然免疫応答 (innate immune system)
- Toll様受容体 (Toll-like receptor: TLR) 📖

はじめに

1998年のFire, Melloらによる RNA 干渉(RNA interference：RNAi)の発見に端を発し[1], RNA のもつ機能の多様性が大いに注目されている．かつてDNAに保存された遺伝情報をタンパク質へと伝達する情報の運び屋と考えられていたRNAだが，現在ではさまざまな生体機能調節を行うきわめて重要な生体分子として認識されるようになった．

機能性RNAのもつ生体調節機能に着目し，RNAを医薬候補分子あるいは標的とした核酸医薬品の開発研究が数多く行われている．このような背景のもと，① 細胞内外に豊富に存在するヌクレアーゼに対する抵抗性，② 自然免疫応答の回避，③ 血中滞留性，④ 組織・細胞標的化による選択的な取り込みの増強，および ⑤ エンドソームからの効果的な脱出といった核酸医薬に要求される問題を解決するため，さまざまな化学修飾RNA分子が開発されてきた[2,3]．化学の力によって生みだされた新しい分子は，核酸医薬の開発に必要不可欠である．しかし，それぞれの核酸医薬がもつ標的やストラテジーに応じた化学修飾様式の最適化には膨大な試行錯誤を必要とし，理論的な分子設計法の確立は困難をきわめる．

一方，筆者らは，「RNAはDNAに保存された遺伝情報を元につくられる」というセントラルドグマの概念に基づき，細胞内で天然型DNAの生物学的等価体として機能する化学修飾DNAに焦点を当て，核酸創薬研究を行ってきた．すなわち，生体内安定性や自然免疫応答回避能を兼ね備えた化学修飾DNAを鋳型とし，細胞内で機能性RNAを転写発現することができれば，さまざまな創薬標的やストラテジーに一括して適応可能な新しい核酸創薬手法になりうる．本章では，セントラルドグマの一翼を担う化学修飾DNAの開発研究の動向と筆者らが進めてきた化学修飾DNAを利用したRNAi創薬について紹介する．

1 セントラルドグマの一翼を担う化学修飾DNA

遺伝情報は「DNA(複製)→転写→mRNA→(翻訳)→タンパク質」の順に伝達される．セントラルドグマと称されるこの概念はすべての生物の根幹を担う．近年，*in cellulo* あるいは *in vivo* のレベルで化学的に修飾された非天然型DNAがセントラルドグマの一翼を担うことが報告された．

2012年，Koolらは，天然型核酸塩基と同じ水素結合様式をもつが，糖部1'位間の距離が天然型ワトソン・クリック塩基対に比べて大きくなるような環拡張型塩基対(xDNA)〔図15-1(a)〕を配列中に数塩基含む緑色蛍光タンパク質(green fluorescent protein：GFP)発現プラスミドDNAを作成し，これが大腸菌 *Escherichia coli*(*E. coli*)において内在性のDNAポリメラーゼによる認識を受けて正確に複製されることを報告した[4]．*In vivo* のレベルにおいて，xDNAを起点とするセントラルドグマは *E. coli* に元来備わるセントラルドグマの流れへと合流し，転写・翻訳を経てGFPが発現する．また，

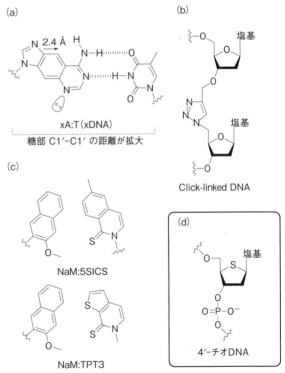

図15-1 *In cellulo* あるいは *in vivo* においてセントラルドグマの一翼を担う化学修飾DNAの例
(a) Koolらのグループ，(b) Browらのグループ，
(c) Romesbergらのグループ，(d) 筆者らのグループ．

Brown らによって報告されたリン酸ジエステル結合の一部がトリアゾールリンカーへと置換された化学修飾 DNA(click-linked DNA)〔図 15-1(b)〕もまた，E. coli においてセントラルドグマの一翼を担い，天然型 DNA へと正確に複製される[5]．さらに，click-linked DNA は in cellulo において内在性 RNA ポリメラーゼⅡの認識を受けて mRNA への正確な転写反応の鋳型として機能し，タンパク質を発現する遺伝情報を担うことも明らかとされた[6]．これら二つの化学修飾 DNA は，in cellulo あるいは in vivo での複製または転写の過程で天然型のヌクレオチドへと読み替えが起こるため，生体に元来備わるセントラルドグマと「混じり合う」関係にある．

一方，最近 Romesberg らによって精力的に研究されているのが，化学修飾 DNA を起点とする「混じり合わない(＝直交する)」セントラルドグマである[7]．彼らは，塩基対間に水素結合をもたない人工塩基対(NaM: 5SICS, NaM: TPT3 塩基対)〔図 15-1(c)〕によってコードされる遺伝情報を，保存ならびに読み出すことのできる半合成生物の創出に成功した．すなわち，in vivo において天然型ワトソン・クリック塩基対とは独立して複製・転写・翻訳される非天然型のセントラルドグマを実現してみせたのである．

このようなセントラルドグマの一翼を担う化学修飾 DNA の開発研究はおもに合成生物学の観点から，セントラルドグマにおける分子間相互作用や反応機構の理解あるいは遺伝暗号の拡張を目的として研究が進められてきた．一方，筆者らは，化学修飾 DNA を起点とするセントラルドグマのシステムを，RNAi 機構に基づく核酸創薬(本章では RNAi 創薬とよぶ)へと応用することを目標に研究を行ってきた．siRNA(small interfering RNA)および short-hairpin RNA(shRNA)発現プラスミド DNA に次ぐ第 3 の RNAi トリガーとしての intelligent shRNA expression device(iRed)を次節に紹介する．

2 iRed を利用した RNAi 創薬

RNAi 法は，遺伝子の機能を解析するポストゲノム研究に幅広く応用されるだけでなく，遺伝子の発現異常によって引き起こされるさまざまな疾患に対する新たな治療戦略として期待されている．

RNAi 機構に基づき遺伝子発現抑制を誘起する手法としては，① 化学合成した siRNA を用いる方法と，② 細胞内で shRNA をコードするプラスミド DNA を用いる方法の二つがある．後者は理論上，たとえ一分子でもプラスミド DNA を細胞核内へ送達することができれば，セントラルドグマの流れにのってプラスミド DNA から shRNA が恒常的に転写されることから，持続的な RNAi 効果が期待できる．しかし，プラスミド DNA は，その巨大な分子サイズゆえに細胞核内への導入がむずかしい．またプラスミドには，目的の遺伝子発現領域以外に大腸菌内での自己増幅に必要な複製開始点や抗生物質耐性遺伝子をコードする領域が存在し，予期せぬタンパク質の発現に基づく毒性発現が懸念される．さらにこれらの余剰の配列中に複数存在する CpG モチーフに起因する自然免疫応答の賦活化も大きな問題となり，その医薬応用には大きな困難を伴う．

そこで筆者らは，shRNA 発現プラスミド DNA の長所を活かしつつその欠点を克服するため，化学修飾 DNA を起点とするセントラルドグマ(転写反応)により細胞内で持続的に shRNA を発現することのできるデバイス iRed を考案し，新しい RNAi 創薬の確立を目指した[8]．

2-1 iRed のコンセプト

iRed は，shRNA 発現プラスミド DNA のうち，in cellulo での shRNA 発現に必要最小限の配列，すなわち U6 プロモーターならびに shRNA コード領域から構成される(図 15-2)．しかし，この iRed を天然型 DNA により構築したのでは，生体内安定性ならびに自然免疫応答の回避には不十分である．そこで，ヌクレオシド糖部 4′ 位の酸素原子を硫黄原子へと置換した 4′-チオ DNA により iRed を構成することを計画した．

筆者らはこれまでに，天然型核酸と生物学的等価性を示す核酸分子の開発を目指し，4′-チオヌクレオシド類の合成[9]とそれらを含む 4′-チオ核酸類の開発研究を進めてきた〔図 15-1(d)〕[10]．その過程で，化学合成により得た 4′-チオ DNA が高いヌクレ

アーゼ抵抗性を示すことを明らかとしており[11]，化学修飾の導入はiRedに高い生体内安定性を付与すると期待される．したがって，この4′-チオDNAがin celluloにおいて天然型DNAの生物学的等価体として機能し，shRNAの転写へとつながるセントラルドグマの起点となれば，iRedは持続性の高い新規なRNAiトリガーになると期待できる．さらに，化学修飾の導入により自然免疫応答の賦活化を最小限に抑えることが可能であると考えた．

2-2 化学修飾DNAのin vitro複製反応に基づくiRedの構築

iRedはin celluloでのshRNA発現に必要最小限の配列から構成されるため，プラスミドDNAと比較してその分子サイズを5％以下にまで減少させることができる．しかし，その鎖長は依然380bpほどであり，化学合成による分子構築は困難であると考えられた．そこで筆者らはin vitro複製反応によりiRedを調製することを計画した．すなわち，shRNA発現プラスミドDNAのうちU6プロモーターおよびshRNAコード領域を鋳型とし，2′-デオキシ-4′-チオヌクレオシド三リン酸体(2′-deoxy-4′-thionucleoside triphosphate: dSNTP)を用いたPCRで，分子のダウンサイジングと化学修飾の導入を一挙に行う(図15-2)．

一般に，化学修飾DNAの酵素合成の場合，その構成単位となる化学修飾ヌクレオシド三リン酸体がDNAポリメラーゼの基質となりづらい．しかし，天然型DNAとの生物学的等価性を意識した分子デザインをもつdSNTPsは，筆者らの期待通り，KOD Dash® DNAポリメラーゼのよい基質となった[12,13]．したがって，in vitroでの酵素的増幅(PCR)により4種類の核酸塩基のうちそれぞれ1種類のみを4′-チオヌクレオシドに置換したiRed(それぞれdSA iRed，dSG iRed，dSC iRedおよびST iRed)を効率よく調製することに成功した．PCRにおいてdATPのみをdSATPへ置換することにより調製したdSA iRedでは，分子全体の約29％が化学修飾ヌクレオチドにより構成される〔図15-3(a)〕．

2-3 iRedにより誘起されるRNAi効果

dSNTPsを含むPCRにより構築した各iRedのRNAi効果は，図15-3(b)に示すように，等モル量のプラスミドDNAにやや劣るものの，化学合成shRNA以上の活性を示し，iRedと同じ配列をもつ天然型二本鎖DNA(natural device)に匹敵するものであった．このとき，各iRedのRNAi効果の強弱は，それぞれに含まれる4′-チオヌクレオチドの割合と相関関係を示した．すなわち，4′-チオヌクレオチドの割合が高いdSA iRed(209)およびST iRed(212)では弱いRNAi効果が，4′-チオヌクレオチドの割合が低いdSG iRed(113)およびdSC iRed(118)では強いRNAi効果が観察された．

また，各iRedから転写されたshRNAの検出定量にも成功したことから，iRedすなわち4′-チオDNAはin celluloのレベルでRNAポリメラーゼⅢの基質として認識され，セントラルドグマの起点になりうることが示された〔図15-3(c)〕．このとき，iRedからのshRNA転写量は，natural deviceの50％以下であったにもかかわらず，両者の遺伝子発現抑制効果が遜色ないものであったことについては，shRNAにより誘起されるRNAi機構が触媒サイクルであることがあげられる．すなわち，化学修飾の

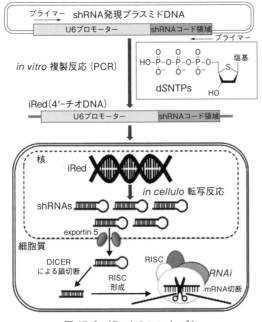

図15-2 iRedのコンセプト

| Part II | 研究最前線 |

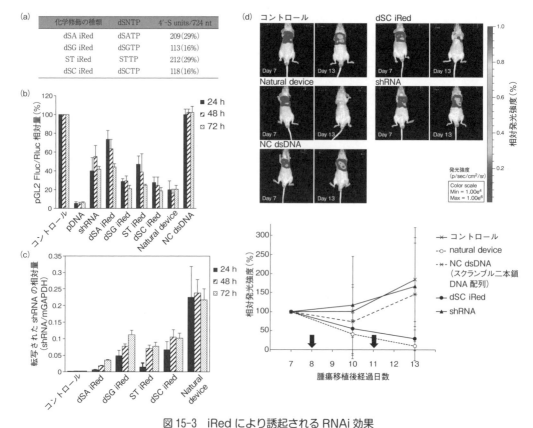

図15-3　iRedにより誘起されるRNAi効果
（a）各iRed中に含まれる4'-チオヌクレオチドの割合，（b）pGL2ホタルルシフェラーゼを標的とした遺伝子発現抑制効果（各サンプルは等モル量細胞内導入を実施した），（c）HeLa細胞中でのshRNA発現量の比較，（d）悪性胸膜中皮腫モデルマウスにおける遺伝子発現抑制効果（矢印の時点で等モル量の各サンプルを胸腔内投与した）．

導入により鋳型となるiRedからshRNAへの転写活性は低下したものの，転写されたshRNA量はRNAiを誘起するのに十分量であったと考えられる．

さらに，dSC iRedは，悪性胸膜中皮腫モデルマウスにおいてもnatural deviceと同様の遺伝子発現抑制効果を発揮することが確認された〔図15-3（d）〕．これはマウス個体内で化学修飾DNAを鋳型として天然型RNAへの転写を誘起した初めての例であり，iRedを利用したRNAi創薬の可能性のみならず合成生物学の観点からも有意義な結果である．現在，筆者らはiRedに最適なドラッグデリバリーシステム（drug delivery system：DDS）についてもいくつかの知見を得ており，iRedにより誘起されるRNAi効果にはさらなる活性向上の余地があると考えている[14]．

2-4　iRedの自然免疫応答回避能

外来性の核酸分子は，パターン認識受容体の認識を受け自然免疫系を賦活させる．自然免疫応答は元来生体に備わる重要な防御機構であるため，核酸医薬分子の開発においては，避けなければならない副反応の一つである．iRedと同様にRNAi機構に基づく核酸創薬手法であるTKM-ApoB（Tkemira社，高コレステロール血症に対するsiRNA治療薬）が自然免疫応答による副作用発現を理由に臨床開発が中止に追い込まれたことからも，自然免疫応答の回避は核酸医薬開発における喫緊の課題といえよう．

iRedのような二本鎖DNAが細胞内に取り込まれた場合，おもにエンドソーム内でToll様受容体（Toll-like receptor：TLR）の一種であるTLR9によって認識を受ける[15]．shRNA発現プラスミド

COLUMN

★いま一番気になっている研究者

Floyd E. Romesberg
（アメリカ スクリプス研究所 教授）

　超常現象をテーマにしたストーリー展開が話題となり，全世界で大ヒットを記録したドラマ「X-ファイル」において，拡張された遺伝暗号，すなわちワトソン・クリック塩基対につづく第3番目の非天然塩基対（X：Y塩基対）をもつ地球外生命体が登場したことをご存知だろうか（第1シリーズ最終話「The Erlenmeyer Flask」参照）．ごく最近，スクリプス研究所のRomesberg教授らは，このようなドラマの世界の出来事を現実のものとし，独自の非天然塩基対を複製あるいは転写・翻訳可能な半合成生物（半合成大腸菌）の創出に成功したのである〔D. A. Malyshev et al., *Nature*, **509**, 385 (2014); Y. Zhang et al., *Nature*, **551**, 644 (2017)〕．

　薬剤耐性菌の出現を抑えた新規抗菌薬の開発研究にも従事するRomesberg教授は，細胞のなかで機能する非天然型塩基対を開発するため，メディシナルケミストリーの考え方を取り入れることが重要であったと発言している．すなわち，複製や転写・翻訳反応における精度だけではなく，溶解性や生体内安定性，細胞膜透過性や毒性の有無といったさまざまな問題を解決するため，構造活性相関に基づいて実に150以上もの非天然型塩基対を創製，構造最適化を行った．

　この分野では，最初の非天然型塩基対を報告した先駆者であるSteven Benner教授，常識と考えられていた塩基対間に働く水素結合が複製反応（*in vitro*）に必須ではないことを明らかにしたEric Kool教授，世界で最初に天然塩基対に匹敵する複製精度を誇る非天然塩基対を完成させた平尾一郎教授など著名な研究者が多数競合している．かつて「First in Class」ではなかったRomesberg教授らの非天然塩基対は，改良が重ねられ，細胞系への応用という非天然型塩基対技術の究極的な目標を達成し，「Best in Class」になったといえよう．今後の展開に多くの研究者が注目している．

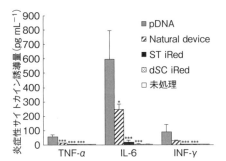

図15-4　DNAおよびiRedによって誘起される自然免疫応答

DNAの場合，配列中に複数含まれる非メチル化CpG配列がTLR9のリガンドとなり，過剰な自然免疫誘導が起こる．しかし，筆者らの実験では，余剰の配列を除去したshRNA発現ユニット（プロモーター＋shRNAコード領域）のみの場合にも，自然免疫誘導を十分に回避できないことが示された（natural device）（図15-4）．

　一方，化学修飾DNAを利用するRNAi創薬手法であるiRedをマウスに尾静脈内投与した場合には，その4′-チオヌクレオチド修飾様式にかかわらず，I型インターフェロンおよび各種炎症性サイトカイン（IL-6，INF-γ，TNF-α）誘導はいずれもまったく観察されなかった．すなわち，自然免疫応答の回避は化学修飾DNAの利用によって初めて回避可能となったのである．4′-チオDNAにより構成されるiRedが単にTLR9の認識を逃れたのか，あるいはアンタゴニスト様に働いたのかはいまだ不明であるが，自然免疫応答の回避はセントラルドグマの一翼を担う化学修飾DNAを医薬応用する試みの大きな利点であることが示された．

3 まとめと今後の展望

　これまでに，アンチセンス法やアンチジーン法，

リボザイム法，デコイ法，アプタマー，siRNA，anti-miRNA oligonucleotide（AMO）などさまざまな核酸創薬手法が提案され，核酸医薬品の創出を目的に，数多くの化学修飾核酸が数多く創出された．これらの努力により，2013年のKYNAMRO®（ミポメルセン）がアメリカ食品医薬品局での承認を受けたことを皮切りとして，上市に至った核酸医薬品の数も増加傾向にある．これに対して本章では，*in cellulo* あるいは *in vivo* のレベルでセントラルドグマの一翼を担う化学修飾DNAに焦点を当て，核酸創薬の実現へ向けた筆者らのアプローチを紹介した．

これまでに開発された化学修飾核酸の多くは，生体内での安定性や標的遺伝子に対する二本鎖形成能の向上を目的として，核酸の分子構造を「大きく変化させる」傾向にあった．一方，筆者らは，天然型核酸との生物学的「等価性の維持」という点に着目し，セントラルドグマの起点となりうる化学修飾核酸，4′-チオDNAを開発し，これを細胞のなかで機能性RNA発現のための遺伝情報として利用することで，新しいRNAi創薬手法の提案に至った．核酸に限らず，近年，合成生物学と称して生体プロセスへの適合性をもつ人工合成分子の開発研究が盛んに行われている．これらが，創薬の発展にも大きく貢献することを期待したい．

◆ 文　献 ◆

[1] A. Fire, S. Xu, M. K. Montgomery, S. A. Kostas, S. E. Driver, C. C. Mello, *Nature*, **391**, 806 (1998).
[2] 松田 彰,〈CSJカレントレビュー6〉『核酸化学のニュートレンド』, 日本化学会 編, 化学同人 (2011), p. 166.
[3] S. Shukla, C. S. Sumaria, P. I. Pradeepkumar, *ChemMedChem*, **5**, 328 (2010).
[4] A. T. Krueger, L. W. Peterson, J. Chelliserry, D. J. Kleinbaum, E. T. Kool, *J. Am. Chem. Soc.*, **133**, 18447 (2011).
[5] A. H. El-Sagheer, A. P. Sanzone, R. Gao, A. Tavassoli, T. Brown, *Proc. Natl. Acad. Sci.*, **108**, 11338 (2011).
[6] C. N. Birts, A. P. Sanzone, A. H. El-Sagheer, J. P. Blaydes, T. Brown, A. Tavassoli, *Angew. Chem. Int. Ed.*, **53**, 2362 (2014).
[7] Y. Zhang, J. L. Ptacin, E. C. Fischer, H. R. Aerni, C. E. Caffaro, K. S. Jose, A. W. Feldman, C. R. Turner, F. E. Romesberg, *Nature*, **551**, 644 (2017).
[8] N. Tarashima, H. Ando, T. Kojima, N. Kinjo, Y. Hashimoto, K. Furukawa, T. Ishida, N. Minakawa, *Mol. Ther. Nucleic. Acids*, **5**, e274 (2016).
[9] 代表例として，T. Naka, N. Minakawa, H. Abe, D. Kaga, A. Matsuda, *J. Am. Chem. Soc.*, **122**, 7233 (2000).
[10] 代表例として，S. Hoshika, N. Minakawa, A. Matsuda, *Nucleic Acids Res.*, **32**, 38155 (2004).
[11] N. Inoue, N. Minakawa, A. Matsuda, *Nucleic Acids Res.*, **34**, 3476 (2006).
[12] N. Inoue, A. Shionoya, N. Minakawa, A. Kawakami, N. Ogawa, A. Matsuda, *J. Am. Chem. Soc.*, **129**, 15424 (2007).
[13] T. Kojima, K. Furukawa, H. Maruyama, N. Inoue, N. Tarashima, A. Matsuda, N. Minakawa, *ACS Synth. Biol.*, **2**, 529 (2013).
[14] M. Hasan, N. Tarashima, K. Fujikawa, T. Ohgita, S. Hama, T. Tanaka, H. Saito, N. Minakawa, K. Kogure, *Sci. Technol. Adv. Mater.*, **17**, 554 (2016).
[15] T. Kawai, S. Akira, *Nat. Immunol.*, **11**, 373 (2010).

Part II
研究最前線

Chap 16

天然物ペプチドの生合成機構を活用した人工ペプチドの生産

Production of artificial peptides by engineered biosynthetic machinery of natural peptides

後藤 佑樹
(東京大学大学院理学系研究科)

Overview

次世代の創薬技術として期待される中分子創薬戦略の一翼を担う化合物として,ペプチド性の天然物が注目を浴びている.天然物ペプチドは,タンパク質には見られない特殊な構造に富んでおり薬剤としての利用価値が高く,これらの骨格をもった人工のペプチドの開発も盛んに実施されている.本章では,天然物ペプチドの一種であるリボソーム翻訳後修飾ペプチド(ribosomally synthesized and post-translationally modified peptide:RiPP)の生合成経路を改変することで,天然物由来の特徴的な構造を生かした人工ペプチドを生産する研究について紹介する.天然の物質生産系を最大限活用することで,天然物を模倣した有用な人工生物活性ペプチドが生み出されることが期待される.

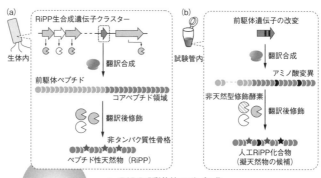

▲ RiPP 誘導体の生合成
(a)生体内における天然 RiPP の産生と(b)試験管内における人工 RiPP の合成[口絵参照].

■ **KEYWORD** 📖マークは用語解説参照

- ■中分子創薬(drug discovery using mid-sized molecules)📖
- ■天然物(natural product)📖
- ■非タンパク質性骨格(non-proteinogenic structure)
- ■生合成経路(biosynthetic pathway)
- ■非リボソームペプチド合成酵素(nonribosomal peptide synthetase:NRPS)
- ■リボソーム翻訳後修飾ペプチド(ribosomally synthesized and post-translationally modified peptide:RiPP)
- ■再構成型翻訳反応系(reconstituted translation system)📖
- ■擬天然物(pseudo-natural product)

はじめに

ペプチドは，数個から数十個のアミノ酸がアミド結合でつながった分子の総称である．多くの生体由来のペプチドは，生命現象にかかわるさまざまなレセプターや酵素と相互作用し，多彩な生物活性を示すことがわかっている．ペプチドホルモンをはじめとした，哺乳類などの高等生物で機能する生物活性ペプチドは，タンパク質に含まれるアミノ酸（タンパク質性アミノ酸）のみからなるものが多い．これらペプチドホルモンは，生体内の生理現象に重要な役割を果たしているものの，細胞膜透過性や血中安定性が低く，（とくに経口摂取の）医薬品として利用されるケースはまれである．

一方で，微生物が産生するペプチドのなかには，非タンパク質性の構造（N-メチルアミノ酸・D体アミノ酸・ヘテロ環主鎖など）を含むものが多く見られる[1]．これら非タンパク質性骨格に富んだペプチドは，高い膜透過性・標的認識能・プロテアーゼ分解耐性をもつ場合が多く，中分子医薬品としての利用価値が高い．実際に，天然物として単離された微生物由来のペプチドは，抗生物質・抗がん剤・免疫抑制剤などの医薬品として幅広く用いられている．ゆえに，天然物ペプチドの特徴である多彩な非タンパク質性骨格は，生物活性を示すペプチドの構成要素として大きな可能性を秘めており，人工ペプチド薬剤の骨格としても有用であろう．本章では，非タンパク質性骨格を含んだペプチドを簡便に合成するべく，天然物ペプチドの生合成経路を活用する試みについて紹介する．

1 天然物ペプチドの生合成経路

非タンパク質性アミノ酸をもつ天然物ペプチドの生合成経路は，大きく分けて二つが知られている．一つは，タンパク質合成装置であるリボソームに依存せずに，非リボソームペプチド合成酵素（non-ribosomal peptide synthetase：NRPS）によって産生される経路である[2]．NRPSには，特定のタンパク質モジュールが複数並んでおり，それぞれのモジュールが対応するアミノ酸を順次つなぎあわせることで，特定のペプチド天然物を産生する．さまざまな非タンパク質性アミノ酸を組み込むモジュールが存在するため，非常に多彩な分子構造のペプチドを合成できるところが利点である．しかしながら，各 NRPS で合成できるペプチドの構造は厳密に決まっており，天然物ペプチドの構造を改変した誘導体の生産に応用するのは，多くの場合困難を伴う[3]．

もう一つの生合成経路は，翻訳反応で合成された前駆体ペプチドが，さまざまな酵素による構造編集を経て産生される，リボソーム翻訳後修飾ペプチド（ribosomally synthesized and post-translationally modified peptide：RiPP）経路である〔図16-1(a)〕[4]．近年まで，RiPP 経路での生合成が同定された天然

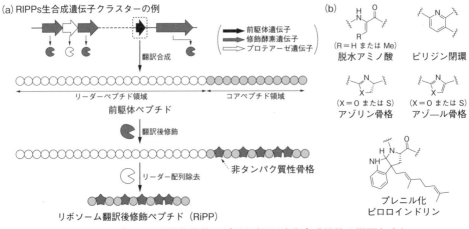

図16-1 リボソーム翻訳後修飾ペプチド（RiPP）生合成経路の概要（a）と
RiPP 生合成経路で構築される非タンパク質性骨格（b）の例

物ペプチドは比較的少なかったが，昨今のゲノム解析技術の発展により多くのRiPP経路が発見されており，その数は爆発的に増えている[5]．RiPPの構造は前駆体遺伝子の配列で決定されているため，設計図に相当する遺伝子配列を変えることで，容易に最終生成物のペプチドの構造を変更できる．これは，NRPS経路と比べたRiPP経路の大きな特長であり，天然物ペプチドの人工誘導体を生産するうえで，大きな応用価値をもつ．

2 RiPP生合成経路の概要

前述のとおり，RiPP生合成経路では，ペプチド鎖はタンパク質の産生を担う翻訳反応で合成される．翻訳合成された前駆体ペプチドには，N末端領域にリーダーペプチドとよばれる領域が含まれ，その下流には最終生成物の基となるコアペプチドと名付けられた領域が存在する．リーダーペプチド領域は修飾酵素の認識や活性化に必要であることがわかっており，それ自身は修飾を受けない．一方でコアペプチド領域では，各種修飾酵素によって，脱水反応・閉環反応・脱水環化反応・脱水素反応・プレニル化反応などさまざまな構造変換が起こされ，内部に多彩な非タンパク質性の骨格が生じる〔図16-1(b)〕．最終的に，修飾を受けたコアペプチド領域がプロテアーゼなどによって前駆体ペプチドから切り出され，成熟した天然物ペプチドとして産生される．

リーダー配列領域は，類似RiPPの間で強く配列が保存されている一方で，コアペプチド領域の配列には多少のバリエーションが存在する[6]．このことは，コアペプチド領域における変異が進化的に許容されてきたことを意味する．RiPPの生合成経路では，遺伝子レベルでの点変異によってコアペプチド領域のアミノ酸配列が変わり，(修飾酵素がこの配列を基質として許容する必要はあるものの)その結果として構造が一部変化した最終生成物が産生されうる．この生合成機構は，生物活性天然物の候補を簡便に用意するうえで都合がよい．おそらく，産生微生物は遺伝子の変異によって生み出された多数の生成物のなかから，生存に有益なものを進化の過程で選択してきたのであろう．

遺伝子の変異が化合物の構造変化に直結するRiPP生合成経路は，遺伝子工学との相性がよく，天然物ペプチドの人工誘導体を生産するうえでも利用価値が高い．次節以降，RiPP生合成経路を活用した人工の(しかし天然物ペプチドに似た)ペプチドの合成についていくつか例をあげる．

3 前駆体遺伝子操作によるRiPP誘導体の菌内生産

チオペプチドは，主鎖ヘテロ環骨格に富んだ環状RiPPの一種であり，その多くが抗菌活性を示す[7]．その一つであるGE37468は，57残基からなる前駆体ペプチド(GetA)が，八つの骨格修飾酵素による修飾を経て産生されることがわかっている．ハーバード大学のWalshらは，*getA*遺伝子の複数のコドンをランダム化し，配列を人工的に操作した133種類の前駆体遺伝子を作成した．これら変異導入*getA*遺伝子を骨格修飾酵素群とともに，*Streptomyces coelicolor* M1152中で異種発現することで，さまざまなGE37468誘導体の合成を試みた(図16-2)[8]．

その結果，133種類のGetA変異体のうち，29種類が成熟チオペプチドへと変換され，そのうち12種類が抗菌活性を維持していた．特筆すべきことに，T2C変異(2位のTがCに変異)を導入した誘導体(メチルオキサゾール環がチアゾール環へと置換されている)は，野生型のGE37468よりも強い抗菌活性を発揮した．合成した誘導体の数は決して多くはないが，この研究はRiPPの前駆体遺伝子を操作することで，天然物ペプチドの人工誘導体を手軽に生産できることを端的に実証した．

ここで実例を紹介したチオペプチド以外の別のRiPPにおいても，人工誘導体を産生菌もしくは異種菌体内で生産する例が多数報告されている．菌体内で生産する手法は，(もともと酵素が機能する生体内環境であるため)基本的にいかなる酵素でも使用できること，大量培養を行うことで容易に生産スケールを上げられることなどがメリットといえる．

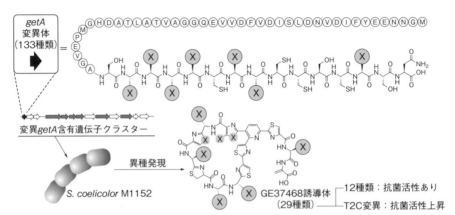

図16-2 遺伝子操作と菌体内異種発現によるチオペプチド誘導体の生産

4 天然物誘導体の試験管内生合成

天然物ペプチドの誘導体合成は，前節で紹介した菌体内生産法だけでなく，試験管内で酵素反応を実施する手法も存在する．試験管内生合成法は，活性を保った状態で発現・精製できる酵素しか利用できないものの，生体内ではありえない条件で酵素反応を実施できる試験管内反応ならではの利点も大きい．たとえば，化学的に合成した人工基質を用いた酵素反応を実施できる．また，基質と比べて酵素を過剰に存在させた（酵素にとって有利な）反応条件にすることで，生体内では合成がむずかしい配列を生産できる可能性がある．さらに，生合成経路の下流の酵素を反応液に加えないことで，経路内の特定の酵素に絞った生化学的解析も実施できる．実際，これらの長所を活かした生合成酵素の解析研究や物質生産が広く行われている．

5 アゾリン骨格含有ペプチドの試験管内生合成

筆者らは，RiPP の試験管内生合成法のなかでもとくに，翻訳反応による前駆体ペプチド合成と修飾酵素による骨格変換の両方を生体外で一挙に行う試みを展開している．ここではその一例として，再構成型の翻訳反応系[9, 10]と，シアノバクテリア由来のアゾリン環骨格を形成する修飾酵素の一つである PatD 酵素[11]とを試験管内で組み合わせた人工生合成系について紹介する．

転写および翻訳に必要な酵素・リボソーム・翻訳因子・tRNA に加え，PatD 酵素をそれぞれ発現/精製して試験管内で混合することで，人工生合成反応液を作製した〔図16-3(a)〕[12]．適切に配列を設計した合成 DNA をこの反応液に加えると，mRNA の転写合成・前駆体ペプチドの翻訳合成・PatD 酵素による脱水環化反応の3ステップの反応が，同一

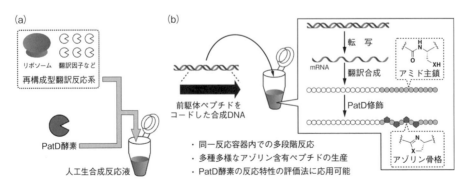

図16-3 再構成型翻訳反応系と PatD 酵素とを組み合わせた人工生合成系(a)とアゾリン骨格含有ペプチドの試験管内生合成(b)

反応容器内で順次進行し，コアペプチド領域にヘテロ環の一種であるアゾリン骨格をもったペプチドが産生される〔図16-3(b)〕．

この手法で必要な前駆体遺伝子DNA(およびその変異体)は，合成プライマーを原料としたPCR法により，簡便に調製可能である．それゆえ，比較的低労力・低コストで配列の異なるアゾリン含有ペプチドを多数合成できる．現にこの人工生合成系は，多種多様な配列のアゾリン含有人工ペプチドのライブラリー構築に利用できることが実証されている．また，前駆体ペプチド変異体の調製とPatD酵素反応とを，並列かつハイスループットに実施できるこの手法は，PatD酵素の触媒特性や基質認識モチーフを調査する研究ツールとしても利用価値が高い．実際に，筆者らはこの系を活用することで，PatD酵素の基質ペプチドの大規模変異実験を実施し，PatD酵素の基質認識モチーフを同定することにも成功している[12,13]．

6 ゴードスポリン誘導体の試験管内生合成

試験管内で生合成反応を行う戦略では，異種の微生物由来の修飾酵素を組み合わせた，天然には存在しえない人工生合成系を構築することもできる．本節では異種由来酵素群を試験管内で組み合わせた例の一つとして，抗菌活性をもつ天然物ペプチドであるゴードスポリン[14]の試験管内生合成を達成した研究について紹介する．

本研究では，大腸菌由来の再構成型翻訳反応系・放線菌 Streptomyces sp. TP-A0584 由来の修飾酵素(GodD/GodE/GodF/GodH)，別種の放線菌 Streptomyces lactacystinaeus 由来の修飾酵素(LazF)，黄色ブドウ球菌由来のペプチダーゼ(GluC)を試験管内で再構成し，人工反応液を作製した〔図16-4(a)〕[15]．前駆体ペプチドをコードするDNAをこの反応液に加えると，翻訳合成された前駆体中のコアペプチド領域において6個のアゾリン環と2個の脱水アミノ酸が形成された後に，修飾含有コアペプチドの切り出しとN末端のアセチル化が行われ，天然物ゴードスポリンが生産される〔図16-4(b)〕．

前節の研究と同様に，本生合成系は各修飾酵素の生化学特性をハイスループットに調査し，誘導体合成にも役立てることができる．実際に，ゴードスポリン生合成酵素(GodD/GodE/GodF)の基質認識ルールを初めて明らかにしたとともに，その構造を改造した人工ゴードスポリン誘導体の合成にも成功した(図16-4(b))[15]．

7 まとめと今後の展望

本章では，RiPP生合成酵素を活用して天然物誘

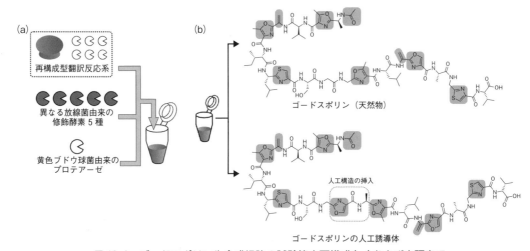

図16-4 ゴードスポリン生合成経路の試験管内再構成(a)および本研究で試験管内生合成したゴードスポリンとその人工誘導体の構造(b)

> **+ COLUMN +**
>
> ★いま一番気になっている研究者
>
> ## Douglas A. Mitchell
> （イリノイ大学アーバナ・シャンペーン校 准教授）
>
> 酵素学の分野で学位を取得した経験を活かし，RiPP生合成酵素の生化学解析について興味深い研究を展開している新進気鋭の若手研究者の一人である．なかでも，アゾリン環合成酵素の詳細な反応機構の解明〔K. L. Dunbar et al., *Nat. Chem. Biol.*, **8**, 569（2012）〕や，RiPP生合成酵素に普遍的に存在するリーダーペプチド認識ドメインの発見〔B. J. Burkhart et al., *Nat. Chem. Biol.*, **11**, 564（2015）〕は，特定の生合成酵素だけにとどまらず，RiPP生合成酵素全般に適用可能な知見を与えた大きな成果といえよう．
>
> 酵素の生化学的解析以外にも，ゲノム情報解析ツールの開発やゲノム情報を基盤とした新規天然物の探索研究にも注力している．さらに近年では，同大学のWilfred A. van der Donk教授（RiPP生合成経路の生化学的解析・試験管内再構成・人工改変に関する研究の世界的リーダーの一人）との共同研究により，RiPP生合成経路を人工改変する研究にも精力的に取り組んでいる．

導体の合成を行う研究の一端を紹介した．いずれも，遺伝子にコードされた前駆体ペプチドが，骨格変換を経て最終産物へと導かれるRiPP生合成経路の特性を活かした戦略であることを強調したい．ここで紹介したアプローチは，原理的にほかのRiPP生合成酵素についても適用可能である．新たなRiPP生合成酵素が次つぎと発見・報告されている現状を鑑みると，これらの戦略の応用範囲は今後ますます広がっていくことが期待される．筆者らは，天然物誘導体の大規模化合物ライブラリーを試験管内生合成的に構築し，mRNAディスプレイなどの分子選択手法でスクリーニングすることで，望みの生物活性をもつ天然物類縁体（擬天然物）を創製する研究を展開中である．今後，幅広いクラスのRiPP生合成経路において人工改変が実施され，より劇的に骨格変更された誘導体の合成や，まったく新奇な生物活性を示す誘導体の発見につながることを期待したい．

◆ 文　献 ◆

[1] J. A. McIntosh, M. S. Donia, E. W. Schmidt, *Nat. Prod. Rep.*, **26**, 537 (2009).
[2] C. T. Walsh, *Nat. Prod. Rep.*, **33**, 127 (2016).
[3] M. Winn, J. K. Fyans, Y. Zhuo, J. Micklefield, *Nat. Prod. Rep.*, **33**, 317 (2016).
[4] P. G. Arnison et al., *Nat. Prod. Rep.*, **30**, 108 (2013).
[5] C. T. Walsh, *ACS Chem. Biol.*, **9**, 1653 (2014).
[6] T. J. Oman, W. A. van der Donk, *Nat. Chem. Biol.*, **6**, 9 (2010).
[7] M. C. Bagley, J. W. Dale, E. A. Merritt, X. Xiong, *Chem. Rev.*, **105**, 685 (2005).
[8] T. S. Young, P. C. Dorrestein, C. T. Walsh, *Chem. Biol.*, **19**, 1600 (2012).
[9] Y. Shimizu, A. Inoue, Y. Tomari, T. Suzuki, T. Yokogawa, K. Nishikawa, T. Ueda, *Nat. Biotechnol.*, **19**, 751 (2001).
[10] Y. Goto, T. Katoh, H. Suga, *Nat. Protoc.*, **6**, 779 (2011).
[11] E. W. Schmidt, J. T. Nelson, D. A. Rasko, S. Sudek, J. A. Eisen, M. G. Haygood, J. Ravel, *Proc. Natl. Acad. Sci. USA*, **102**, 7315 (2005).
[12] Y. Goto, Y. Ito, Y. Kato, S. Tsunoda, H. Suga, *Chem. Biol.*, **21**, 766 (2014).
[13] Y. Goto, H. Suga, *Chem. Lett.*, **45**, 1247 (2016).
[14] H. Onaka, M. Nakaho, K. Hayashi, Y. Igarashi, T. Furumai, *Microbiology*, **151**, 3923 (2005).
[15] T. Ozaki, K. Yamashita, Y. Goto, M. Shimomura, S. Hayashi, S. Asamizu, Y. Sugai, H. Ikeda, H. Suga, H. Onaka, *Nat. Commun.*, **8**, 14207 (2017).

Part II
研究最前線

chap 17

抗体医薬の新しい誘導体作成技術

Innovative Technology to Develop Bispecific Antibody

井川 智之
(中外ファーマボディリサーチ)

Overview

抗体医薬は，その標的に対する特異性から，近年，多くの製薬企業やバイオベンチャーが，非常に有用なモダリティの一つとして開発に力を注いでいる．バイスペシフィック抗体は，その特性から通常の抗体では達成できない新たな機能を発揮することが期待・注目されている．通常の抗体では，一つの標的分子の作用を中和するのみである一方，バイスペシフィック抗体では，二つの病原物質を同時に中和でき，薬効の増強が期待できる．異なる細胞表面抗原を認識するバイスペシフィック抗体は，2種類の細胞を架橋することによる薬効発現，あるいは同一細胞上の異なる抗原を架橋することによる細胞内へのシグナル伝達などの作用が期待されている．さらに，本章で述べるように酵素と基質を架橋してその反応を促進できるバイスペシフィック抗体も登場した．

通常のIgG抗体

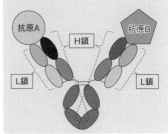
非対称IgG型バイスペシフィック抗体

▲バイスペシフィック抗体
文献1より許可を得て転載[口絵参照].

■ KEYWORD 📖マークは用語解説参照

- ■非対称IgG型バイスペシフィック抗体(asymmetric IgG type bispecific antibody)
- 可変領域(variable region)
- ■抗体依存性細胞傷害活性(antibody dependent cellular cytotoxicity：ADCC)
- ■エピトープ(epitope)
- 補体依存性細胞傷害活性(complement dependent cytotoxicity：CDC)
- ■Fc領域(fragment crystallizable region：Fc)
- ■Fcγ受容体(Fc gamma receptor)
- ■Fab(fragment antigen binding)

はじめに

抗体医薬品は，臨床的に医薬品として価値の高い特性をもつと考えられ，1990年代半ば頃より激しい研究開発競争が展開されてきた．このような環境下で，企業が存在意義を示すためには，アンメットメディカルニーズ（いまだに治療法が見つかっていない疾患に対する医療ニーズ）を満たしうる，付加価値の高い独自の抗体医薬を継続的に創製しなければならない．そのためには，抗体分子の特性を熟知し，常に最先端の技術を習得して，ノウハウを確保し，独自の技術を磨きつづけることが重要であろう．本章では，これまで多くの技術開発にたずさわってきたなかから，抗体医薬の新たな分子形であるバイスペシフィック抗体の技術開発について紹介する．

1 バイスペシフィック抗体の分子形

抗体には二つの抗原結合部位があるが，通常の抗体の場合は二つの抗原結合部位が同じ抗原を認識するのに対し，一つの抗体分子で二つの独立した標的抗原に結合できるのがバイスペシフィック抗体である．異なる抗原を一つの抗体分子が認識することによって，通常の抗体では達成できない新たな機能を発揮することが期待・注目されている．通常の免疫グロブリンG（Immunoglobulin G：IgG）のH鎖のN末端やC末端に別の抗体の可変領域をリンカーで結合させたバイスペシフィック抗体や，二つの可変領域のみをリンカーで直接つないだバイスペシフィックな抗体断片などさまざまな分子形が研究されている[2]．しかし，IgGとは異なる分子形となるこれらのバイスペシフィック抗体は，抗体分子の医薬品としての有用な特長を保持しない場合が多い．したがって，筆者らはIgGの形をした非対称型のバイスペシフィック抗体が，本来のIgGの形を保持していることから，医薬品として有用と考えている．非対称IgG型バイスペシフィック抗体は二つのH鎖と二つのL鎖からなり，左右の抗原結合部位で異なる抗原と結合する（図17-1）．

2 バイスペシフィック抗体の課題とその解決策

非対称IgG型バイスペシフィック抗体を医薬品と

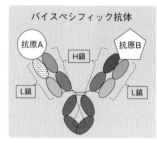

図17-1 バイスペシフィック抗体
文献1より許可を得て転載．

して応用する場合に障害となるのは工業生産上の困難さである．前述のように，このタイプのバイスペシフィック抗体は二つのH鎖と二つのL鎖からなるが，これらを発現させる遺伝子を一つの細胞に導入して発現させると，H鎖とL鎖がランダムに組み合わされて10種類もの抗体分子が産生されてしまう[3]．目的のバイスペシフィック抗体はその一つに過ぎず，目的外の組合せの抗体は不純物として存在するだけでなく，目的のバイスペシフィック抗体の作用を阻害する場合もある．したがって，目的外の抗体を十分に除去する必要があるが，どの組合せの抗体も物理化学的な特性は類似しており，高い純度のバイスペシフィック抗体を妥当な製造コストで生産することがむずかしい．そのため，遺伝子組換え型の非対称IgG型バイスペシフィック抗体で，2017年10月までに日米欧で承認を受けたものはなかった．筆者らはバイスペシフィック抗体の工業生産上の課題を，以降に示す三つの技術を確立することで解決し，2017年に米国で，2018年には本邦で，世界初めての遺伝子組換え型の非対称ヒトIgG型バイスペシフィック抗体であるエミシズマブ（抗血液凝固第IXa/X因子ヒト化二重特異性モノクローナル抗体）[4]の承認を受けた．

2-1 共通L鎖を効率的に取得する技術

非対称IgG型バイスペシフィック抗体のL鎖を両方のH鎖で共通に使用できれば，産生される抗体分子は3種類（目的のバイスペシフィック抗体とそれぞれのH鎖がホモ結合した2種類のモノスペシフィック抗体）に限定できるので，課題解決においてきわめて有効な手段の一つとなりうる．H鎖を

固定化した抗体ファージディスプレイライブラリー技術などを用いた共通L鎖の取得方法が報告されているが[5], 筆者らは通常の免疫法などで取得した二つの抗原に対するそれぞれの抗体をベースにして, 左右のL鎖が共通のバイスペシフィック抗体を効率的に作製するFR/CDRシャッフリング技術を確立した[4].

抗体の可変領域はH鎖, L鎖ともに, 抗原と直接結合する相補性決定領域〔complementarity determining region (CDR) 1～3〕とそれを構造的に支えるフレームワーク領域〔framework region (FR) 1～4〕からなる. 異なる抗原を認識する二つの抗体のL鎖の各CDR1～3およびFR1～4をシャッフリングして組み合わせたキメラL鎖を遺伝子工学的に作製して, 各H鎖と共発現させて目的の抗原への結合を評価し, 共通L鎖を選抜する. この方法により, 複数の抗体の組合せで共通L鎖の取得に成功している.

2-2 バイスペシフィック（ヘテロ結合）抗体とホモ結合抗体を分離精製する技術

L鎖が共通化されることで, 産生される抗体分子は目的のバイスペシフィック抗体とそれぞれのH鎖がホモ結合した2種類のホモ結合抗体に限定される. この2種類のホモ結合抗体の物理化学的特性はバイスペシフィック抗体と類似しているため, 分離精製が困難である. 実際, 通常は図17-2に示すようにイオン交換クロマトグラムにおいて, バイスペシフィック抗体と2種類のホモ結合抗体は同一ピークとして溶出される. そこで筆者らは, 2種類のH鎖の等電点に差が生じるように可変領域に異なるアミノ酸置換を導入することで, イオン交換クロマトグラムで3種類の抗体を分離する技術を確立した[4].

2-3 バイスペシフィック抗体を優先的に産生させる技術

二つのH鎖と一つの共通L鎖の遺伝子を細胞に導入して発現させると, 理論的にはバイスペシフィック抗体が50%産生され, 各H鎖のホモ結合抗体がそれぞれ25%ずつ産生される. すなわち, 目的の抗体の産生効率の低さ, 除去しなければならない不純物の多さは精製効率の悪化を招き, 抗体の製造コストを引き上げる原因となる. この課題を解決する方法として, 二つのH鎖が接するCH_3のアミノ酸置換により両H鎖の構造を変化させ, ヘテロ結合が優勢となるKnobs-into-Holes技術が報告されているが[5], 熱安定性などの物理化学的特性面で実用化には課題を残していた. そこで筆者らは, CH_3部分にアミノ酸の置換を導入して（図17-3）, 界面領域が静電的に相互作用する, すなわちホモ結合である正と正, あるいは負と負は反発し, 正負のヘテロ結合が促進されるようにすることで, バイスペシフィック抗体が優先的に産生される技術を開発した[4].

共通L鎖を効率的に取得する技術, バイスペシフィック抗体とホモ結合抗体を電荷的改変により分離精製する技術, バイスペシフィック抗体を静電気的相互作用により優先的に産生させる技術の三つの技術を適用することにより, 中外製薬では, 実績と

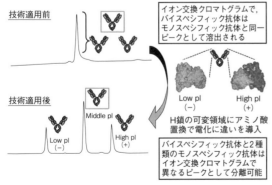

図17-2 バイスペシフィック抗体を分離精製する技術
文献1より許可を得て転載.

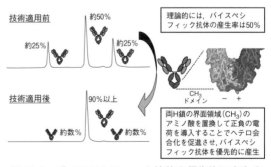

図17-3 バイスペシフィック抗体を優先的に産生させる技術
文献1より許可を得て転載.

してすでに2500 L規模の製造プロセスで，通常抗体レベルの生産性と高い純度でバイスペシフィック抗体を製造することに成功し，そして血友病A治療用バイスペシフィック抗体（次節）の臨床試験を進め，2017年のアメリカ承認につづき，2018年にはヨーロッパと日本において製造販売承認を取得した．

3 バイスペシフィック抗体の創薬への応用

上市あるいは臨床開発中の抗体医薬の大半は，生体の反応をブロックする作用をおもな作用機序としている．通常の抗体では，一つの標的分子の作用を中和するだけであるが，バイスペシフィック抗体では，二つの病原物質を同時に中和することができるので，薬効増強が期待できる．また，最近では同一の標的分子に対して異なるエピトープを認識する抗体を併用した治療で，より強力な効果が報告されているが，バイスペシフィック抗体なら一剤で同様の効果が期待できる．さらに，異なる細胞表面抗原を認識するバイスペシフィック抗体は，2種類の細胞を架橋することによる薬効発現，あるいは同一細胞上の異なる抗原を架橋することによる細胞内へのシグナル伝達などの作用が期待できる．

このように，バイスペシフィック抗体には，通常の抗体では達成できない新たな機能が期待できるため，注目を集めている．以下に，筆者らが確立したバイスペシフィック抗体技術の医薬品創製への応用例を紹介する．

3-1 がん領域への適用

がん領域においては，中和を作用機序とするものだけでなく，抗体のエフェクター機能（生体防御としての細菌やウイルス感染細胞を傷害する反応を誘導する機能）を介してがん細胞を傷害する機序の抗体医薬が開発されている．エフェクター機能は抗体のFc領域とFcγ受容体あるいは補体成分C1qとの結合によって誘導され，活性型Fcγ受容体を発現するナチュラルキラー細胞（natural killer cell, NK細胞）やマクロファージによる抗体依存性細胞傷害活性（antibody dependent cellular cytotoxicity：ADCC）や補体依存性細胞傷害活性（complement dependent cytotoxicity：CDC）を惹起する．抗体のFc領域とFcγ受容体あるいはC1qとの結合親和性を増強することによりADCCやCDCの増強が可能であり，Fc領域のアミノ酸置換や糖鎖構造の改変技術が報告されている[7]．筆者らは，抗体のFc領域の二本のH鎖に対してFcγ受容体が非対称に結合することに着目し，前述のバイスペシフィック抗体技術を用いて，Fc領域の左右のH鎖を非対称にアミノ酸改変することで，既存の技術よりも10倍以上Fcγ受容体への親和性ならびにADCC活性を向上させることに成功している[8]．

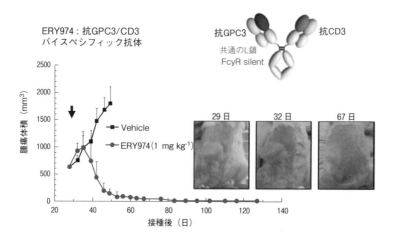

図17-4　バイスペシフィック抗体の疾患動物モデルにおける腫瘍縮小効果
ヒトT細胞注入マウスモデル，腫瘍：KYSE-70（食道がん），写真はERY974を摂取されたマウスの摂食後経過の典型例を示す．

筆者らは，バイスペシフィック抗体技術を用い，左右の抗原結合部位でそれぞれがん抗原とT細胞抗原を認識する抗体ERY974（抗GPC3/CD3バイスペシフィック抗体）を創製し，抗原発現数の異なるがん細胞に対する細胞傷害活性を評価した．その結果，細胞あたりの抗原発現数が少ない場合でも，NK細胞やマクロファージを活性化する通常のIgG型抗体に比べ，T細胞を活性化するバイスペシフィック抗体は，in vitroおよびin vivoのいずれにおいても，強力に細胞を傷害することを確認した．一例として図17-4に比較的サイズの大きな腫瘍（600 mm^3以上に達した腫瘍）に対しての腫瘍縮小効果を示したNOD-SCID miceモデルでの結果を示す[10]．29日目でのERY974の投与によりがん抗原GPC3に対する通常のIgG抗体に比べ，がん抗原GPC3とT細胞抗原CD3を左右の手でそれぞれ認識するバイスペシフィック抗体（T細胞リダイレクト抗体）の抗腫瘍効果はきわめて強力で，このモデルではがん組織はほぼ完全に退縮した．このように，強力な傷害活性を示すことから腫瘍部位以外でのT細胞活性化による副作用の回避が課題と考えられるが，強力な抗腫瘍効果は魅力的であり，今後の発展が期待される．

3-2 血友病A治療薬エミシズマブの創製

最後に，筆者らがバイスペシフィック抗体の研究を開始するきっかけとなった血友病A治療用バイスペシフィック抗体について紹介する．血友病Aは，血液凝固第VIII因子（FVIII）の先天的な欠損または機能異常に起因して，血が止まりにくくなる疾患である．血液凝固は，多くの凝固因子がカスケード的に反応し，出血に対応して止血機能を果たす生体反応でもある．しかし血友病Aでは，血が止まりにくいために，打撲などがあった際にはしばしば大きな血腫が生じる．さらに，関節内で出血を繰り返すことによって関節の機能が低下する血友病性関節症をきたし，患者のQOL（quality of life，クオリティ・オブ・ライフ）を低下させる大きな要因の一つとなっている．血友病Aの重症度はFVIIIの活性によって重症，中等症，軽症と分類され，正常のFVIII活性を100％として1％以上あれば中等症となり出血の頻度は大きく低減する．

血友病Aでは，不足するFVIII機能を補うためにFVIII製剤を補充する療法が確立されている．出血の際の止血を目的としたオンデマンド療法とともに，定期的にFVIIIを補充する療法が関節症の予防には有効とされている．しかし，血友病Aの患者にとってFVIIIは非自己のタンパクと認識されるため，FVIIIに対する抗体，いわゆるインヒビターが誘発され，FVIIIの治療効果が阻害されてしまうことが臨床上の大きな問題となっている．また，FVIII製剤は作用時間が短く，皮下からは吸収されないために頻繁な静脈内投与が必要であるが，これも患者および家族の肉体的，精神的負担を強いる大きな問題である．したがって，止血効果の持続性に優れ，投与が簡便でかつインヒビター存在下でも有効な血友病A治療薬が望まれていた．

FVIIIは活性型の凝固第IX因子（FIXa）が第X因子（FX）を活性化するときの補因子として作用する〔図17-5（a）〕．抗原結合部位がそれぞれFIXaとFXに結合する性質をもつバイスペシフィック抗体を作製すれば，そのような抗体のなかには，両者を適切な位置関係に保持することによりFVIIIの機能を代替する抗体〔図17-5（b）〕が存在する可能性があると考えた[6]．そこで，FIXaおよびFXをそれぞれ動物に免疫し，それぞれ約200クローンの抗体を取得し，それらの可変領域遺伝子をヒトIgG定常領域をもつ発現ベクターに挿入し，これらの発現ベクターをそれぞれ組み合わせて，約4万個のバイスペシフィッ

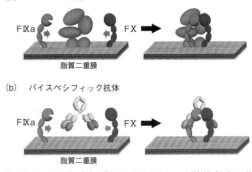

図17-5　FVIII（a）とバイスペシフィック抗体（b）の作用概念図
文献1より許可を得て転載．

| Part II | 研究最前線 |

+ COLUMN +

★いま一番気になっている研究者

Dane Wittrup
（マサチューセッツ工科大学 教授）

　Dane Wittrup 教授は，1999年9月よりマサチューセッツ工科大学へ移り，現在は化学工学と生物工学の教授であり，同時にKoch研究所でも准教授もつとめている．現在，工学研究者は，生物学的製品とプロセスを，分子レベルで設計するツールを保有している．タンパク質は，細胞内外のほとんどの生化学プロセスを媒介するため，とくに治療上重要なターゲットであり，またタンパク質工学によりタンパク質結合の強さや特異性を巧みに操ることで，新規のバイオ医薬品の発展に非常に大きな影響力をもたらしてきた．Wittrupラボは，そのようなタンパク質工学のための強力で新しいツールを開発しており，これらを特定の疾患ターゲットに応用し，タンパク質構造と機能の関係をより深く理解し，バイオ医薬品の開発に大きく貢献している．とくに，酵母細胞の表面にタンパク質をディスプレイする方法を得意としており，たとえば，これにより，タンパク質-リガンド結合の解離半減期を一週間以上に改変することにも成功している．

ク抗体をHEK293細胞で発現させ，FVIII補因子活性を，FIXaとFXを用いた比色定量法により測定した．その結果，FVIII様の補因子活性を示すリード抗体を見いだすことに成功した．しかし，リード抗体は，活性的にも物理化学的な特性においても，また免疫原性においても，医薬品とするにはまったく不十分な特性しかもっておらず，多面的に改良を行う必要があった．多数の改良抗体をデザインし，細胞で発現させ，精製して，多様な評価系で分析することを繰り返し，結果的に数千の抗体を評価した結果，すべての特性に優れたバイスペシフィック抗体エミシズマブを創製することに成功した[4]．

　非臨床試験では，エミシズマブは活性化部分トロンボプラスチン時間（activated partial thromboplastin time：APTT）という血しょうの凝固能力を測定する方法において，凝固能が低下している血友病A患者血漿の凝固能をFVIIIと同様に用量依存的に回復させる活性を示し，しかも，FVIIIが作用を示さないインヒビターを保有する患者血漿においても有効性が示された．また，カニクイザル血友病Aモデルでの止血効果を評価したところ，出血刺激によって出血性貧血を呈する対照群に比べ，エミシズマブの3 mg kg^{-1} 単回投与群はブタFVIIIの10 U kg^{-1} 1日2回投与群と同等の止血効果を示し

た〔図17-6（a）〕．さらに，エミシズマブはカニクイザルにおいて，皮下投与の生物学的利用率はほぼ100％であり，血中半減期は約3週間であった〔図17-6（b）〕．このように，エミシズマブは作用の持続性に優れ，インヒビター存在下でも有効な血友病A治療薬となることが期待され，臨床試験実施に進

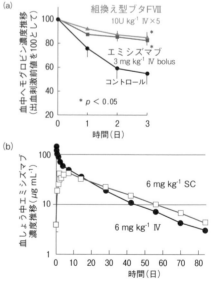

図17-6　エミシズマブの止血効果（a）と投与後の体内動態（b）
文献1より許可を得て転載．

んだ．国内における臨床試験の結果を受けて[8]，インヒビター保有血友病Aに対する主要な第Ⅲ相国際共同治験である，青年/成人を対象としたHAVEN 1試験（NCT02622321）[9]および小児を対象としたHAVEN 2試験（NCT02795767）が行われた．

HAVEN 1試験では，エミシズマブ定期投与群（$n=35$）において，定期投与非実施群（$n=18$）と比較し，主要評価項目である治療を要した出血の頻度が87％減少（95％ CI：72.3〜94.3，$p<0.0001$）し，統計学的に有意な出血頻度の減少が認められた[11]．一方，HAVEN 2試験の中間解析結果では，定期投与群（$n=19$）において，94.7％が出血ゼロを達成した[11]．なお，HAVEN 1試験において，重篤な血栓塞栓症及び血栓性微小血管症の発現が計5例認められたが，いずれも活性型プロトロンビン複合体製剤併用時であった[9]．日本では，厚生労働省より2016年8月に「インヒビターを保有する先天性血液凝固第Ⅷ因子欠乏患者における出血傾向の抑制」を効能・効果とした希少疾病用医薬品に指定され，HAVEN 1試験の結果，および小児を対象としたHAVEN 2試験の中間解析結果に基づいて，2018年3月に製造販売が承認されている．

4 まとめと今後の展望

本章では抗体医薬の改良技術について紹介した．この領域における技術革新は日進月歩で，一般的なIgG分子に関する改良技術は成熟しつつある．今後，技術がますます成熟し普遍化すると，技術による差別化は容易ではなくなるだろう．すなわち，近い将来に開発される抗体医薬品は，フォロワーの余地を残さない完成度の高いものがいきなり市場に投入されると考えられる．

完成度の高いもの，差別化可能な製品価値をもつ抗体医薬品をつくるには，抗体分子の特性を熟知し，常に最先端の技術とノウハウを確保し，独自の技術を磨くことが重要であると繰り返す．抗体の分子としての複雑さや生体機能との関係の複雑さゆえに，一朝一夕に獲得できるものではない．一方，技術のみでも，それだけでは価値の高い医薬品を創製することはできない．抗体医薬品創製において成功の最大の鍵は，よい標的抗原の選択と，それに対する抗体にどのような機能を付与するか，それらを最良に組み合わせる独自のアイデアであると考えている．標的抗原と病態との関連を深く知る医学・薬学の研究者と，抗体分子の限界と可能性を熟知した抗体創薬研究者の密接な連携こそが重要である．

◆ 文 献 ◆

[1] 井川智之，実験医学，**36**, 1823 (2018)．
[2] R. Kontermann, *MAbs*, **4**, 182 (2012)．
[3] C. Klein, C. Sustmann, M. Thomas, K. Stubenrauch, R. Croasdale, S. Schanzer, U. Brinkmann, H. Kettenberger, J. T. Regula, *MAbs*, **4**, 653 (2012)．
[4] Z. Sampei, T. Igawa, T. Soeda, Y. Okuyama-Nishida, C. Moriyama, T. Wakabayashi, E. Tanaka, A. Muto, T. Kojima, T. Kitazawa, K. Yoshihashi, A. Harada, M. Funaki, K. Haraya, T. Tachibana, S. Suzuki, K. Esaki, Y. Nabuchi, K. Hattori, *Pros One*, **8**, e57479 (2013)．
[5] A. M. Merchant, Z. Zhu, J. Q. Yuan, A. Goddard, C. W. Adams, L. G. Presta, P. Carter, *Nat. Biotechnol.*, **16**, 677 (1998)．
[6] J. Baselga, J. Cortés, S. B. Kim, S. A. Im, R. Hegg, Y. H. Im, L. Roman, J. L. Pedrini, T. Pienkowski, A. Knott, E. Clark, M. C. Benyunes, G. Ross, S. M. Swain, *N. Engl. J. Med.*, **366**, 109 (2012)．
[7] W. R. Strohl, *Curr. Opin. Biotechnol.*, **20**, 685 (2009)．
[8] F. Mimoto, T. Igawa, T. Kuramochi, H. Katada, S. Kadono, T. Kamikawa, M. Shida-Kawazoe, K. Hattori, *MAbs*, **5**, 229 (2013)．
[9] T. Kitazawa et al., *Nat. Med.*, **18**, 1570 (2012)．
[10] T. Ishiguro et al., *Sci. Transl. Med.*, **9**, 410 (2017)．
[11] ヘムライブラインタビューフォーム（http://www.info.pmda.go.jp/go/interview/1/450045_63494A4A1028_1_001_1F）．

Part III

役に立つ 情報・データ

APPENDIX

PartⅢ 役に立つ情報・データ

この分野を発展させた
革新論文 44

１ インフルエンザウイルスとエールリッヒ腹水ガン細胞との相互作用——Ⅲ センダイウイルスを作用させることによるエールリッヒ腹水ガン細胞の融合現象

Y. Okada, T. Suzuki, Y. Hosaka, "Interaction between Influenza Virus and Ehrlich's Tumor Cells. Ⅲ. Fusion Phenomenon of Ehrlich's Tumor Cells by the Action of HVJ Z Strain," *Med. J. Osaka Univ.*, 7, 709 (1957).

1950年代半ばに，岡田善雄（当時・大阪大学微生物病研究所教授）が，ウイルスの働きで細胞と細胞が融合する現象を発見した．センダイウイルス（日本の血液凝集ウイルス）をマウスのがん細胞に感染させると，がん細胞の細胞膜が溶けてなくなり，二つの細胞が融合した巨大細胞が出現した．この日本発の細胞融合技術が，のちのモノクローナル抗体生産技術のもとになっている．これ以後，異種細胞間をはじめ，さまざまな組合せの細胞融合が行われるようになった．この方法は，現在のバイオテクノロジーの柱の一つになった．

２ 細胞膜構造の流動モザイクモデル

S. J. Singer, G. L. Nicolson, "The Fluid Mosaic Model of the Structure of Cell Membranes," *Science*, 175, 720 (1972).

生体膜を，脂質とタンパク質から構成される二次元の液体として捉える流動モザイクモデルを提唱した歴史的論文である．このモデルでは，流動性をもったリン脂質二分子膜にタンパク質がモザイク状に埋め込まれ，それらは膜面に水平な方向に拡散できる．膜タンパク質やリン脂質の疎水的な部分が水から隔離され，それらの親水的な部分が水と接触する会合様式を想定すべきという熱力学的な考察，生体膜の電子顕微鏡観察における膜タンパク質の分布，異なる膜組成をもつ2種類の細胞を融合させたときに膜成分が混ざり合うという実験結果などに基づいて，このモデルの妥当性を説明している．現在も受け入れられている生体膜の基本構造を提唱した，きわめて意義深い論文である．

３ 目的の特異性をもった抗体を産生する融合細胞の連続培養

G. Köhler, C. Milstein, "Continuous Cultures of Fused Cells Secreting Antibody of Predefined Specificity," *Nature*, 256, 495 (1975).

1984年にノーベル生理学・医学賞を受賞したイギリス・ケンブリッジ大学のG. KöhlerとC. Milsteinの二人の論文で，モノクローナル抗体の作製に必要なマウスのハイブリドーマを構築する技術が記載されている．マウス由来のミエローマ細胞（骨髄腫細胞）と脾臓細胞（抗体産生細胞）との融合細胞を作製し，クローニングによって，その細胞から化学的に均一な特性をもつ，モノクローナル抗体を得ることが可能になった．

APPENDIX

❹ ダイフォスフィンロジウム錯体の部位選択的修飾によるタンパク質の均一系不斉水素化触媒の構築

M. E. Wilson, G. M. Whitesides, "Conversion of a Protein to a Homogeneous Asymmetric Hydrogenation Catalyst by Site-Specific Modification with a Diphosphinerhodium(I) Moiety," *J. Am. Chem. Soc.*, **100**, 306 (1978).

PartⅡ11章でも紹介したWardらによって,精力的に展開されているビオチン・アビジン複合化システムによる人工金属酵素構築の概念を実証した論文.いまから40年も前に,すでに有機溶媒でのみ高い活性を示すと考えられていた有機金属錯体を,タンパク質中に固定化し,天然の酵素のように不斉反応を実現させている.さらに,この論文に遡ること20年前,野依良治が最初に不斉分子触媒を報告する前に,大阪大学の赤堀四郎は,パラジウム微粒子を絹ファイバータンパク質に担持した不斉触媒を報告している〔S. Akabori et al., *Nature*, **178**, 323 (1956)〕.

❺ 酵母細胞におけるB型肝炎ウイルス表面抗原粒子の合成および形成

P. Valenzuela, A. Medina, W. J. Rutter, G. Ammerer, B. D. Hall, "Synthesis and Assembly of Hepatitis B Virus Surface Antigen Particles in Yeast," *Nature*, **298**, 347 (1982).

酵母細胞におけるHBVのエンベロープタンパク質粒子の発現に初めて成功した報告.エンベロープSタンパク質を酵母細胞で発現させて精製することで,ウイルスに酷似した構造をもつ直径22 nmのナノ粒子が得られた.従来,HBV粒子は動物細胞を用いてしか生産できなかったが,酵母細胞で大量のHBV様粒子が生産できるようになった.また,遺伝子組換えワクチンの生産にも応用され,1982年以来,世界で10億本以上のHBVワクチンが投与されており,現在でも多くの命を救っている.また,PartⅡ10章のBNCの発現・精製技術は,本論文の成果に基づいている.

❻ 細菌エンドトキシンの有効成分であるリピドAの全合成

M. Imoto, H. Yoshimura, S. Kusumoto, T. Shiba, "Total Synthesis of Lipid A, Active Principle of Bacterial Endotoxin," *Proc. Jpn. Acad., Ser. B*, **60**, 285 (1984).

リポ多糖(lipopolysaccharide:LPS)は,グラム陰性菌の細胞表層成分であり,内毒素(エンドトキシン)として知られる.LPSは強い免疫賦活作用と炎症惹起作用を示し,重篤な感染症の場合には敗血症の原因となる一方で,抗腫瘍作用などの有用な作用をあわせもつ.LPSは,疎水性の糖脂質リピドAの糖鎖部位に多糖が結合した構造をとっている.その活性本体の探索は,内毒素の発見以来の重要な課題であった.ドイツのWestphalはLPSの分離に成功し,その弟子のLüderitzとともにリピドAが活性本体であると1954年に報告した.芝・楠本らはLüderitz・Galanos・Rietschelらと日独共同研究グループを組み,リピドAの正しい構造を提出し,さらに世界で最初のリピドAの全合成を達成した.合成リピドAは天然物と同等の毒性,炎症作用,免疫増強作用,アジュバント作用を示し,LPSの免疫賦活活性の本体がリピドAであることが明らかとなった.

❼ ヒト化モノクローナル抗体の作製方法

P. T. Jones, P. H. Dear, J. Foote, M. S. Neuberger, G. Winter, "Replacing the Complementarity-Determining Regions in a Human Antibody with Those from a Mouse," *Nature*, **321**, 522 (1986).

治療用のマウスモノクローナル抗体がヒトに投与されると,異物として認識されて抗マウス抗体が産生され,体内から排除されてしまう.そのため,臨床応用が困難とされていた.本論文では,タンパク質工学技術を駆使して,マウスモノクローナル抗体の相補性決定部位(complementarity determining region:CDR)をヒト抗体フレームワーク配列に移植することで,ヒト抗体フレームワークをもちつつ,マウス抗体の抗原結合特性を維持した抗体の作成に成功した.このヒト化抗体作成技術により,モノクローナル抗体は治療用抗体としての道が開かれた.

APPENDIX

⑧ N-アセチルノイラミン酸α-グリコシドの簡便な位置および立体選択的合成

T. Murase, H. Ishida, M. Kiso, A. Hasegawa, "A facile regio- and stereo-selective synthesis of alpha-glycosides of N-acetylneuraminic acid," *Carbohydr. Res.*, **184**, c1 (1988).

シアル酸とは，2-ケト-3-デオキシノナン酸構造をもつ酸性9炭糖の総称であり，N-アセチルノイラミン酸（N-Acetylneuraminic acid：NeuNAc），N-グリコリルノイラミン酸などのさまざまなシアル酸が存在する．シアル酸はおもに糖タンパク質や糖脂質の非還元末端に存在しており，タンパク質の安定化，感染，受精，細胞接着，細胞の分化・増殖，がん化，免疫応答，神経機能など多くの生命現象において重要な役割を果たしている．天然のシアル酸のグリコシドは，エクアトリアル配向したα-配置をもつ．α-シアリル化反応は，ⅰ）第四級炭素上での反応であること，ⅱ）隣接基関与を利用した立体制御ができないこと，ⅲ）β-シアリル体が熱力学的により安定であること，ⅳ）β水素脱離によるグリカール体が副成しやすいことなどの特徴から，高収率かつ高選択的な反応が困難であった．長谷川・木曽らはニトリルの溶媒効果を利用したα-選択的シアリル化反応を開発し，これによってさまざまなシアル酸含有糖鎖の合成が可能となった．

⑨ 遺伝暗号の拡張を目指した人工塩基対の開発とポリメラーゼによるDNAおよびRNA鎖への導入

C. Switzer, S. E. Moroney, S. A. Benner, "Enzymatic Incorporation of a New Base Pair into DNA and RNA," *J. Am. Chem. Soc.*, **111**, 8322 (1989).

核酸塩基対間の水素結合にかかわるプロトンドナー（D）とプロトンアクセプター（A）の組合せが，A（アデニン）：T（チミン）塩基対[DA：AD]およびG（グアニン）：C（シトシン）塩基対[ADD：DAA]以外にも設計可能であることに着目し，isoG：isoC塩基対を開発した．この塩基対はGの2位のアミノ基と6位のケト基を入れ替えたisoG（イソグアニン），ならびに相補塩基としてCの2位のケト基と4位のアミノ基を入れ替えたisoC（イソシトシン）の組合せからなり，DDA：AAD型の水素結合様式をもつ．isoG：isoC塩基対はKlenow断片を用いた複製反応によりDNA鎖に取り込まれるだけでなく，T7 RNAポリメラーゼによる転写反応にも適応可能であることが報告され，セントラルドグマで機能する人工塩基対開発研究の先駆的な研究成果として位置づけられる．

⑩ 超分子タンパク質ケージ内の無機ナノ材料の合成

F. C. Meldrum, V. J. Wade, D. L. Nimmo, B. R. Heywood, S. Mann, "Synthesis of Inorganic Nanophase Materials in Supramolecular Protein Cages," *Nature*, **349**, 684 (1991).

鉄イオンを酸化鉄として貯蔵するフェリチンに，ほかの金属イオンを集積させて，金属酸化物の合成に応用した例．超分子化学の手法では，安定な人工分子カゴをつくることは困難であった時代に，タンパク質の集合化によって形成されるフェリチンのカゴ状構造に着目し，その本来の機能をうまく利用して無機材料の合成反応を達成した．フェリチンは内在性のタンパク質であることから，この報告の後に，バイオナノ材料としてのタンパク質ケージの利用が一気に広まった．

⑪ 環状ペプチドの自己集合によるペプチドナノチューブ

M. R. Ghadiri, J. R. Granja, R. A. Milligan, D. E. McRee, N. Khazanovich, "Self-Assembling Organic Nanotubes Based on a Cyclic Peptide Architecture," *Nature*, **366**, 324 (1993).

1993年にスクリプス研究所のM. R. Ghadiriらは，世界で初めて有機物の自己集合によるナノチューブの創製に成功した．彼らは，D体とL体のアミノ酸が交互にならんだ環状ペプチド cyclo-[-(D-Ala-L-Glu-D-Ala-L-Gln)$_2$-]を設計・合成した．この環状ペプチドは，塩基性条件下ではカルボン酸が解離してアニオン性となるため集合しないが，酸性条件下では静電反発がなくなり，環に対して垂直にアミド結合が水素結合することで，自己集合する．その結果，内径7〜8Åで長さ数百nmに及ぶ均質なナノチューブが形成することが，透過型電子顕微鏡や電子線回折により示された．その後，多くの化学者によって，ペプチドの自己集合によるさまざまなナノ材料が創製されている．

APPENDIX

⑫ 分子の多様性から触媒反応へ――免疫システムからの教訓

P. G. Schultz, R. A. Lerner, "From Molecular Diversity to Catalysis: Lessons from the Immune System," *Science*, **269**, 1835 (1995).

1986年，アメリカ科学雑誌 *Science* の同一号に二つの「触媒抗体」に関する論文が連続ページで掲載された〔A. Tramontano et al., *Science*, **234**, 1566 (1986); S. J. Pollack et al., *Science*, **234**, 1570 (1986)〕．生体防御を担う抗体タンパク質に，酵素のような触媒機能が導入された．酵素が化学反応の遷移状態と結合し，安定化することによって化学反応を促進させるのと同様，ある反応の遷移状態に結合する抗体に，触媒機能が発現することが示された．この二つの論文が掲載されて以降，さまざまな反応の触媒となる抗体が報告された．これらの研究を行った P. G. Schultz と R. A. Lerner が，最初の触媒抗体の報告から約10年にわたる触媒抗体の研究例をまとめたのが本報である．テーラーメイドの人工酵素を自由自在に創りだすことができるようになった．なお，現在では遷移状態アナログに対するモノクローナル抗体以外にも，補因子を取り込むモノクローナル抗体や突然変異導入抗体などを用いて，さまざまな触媒抗体が得られている．

⑬ 界面活性剤とシクロデキストリンによる人工タンパク質シャペロンシステムの開発

D. Rozema, S. H. Gellman, "Artificial Chaperones: Protein Refolding via Sequential Use of Detergent and Cyclodextrin," *J. Am. Chem. Soc.*, **117**, 2373 (1995).

界面活性剤とそのホスト分子であるシクロデキストリンを組み合わせることで，熱変性および化学変性タンパク質の変性を抑制し，正しいリフォールディングを促し，"人工タンパク質シャペロン"としての機能を示した最初の報告例である．この論文を契機に，さまざまな人工タンパク質シャペロンシステムが開発された．

⑭ マイクロシン B17 合成酵素：前駆体ペプチドからオキサゾール/チアゾール含有抗生物質へ

Y.-M. Li, J. C. Milne, L. L. Madison, R. Kolter, C. T. Walsh, "From Peptide Precursors to Oxazole and Thiazole-Containing Peptide Antibiotics: Microcin B17 Synthase," *Science*, **274**, 1188 (1996).

8個の主鎖ヘテロ環骨格（アゾール環）をもつ抗菌活性ペプチド天然物である microcin B17 が，翻訳合成された前駆体ペプチドを出発物質として，酵素による翻訳後修飾を経て産生される RiPP (ribosomally synthesized and post-translatinally modified peptide) の一種であることを実証した．とくに，前駆体ペプチド中の Cys/Ser/Thr 残基がアゾール主鎖骨格へと変換されること，またこの修飾反応には3種類の生合成酵素 (McbB, McbC, McbD) が共同的にかかわっていることを初めて試験管内で実験的かつ直接的に証明したことが，特筆すべき成果としてあげられる．さらに，酵素によるリーダー配列領域の認識が下流のコアペプチド領域の修飾に重要であることも示した．近年，天然物ペプチドのなかでも大きなウェイトを占めることが明らかになってきたアゾール含有 RiPP であるが，本論文はその生合成研究における大きなマイルストーンといえよう．

⑮ 新しい TGF-β スーパーファミリーの一員によるマウスにおける骨格筋の制御

A. C. McPherron, A. M. Lawler, S.-J. Lee, "Regulation of Skeletal Muscle in Mice by a New TGF-β Superfamily Member," *Nature*, **387**, 83 (1997).

新たなトランスフォーミング成長因子 (transforming growth factor: TGF)-β スーパーファミリーの一員であるマイオスタチン (growth and differentiation factor-8: GDF-8) を最初の同定した論文である．さらに，GDF-8 が突然変異で機能しなくなった動物では，個々の筋肉が野生型動物よりも2～3倍重くなることを見いだしている．筋量の増大は，筋肉細胞過形成および肥大の組合せに起因し，マイオスタチンが骨格筋増殖の負の調節因子として特異的に機能することの発見に至っている．

APPENDIX

16 細胞膜に存在する機能性ラフト
K. Simons, E. Ikonen, "Functional Rafts in Cell Membranes," *Nature*, 387, 569（1997）.

流動性をもった脂質二分子膜のなかを，スフィンゴ脂質とコレステロールの動的な集合体（ラフト）が漂っており，それらが細胞内での膜成分の輸送やシグナル伝達において，特定の膜タンパク質のプラットホームとして機能していると考えるラフト仮説を提唱し，その後の生体膜研究に大きな影響を与えた．生体膜中の分子は膜面に水平な方向に移動可能であるが，完全に独立して自由に拡散するわけではなく，特定の分子群がある程度秩序だった動的な集合体を形成するという，不均一な生体膜構造のイメージを定着させることに大きく寄与した．

17 生体系における多価相互作用の役割およびリガンドや阻害剤としての多価化合物の応用
M. Mammen, S. K. Choi, G. M. Whitesides, "Polyvalent Interactions in Biological Systems Implications for Design and Use of Multivalent Ligands and Inhibitors," *Angew. Chem. Int. Ed.*, 37, 2754（1998）.

多価効果に関するレビュー論文である．G. M. Whitesides はこれ以前に糖鎖高分子とインフルエンザウイルスの結合阻害効果に関する論文を発表している．また，当時ほかの研究者からも糖鎖高分子とレクチンとの相互作用について報告があった．しかしながら，糖鎖高分子をはじめ，多価効果が生体物質の分子認識の普遍的なメカニズムであることを総合的に示したレビューはなかった．とくに，多価効果が物理化学的にどのように解釈されるかについて明確に理論がまとめられており，曖昧に理解されていた多価効果の働きを明らかにした．多価効果については複数の結合をつくることによるエンタルピーの利得だけではなく，場合によってはリガンドがうまく使われないことによるエネルギー的な差損や，多価化合物におけるエントロピーの利得や損などの側面がある．それらを明確に実例とともに示した．生物の分子認識の科学的な理解が飛躍的に進み，糖鎖高分子の研究だけでなく，生体機能性材料もしくは生体機能の物理化学的な理解が大きく進んだ．

18 球状ウイルスキャプシドへの無機および有機材料の内包
T. Douglas, M. Young, "Host–Guest Encapsulation of Materials by Assembled Virus Protein Cages," *Nature*, 393, 152（1998）.

タンパク質の自己集合により球状ウイルスのキャプシドは，均一なサイズをもつ魅力的なナノ材料である．1998 年に当時テンプル大学の T. Douglas らは，ササゲクロロティックモットルウイルス（CCMV）から内包されている RNA を除去し，その内部空間でのポリ酸（パラタングステン酸塩およびデカバナジウム酸塩）のミネラリゼーションに成功した．また，pH に応じて CCMV キャプシドが表面細孔を開閉することを利用して，アニオン性の合成高分子を CCMV キャプシドに内包することにも成功した．これ以降，さまざまな天然ウイルスキャプシドの内部空間でのナノ材料の合成や内包が報告され，ウイルスナノテクノロジーが発展している．

19 IgG 型バイスペシフィック抗体の作製方法
A. M. Merchant, Z. Zhu, J. Q. Yuan, A. Goddard, C. W. Adams, L. G. Presta, P. Carter, "An Efficient Route to Human Bispecific IgG," *Nat. Biotechnol.*, 16, 677（1998）.

通常のヒトモノクローナル IgG 抗体は，両腕の抗原結合部位である Fab が同一の抗原に結合するが，両腕の Fab が異なる抗原に結合する二重特異性抗体の作出は，これまで困難とされていた．本研究では，ファージディスプレイ技術を駆使して，両腕の Fab の軽鎖を同一にすることに成功し，また重鎖のヘテロ会合化を促進する鍵と鍵穴の関係の改変（Knobs-into-hole）を同定した．このアプローチにより，ヒト IgG 型の二重特異性抗体の作製の道筋が示された．

APPENDIX

⑳ C3H/HeJ および C57BL/10ScCr マウスにおける LPS シグナリングの欠損：*Tlr4* 遺伝子の突然変異

A. Poltorak, X. He, I. Smirnova, M.-Y. Liu, C. Van Huffel, X. Du, D. Birdwell, E. Alejos, M. Silva, C. Galanos, M. Freudenberg, P. Ricciardi-Castagnoli, B. Layton, B. Beutler, "Defective LPS signaling in C3H/HeJ and C57BL/10ScCr mice: mutations in *Tlr4* gene," *Science*, **282**, 2085（1998）.

リポ多糖（LPS）受容体が Toll 様受容体 4（Toll-like receptor 4：TLR4）であることを示した画期的論文である．芝・楠本らと Lüderitz・Galanos・Rietschel らの日独共同研究グループにより，1991 年にリピド A 誘導体であるリピド VIa がアンタゴニスト作用をもつことが見いだされた．アンタゴニストの存在は受容体の存在を意味するため，多くの研究者により LPS 受容体探索の競争が繰り広げられた．1996 年に Hoffmann らは，真菌に対するショウジョウバエの生体防御因子として Toll を，翌年には Janeway らが哺乳類に Toll 様受容体を見いだした（ヒトでは TLR1～TLR10 の 10 種類が知られている）．Beutler は遺伝的手法を用い，LPS に非応答性の C3H/HeJ および C57BL/10ScCr マウスを用いて，TLR4 が LPS 受容体であることを明らかにした．これらは自然免疫の働きを物質レベルで解明した画期的成果であり，Hoffmann と Beutler は 2011 年のノーベル生理学・医学賞を受賞した．

㉑ D-Ala-D-Ala に結合することなくペプチドグリカン生合成を阻害するバンコマイシン誘導体

M. Ge, Z. Chen, H. R. Onishi, J. Kohler, L. L. Silver, R. Kerns, S. Fukuzawa, C. Thompson, D. Kahne, "Vancomycin Derivatives that Inhibit Peptidoglycan Biosnytheisis without Binding D-Ala-D-Ala," *Science*, **284**, 507（1999）.

1999 年，ハーバード大学の Kahne は，耐性菌克服のためには作用機序を考慮した分子デザインが重要であると先駆的な意見を述べている．当時，誘導体はバンコマイシンの作用機序をそのまま維持しているものと信じられていた．なかには，十分な実験的裏付けがないにもかかわらず，耐性菌リピドⅡへの結合と抗菌活性の関係を主張する研究者が多かった．しかし，この論文は，耐性菌に有効な抗菌活性を示すバンコマイシン誘導体が，バンコマイシン本来の作用と異なる機序を獲得することを明確に示した．すなわち，バンコマイシンは細胞壁合成の「基質」に作用する一方で，誘導体は「酵素」に非競合阻害様式で作用することを示した．この結果は，多くの化学者に強いインパクトを与え，今日における作用機序解析の重要性を認識させることにつながった．

㉒ His64 変異ミオグロビンの過酸化水素による反応中間体の生成と触媒活性

T. Matsui, S. Ozaki, Y. Watanabe, "Formation and Catalytic Roles of Compound I in the Hydrogen Peroxide-Dependent Oxidations by His 64 Myoglobin Mutants," *J. Am. Chem. Soc.*, **121**, 9952（1999）.

酸素運搬しかできないと考えられていたミオグロビン（Mb）の変異体によって，一酸素添加反応とその中間体の直接観察に成功した報告．Mb の活性中心に存在するヘムの反応性を近傍に存在するアミノ酸置換により劇的に変換した．とくに，Mb を使ってヘム酵素が触媒する高難度酸化反応の要となる反応中間体（Compound I）の検出に成功したことは，さまざまな人工金属酵素の設計に大きなインパクトを与えるものであった．

㉓ ナノゲルシャペロンシステムの構築

K. Akiyoshi, Y. Sasaki, J. Sunamoto, "Molecular Chaperone-Like Activity of Hydrogel Nanoparticles of Hydrophobized Pullulan: Thermal Stabilization with Refolding of Carbonic Anhydrase B," *Bioconjugate. Chem.*, **10**, 321（1999）.

疎水化多糖からなるナノゲルが，熱変性タンパク質や巻き戻り中間体を捕まえ，その凝集を阻害することや，その溶液にシクロデキストリンを加え，物理架橋点を崩壊させることで，タンパク質の正しいフォールディングと放出を制御できることを示した論文である．その後の疎水化多糖によるシャペロン機能工学を発展させるうえで，重要な役割を果たした．

㉔ 多糖/核酸複合体の発見

K. Sakurai, S. Shinkai, "Molecular Recognition of Adenine, Cytosine, and Uracil in a Single-Stranded RNA by a Natural Polysaccharide: Schizophyllan," *J. Am. Chem. Soc.*, **122**, 4520 (2000).

世界で初めて多糖と核酸の相互作用から形成される複合体の発見を記載した論文．本発見により多糖/核酸複合体の核酸医薬のキャリアとしての研究が始まった．

㉕ 対称性を考慮した融合タンパク質の自己集合によるタンパク質ケージ

J. E. Padilla, C. Colovos, T. O. Yeates, "Nanohedra: Using Symmetry to Design Self-Assembling Protein Cages, Layers, Crystals, and Filaments," *Proc. Natl. Acad. Sci. USA*, **98**, 2217 (2001).

ウイルスキャプシドに代表される天然のタンパク質カプセル構造は，対称性の高い自己集合様式によって構築されている．UCLAのT. O. Yeatesらは，天然の自己集合戦略を模倣し，二量体形成するタンパク質サブユニットと三量体形成するタンパク質サブユニットを連結した融合タンパク質を創製し，その自己集合により人工的なタンパク質ケージの構築に成功している．透過型電子顕微鏡観察および超遠心分析により，正四面体状のタンパク質ケージの形成が示されている．二量体形成サブユニットと三量体形成サブユニットを連結するリンカーを変えることで，層状・繊維状などの形態のタンパク質集合体を構築することもできる．この研究以降，タンパク質自己集合によるナノ構造構築に関する研究が発展している．

㉖ クリックケミストリー：少数の有用な反応から生み出される多様な化学的機能

H. C. Kolb, M. G. Finn, K. B. Sharpless, "Click Chemistry: Diverse Chemical Function from a Few Good Reactions," *Angew. Chem. Int. Ed.*, **40**, 2004 (2001).

本論文でSharplessらは，炭素-ヘテロ原子間の結合形成反応が，多様な機能性分子の創出にきわめて有用であることを指摘するとともに，そのような結合を高い選択性で迅速かつ確実に形成させる反応の具体例を示し，この合成手法をクリックケミストリーと名付けた．とくに優れた反応として，アジド基とエチニル基の環化付加反応があげられている．これらの官能基は生体にほとんど存在せず，また，生体分子との反応性がきわめて低いことから，一方の官能基で標識した生体分子アナログを生体に取り込ませた後に，もう一方の官能基で標識した蛍光物質を結合させて可視化し，生体分子の挙動解析を行うなど，生命科学分野でも広く利用されるようになった．有機合成分野のみならず，生命科学分野に新しいアプローチを導入することに大きく貢献した重要な論文である．

㉗ β1,3-グルカン受容体の発見

G. D. Brown, S. Gordon, "Immune Recognition. A New Receptor for Beta-Glucans," *Nature*, **413**, 36 (2001).

2001年にBrownらにより，βグルカンの新しい受容体であるデクチン1が報告された．多糖/核酸複合体の多糖はβグルカンであることから，本論文は複合体の免疫細胞特異的デリバリーの可能性を示した．多糖/核酸複合体のキャリアとしての研究に期待が高まった．

㉘ 人工的な分子アレイを用いたバクテリアの化学受容体間の情報交換

J. E. Gestwicki, L. L. Kiessling, "Inter-Receptor Communication Through Arrays of Bacterial Chemoreceptors," *Nature*, **415**, 81 (2002).

精密合成した糖鎖高分子を用いて，細胞に対するシグナルの制御を行った研究である．この論文では，開環メタセシス重合（ROMP）を利用して，高分子を精密に合成し，ガラクトースを側鎖に結合させた．分子鎖長を精密に制御して，モノマー，短い鎖の高分子，長い鎖の高分子を用いて，大腸菌に対する作用を検討した．大腸菌は，受容体タンパク質を通して糖を認識している．さらに受容体タンパク質は，他のタンパク質と影響して，二次的なシグナルのタンパク質に影響を与え，高分子による糖鎖クラスターを認識することで，糖認

APPENDIX

識とは関係ないタンパク質の機能をも亢進することがわかった．精密重合した高分子の分子サイズは，タンパク質のクラスターを制御するのに十分な大きさをもつことから，高分子に独特の作用でもあることが示された．

㉙ エプシンにより形成されるクラスリン被覆ピット（小孔）の曲率

M. G. J. Ford, I. G. Mills, B. J. Peter, Y. Vallis, G. J. K. Praefcke, P. R. Evans, H. T. McMahon, "Curvature of Clathrin-Coated Pits Driven by Epsin," *Nature*, 419, 361 (2002).

クラスリンエンドサイトーシスの最初のステップでは，細胞表面においてクラスリンに覆われる形で細胞膜が細胞内に陥没した状態（クラスリン被覆ピット）が形成される．この細胞膜の湾曲状態が，細胞膜の細胞質側に存在する phosphatidylinositol-4,5-biphosphate [PtdIns(4,5)P2] との相互作用によって，エプシン1が細胞膜に引き寄せられ，そのN末端ペプチドを膜に挿入することにより誘起されることを示した論文．エプシン1によって，リポソームがチューブ状に変形されることも同時に示されている．タンパク質によって膜の曲率誘導がなされることを，その生理的意義と結びつけて示した先駆的論文の一つ．McMahon は，BARドメインによる膜曲率の感知に関しても報告している〔B. J. Peter et al., *Nature*, 303, 49 (2004)〕．タンパク質による膜変形に関してまとめた総説〔H. T. McMahon, J. L. Gallop, *Nature*, 438, 590 (2005)〕も必読．

㉚ 哺乳動物細胞において，恒常的な RNA 干渉効果を得るための発現ベクター設計法

P. J. Paddison, A. A. Caudy, E. Bernstein, G. J. Hannon, D. D. Conklin, "Short Hairpin RNAs (shRNAs) Induce Sequence-Specific Silencing in Mammalian Cells," *Genes Dev.*, 18, 948 (2002).

Fire と Mello は，長鎖二本鎖 RNA による RNA 干渉（RNAi）を発見し，2006年にノーベル医学・生理学賞を受賞した．また Tuschl らは，化学合成により得た 3′末端に，2 mer のオーバーハングを含む 21 mer の二本鎖 RNA，すなわち small interfering RNA（siRNA）が選択的かつ強力な RNAi を誘起することを報告した．一方，この論文では，プラスミド DNA を用いて RNAi を誘起する有用な方法論が示された．RNA polymerase III に属する U6 プロモーターの下流に，short hairpin 型の RNA(shRNA) をコードするプラスミド DNA を作製した．このプラスミド DNA は哺乳動物細胞において恒常的に shRNA を産生し，shRNA から siRNA へのプロセシングを経て RNAi を誘起することが報告され，持続的な RNAi 効果の獲得が可能となった．ほぼ同時期に，プラスミド DNA を利用した RNAi 誘導法に関する論文が複数報告されたが，本報の方法が現在最も汎用されている．

㉛ アルギニンペプチドの膜との相互作用における水素結合形成の重要性

J. P. Rothbard, T. C. Jessop, R. S. Lewis, B. A. Murray, P. A. Wender, "Role of Membrane Potential and Hydrogen Bonding in the Mechanism of Translocation of Guanidinium-Rich Peptides into Cells," *J. Am. Chem. Soc.*, 126, 9506 (2004).

オリゴアルギニンや HIV-1 Tat 由来の塩基性ペプチドが細胞膜を通過し，また，これらとの架橋により，さまざまな生理活性分子を細胞内に送達しうることが示されている．また，これらのペプチドの細胞膜への曲率誘導能と膜透過の関連も示唆されている〔N. Schmidt et al., *FEBS Lett.*, 584, 1806 (2010)〕．これらのペプチドの細胞膜との相互作用，とくにグアニジノ基と脂質のリン酸基との相互作用には，両者の間の静電的相互作用と水素結合のいずれがより重要かという議論が行われていた．本論文では，グアニジノ基の水素をメチル基と置換することにより，塩基性は高まるものの，細胞内への移行量は低下することが報告され，細胞膜との相互作用における水素結合の重要性が明確に示された．

APPENDIX

32 黄色ブドウ球菌におけるペニシリン結合タンパク質 PBP2 の分裂面へのリクルートはトランスペプチデーション基質に依存する

M. G. Pinho, J. Errington, "Recruitment of Penicillin-Binding Protein PBP2 to the Division Site of Staphylococcus aureus is Dependent on its Transpeptidation Substrates," *Mol. Microbiol.*, 55, 799 (2005).

細菌の細胞壁は，細胞表面で一様に合成されるわけではない．この論文は，主たる細胞壁合成酵素である PBP2 が，細胞表面の適切な位置にタイムリーに移動する機構を，生細胞イメージングを駆使して明らかにした．これまでおもに使われてきた精製酵素系などのアッセイは，細胞表面での酵素の動的な挙動を無視しており，イメージング技術の抗菌薬作用機序解析における威力を示す重要な論文といえる．MRSA 感染症において，「菌の分裂機構を段階的に観察する」という着眼点が注目され，感染症克服を目指す多くの科学者に強いインパクトを与えた．

33 クリックケミストリーとリビングラジカル重合を融合させた新規糖鎖高分子の合成

V. Ladmiral, G. Mantovani, G. J. Clarkson, S. Cauet, J. L. Irwin, D. M. Haddleton, "Synthesis of Neoglycopolymers by a Combination of "Click Chemistry" and Living Radical Polymerization," *J. Am. Chem. Soc.*, 128, 4823 (2006).

リビングラジカル重合とクリックケミストリーを用いて，糖鎖高分子を簡便に，かつ精密に合成する手法を報告した初めての論文である．この後，糖鎖高分子の研究がほかの領域の研究者にも手を付けやすい分野に代わり，高分子化学者，生物化学者が膨大な研究を始める契機となった．糖鎖高分子のリビングラジカル重合については，初めて行われたものではなく，この論文の責任著者である Haddleton は，以前にも糖鎖高分子の実質的なリビングラジカル重合をニトロキシドラジカルで初めて行った．しかし，実践的に展開するのが難しいことからか，このグループでは，その後の研究を行わなかった経緯がある．クリックケミストリーを用いることで，高分子を合成した後に簡便かつ定量的に結合させることができている．この方法を用いることで，精密高分子合成と生体機能性材料の融合が進んだ．精密な高分子を利用することで，タンパク質の大きさを考慮したナノバイオテクノロジーへの展開が進んだ．

34 ホヤに共生するシアノバクテリアにおける天然物ペプチドライブラリー

M. S. Donia, B. J. Hathaway, S. Sudek, M. G. Haygood, M. J. Rosovitz, J. Ravel, E. W. Schmidt, "Natural Combinatorial Peptide Libraries in Cyanobacterial Symbionts of Marine Ascidians," *Nat. Chem. Biol.*, 2, 729 (2006).

ホヤに共生するシアノバクテリアのなかに，多彩な配列の RiPP 前駆体ペプチド遺伝子が存在しており，これらから多種多様なアゾール含有天然物ペプチドが産生されていることを示した．具体的には，太平洋で採取した 46 種のホヤに含まれるシアノバクテリアのゲノム配列を解読し，互いに非常に似ているが，コアペプチド領域のみが異なる多数の RiPP 生合成遺伝子群を発見した．このことは，シアノバクテリアが天然物ペプチドライブラリーを生産し，これを宿主であるホヤが利用していることを示唆している．遺伝子配列でのバリエーションにより，異なる構造の天然物が生みだされるという，RiPP の長所の一つを生物が巧みに利用していることを実証した点で興味深い論文である．

35 エンベロープ L タンパク質由来細胞内侵入阻害剤を用いた in vivo における B 型肝炎ウイルスの感染予防

J. Petersen, M. Dandri, W. Mier, M. Lütgehetmann, T. Volz, F. von Weizsäcker, U. Haberkorn, L. Fischer, J.-M. Pollok, B. Erbes, S. Seitz, S. Urban, "Prevention of Hepatitis B Virus Infection *in vivo* by Entry Inhibitors Derived from the Large Envelope Protein," *Nat. Biotechnol.*, 26, 335 (2008).

HBV の外皮 L タンパク質の受容体結合部位（ミリストイル化された N 末端 47 残基）をペプチドとして合成し，これを HBV の *in vitro* 感染系に添加すると，受容体との競合によって感染阻害できることが示されていた．本論文では，上記ペプチドによる感染阻害が *in vivo* でも可能であることを示した．実験モデルは，ヒト肝臓細胞で肝臓が置換されたキメラマウスを使用しており，非常に低量のペプチドをキメラマウスにあらかじめ皮

APPENDIX

下投与することで，HBV の感染を防御できることが示された．本感染阻害剤は，肝臓移植の際の HBV 感染の予防や，慢性 B 型肝炎患者における HBV の増殖抑制などに使用できる可能性があり，現在臨床試験が行われている．

36 ペプチドによる曲率感知

N. S. Hatzakis, V. K. Bhatia, J. Larsen, K. L. Madsen, P. Y. Bolinger, A. H. Kunding, J. Castillo, U. Gether, P. Hedegård, D. Stamou, "How Curved Membranes Recruit Amphipathic Helices and Protein Anchoring Motifs," *Nat. Chem. Biol.*, **5**, 853 (2009).

種々の直径（曲率）をもつリポソームを基板上に固定し，蛍光標識した BAR ドメインタンパク質の一種であるエンドフィリンの，N 末端配列由来の両親媒性ペプチドのリポソームに対する結合性の評価を行った．すると，直径の小さい（＝高い曲率をもつ）リポソームに対して，このペプチドはより高い親和性を示した．解析の結果，曲率の高い膜へのペプチドの優先的な結合は，結合時の親和性の差によるものではなく，曲率の高いリポソームはより多くの構造欠陥（脂質のアシル鎖が膜表面に露出する状態）をもつために，より高密度での両親媒性ペプチドの膜へのリクルートを可能にすることに起因するという，興味ある説が示されている．

37 潜在性関連ペプチド中の二つの異なった領域が潜在性状態のトランスフォーミング成長因子 β 複合体安定性を調整する

K. L. Walton, Y. Makanji, J. Chen, M. C. Wilce, K. L. Chan, D. M. Robertson, C. A. Harrison, "Two Distinct Region of Latency-Associated Peptide Coordinate Stability of the Latent Transforming Growth Factor-β1 Complex," *J. Biol. Chem.*, **285**, 17029 (2010).

トランスフォーミング成長因子（TGF）-β1 の成熟二量体，TGF-β1 プロペプチド（LAP），および潜在性 TGF-β 結合タンパク質からなる TGF-β の不活性な複合体において，この複合体の安定性に寄与する LAP 中の 2 領域を同定した．ことに，LAP の N 末端部に存在する両親媒性 α-ヘリックス部の疎水性残基が，同一平面上に隣接して疎水性面を形成する．この部分が成熟 TGF-β1 と相互作用して，安定な潜在複合体を形成することを提唱した．さらに，稀な骨障害 Camurati-Engelmann 病の原因となる LAP 遺伝子変異では，二量体化が阻害され，不活性な TGF-β1 複合体を不安定にすることを突き止めた．

38 抗原に繰り返し結合するリサイクリング抗体

T. Igawa, S. Ishii, T. Tachibana, A. Maeda, Y. Higuchi, S. Shimaoka, C. Moriyama, T. Watanabe, R. Takubo, Y. Doi, T. Wakabayashi, A. Hayasaka, S. Kadono, T. Miyazaki, K. Haraya, Y. Sekimori, T. Kojima, Y. Nabuchi, Y. Aso, Y. Kawabe, K. Hattori, "Antibody Recycling by Engineered pH-Dependent Antigen Binding Improves the Duration of Antigen Neutralization," *Nat. Biotechnol.*, **28**, 1203 (2010).

通常のヒトモノクローナル IgG 抗体では，両腕の抗原結合部位である Fab は，抗原に一度しか結合できないという限界が存在した．すなわち，抗原に対する親和性が無限大であったとしても，分子の IgG 抗体は両腕で二分子の抗原にしか作用することができなかった．本研究では，抗体抗原の結合親和性に pH 依存性を付与することで，血漿中の中性条件下では抗原に結合し，エンドソーム内の酸性条件下では抗原を解離させることを可能にした．動物実験において，このような pH 依存的抗原結合をもつリサイクリング抗体が複数回抗原に結合し，通常の抗体と比較して，長時間薬理作用を発揮できることが示された．

㊴ 不活性化状態のTGF-βの構造とその活性化

M. Shi, J. Zhu, R. Wang, X. Chen, L. Mi, T. Walz, T. A. Springer, "Latent TGF-β Structure and Activation," *Nature*, **474**, 343 (2011).

トランスフォーミング成長因子（TGF)-βの二量体は，その二量体のプロドメインと潜在的な複合体を形成し，細胞外マトリックスに不活性化状態で貯蔵されることを報告した論文である．複合体の結晶構造解析からどのようにプロドメインが当該成長因子の体配座を変化させ，受容体による認識を阻害しているかを解き明かしている．また，このプロドメインによる不活性化機構が，33種類のTGF-βスーパーファミリーに共通した活性制御システムであることを提唱した．

㊵ ナトリウム-タウロコール酸共輸送ポリペプチドはB型およびD型肝炎ウイルスの機能的な受容体である

H. Yan G. Zhong, G. Xu, W. He, Z. Jing, Z. Gao, Y. Huang, Y. Qi, B. Peng, H. Wang, L. Fu, M. Song, P. Chen, W. Gao, B. Ren, Y. Sun, T. Cai, X. Feng, J. Sui, W. Li, "Sodium Taurocholate Cotransporting Polypeptide is a Functional Receptor for Human Hepatitis B and D Virus," *Elife*, **1**, e00049 (2012).

HBVの研究者が数十年取り組んできたにもかかわらず，解明されていなかった，宿主受容体を同定した論文である．この論文では，HBVのエンベロープタンパク質中に存在する，受容体に結合するとされていたペプチドと，紫外線で活性化される架橋リンカーを組み合わせることで，おもにヒト肝臓細胞にのみ発現しているNTCPを同定した．従来ではHBVの *in vitro* 感染系は，ヒト初代肝臓細胞や，煩雑な培養が必要な特殊な細胞株しか使用できなかったが，本論文の成果によって，ヒト肝臓がん細胞株にNTCPを過剰発現させることで，簡便な *in vitro* 感染系が構築できるようになった．本論文の反響は大きく，2012年の発表以来すでに700回以上引用されている．

㊶ メタゲノム解析により，ポリセオナミドがリボソーム翻訳後修飾ペプチドであることを実証

M. F. Freeman, C. Gurgui, M. J. Helf, B. I. Morinaka, A. R. Uria, N. J. Oldham, H.-G. Sahl, S. Matsunaga, J. Piel, "Metagenome Mining Reveals Polytheonamides as Posttranslationally Modified Ribosomal Peptides," *Science*, **338**, 387 (2012).

D体アミノ酸を始めとして，多数の非タンパク質性骨格を含む天然物ペプチドであるポリセオナミドが，実はRiPPの一種であることを明らかにした．通常，翻訳反応由来のペプチドはL体のアミノ酸から成っており，D体のアミノ酸を含む天然物ペプチドは，もっぱらNRPS経路で生合成されると長く信じられてきた．この論文では，ラジカルSAM（S-アデノシルメチオニン）酵素の一種であるPoyD酵素が，前駆体ペプチド上でアミノ酸の立体異性化反応を触媒し，18か所のD体アミノ酸を形成していることを明らかにした．この論文以降も，NRPSでしか合成されないと考えられてきた非タンパク質性骨格を形成しうるRiPP生合成酵素の発見が相次いでおり，RiPP経路で生産される骨格の範囲がどんどん広がっているが，その先鞭をつけた報告といえよう．

㊷ ヒト細胞内におけるDNAグアニン四重らせん構造の定量的可視化

G. Biffi, D. Tannahill, J. McCafferty, S. Balasubramanian, "Quantitative visualization of DNA G-quadruplex structures in human cells," *Nat. Chem.*, **5**, 182 (2013).

DNAグアニン四重らせん（G-4）構造は，グアニン連続配列で形成される高次構造である．本論文では，DNA四重らせん構造に非常に高い親和性・選択性で結合する抗体を作成し，この抗体を用いて，細胞内におけるゲノム中のDNA四重らせん構造の可視化に成功している．細胞内でこの抗体は染色体末端に局在化しており，テロメア領域にG-4構造が形成されていることを確認している．さらに，この抗体を用いて細胞周期に

APPENDIX

よる G-4 構造形成の違いを調べた結果，S 期（DNA 複製期）に G-4 構造の形成が促進されることを示しており，複製の際に，DNA が一本鎖になる時に G-4 構造の形成が促進されると考察している．また G-4 構造を安定化する低分子プローブを用いて，細胞内でこのプローブが G-4 構造の形成を促進することも明らかにしている．本論文の結果は，細胞内での G-4 構造の証明，さらには G-4 構造を安定化するプローブが細胞内でも機能することを示しており，G-4 構造の生化学的重要性を示す報告であり非常にインパクトの高い．

㊸ ブドウ球菌の細胞周期における細胞形態のダイナミクス

J. M. Monteiro, P. B. Fernandes, F. Vaz, A. R. Pereira, A. C. Tavares, M. T. Ferreira, P. M. Pereira, H. Veiga, E. Kuru, M. S. Van Nieuwenhze, Y. V. Brun, S. R. Filipe, M. G. Pinho, "Cell Shape Dynamics During the Staphylococcal Cell Cycle," *Nat. Chemmun.*, **6**, 8055（2015）.

M. S. Van Nieuwenhze らが報告した代謝標識技術 FDAA 法は，細菌の細胞壁合成をリアルタイムで可視化する方法である．M. G. Pinho らは，FDAA 法を用いてミリ秒単位の時間尺度で黄色ブドウ球菌の細胞周期を観察した．従来，黄色ブドウ球菌などの球状の菌は，母細胞に分裂面が生じたのち，分裂面を対称面として二つの娘細胞に等分されると考えられていた．そのため，細胞壁合成は分裂面でのみ行われると報告されていた．しかし，Pinho と Van Nieuwenhze の実験結果より，黄色ブドウ球菌は球状から楕円形へと変化したのち，分裂面の細胞壁合成が開始することがわかった．すなわち，楕円形になるための横の細胞壁合成と分裂面での縦の細胞壁合成の 2 種類が存在することになる．2005 年の Pinho らの論文〔M. G. Pinho et al., *Mol. Microbiol.*, **55**, 799（2005）〕が，細胞壁合成酵素の挙動を観察したのに対して，FDAA 法は，生成しつつある生成物（ペプチドグリカン）の観察を可能とする．蛍光標識された D-アミノ酸を培地に添加するだけという簡便さも魅力である．

㊹ 毒性のある CUG 繰り返し配列をもつ RNA を正確に認識する小分子

S. G. Rzuczek, L. A. Colgan, Y. Nakai, M. D. Cameron, D. Furling, R. Yasuda, M. D. Disney, "Precise small-molecule recognition of a toxic CUG RNA repeat expansion," *Nat. Chem. Biol.*, **13**, 188（2017）.

近年，RNA が遺伝子発現にかかわるさまざまな機能をもつことが明らかとなっており，新たな創薬標的として非常に注目されている．しかし，RNA は細胞内でさまざまな二次構造を形成するため，標的 RNA に選択的に結合する低分子の開発は非常に困難である．本論文の筆者らは，筋ジストロフィー DM1 を起こす一因と考えられている，異常繰り返し構造である CUG リピートに対して結合する化合物の開発を展開してきた．本論文では非共有結合性，共有結合性，さらには標的 RNA を切断する機能をもたせた新しい低分子プローブの開発を報告している．いずれのプローブも CUG リピートに対して選択的に結合し，目的の機能を実現している．さらに標的 CUG リピート RNA に結合し近接効果によりクリック反応が進行するプローブを用いて，細胞内におけるイメージングにも成功している．本論文は細胞内で CUG リピートを正確に認識できる低分子プローブを開発しており非常にインパクトが高い．

APPENDIX

Part III 役に立つ情報・データ
覚えておきたい ★ 関連最重要用語

B型肝炎ウイルス(HBV)
エンベロープをもつ直径42 nmのDNAウイルスで，2017年現在，世界中で2億5700万人が感染していると推測されている．肝硬変や肝臓がんの原因となることから，B型肝炎ウイルスの根治を可能とする薬剤の開発が期待されている．

FR/CDRシャッフリング技術(FR/CDR Shuffling Technology)
抗体の可変領域は相補性決定領域(CDR1–3)とそれを構造的に支えるフレームワーク領域(FR1–4)からなるが，この部分のキメラ鎖を遺伝子工学的に作成するためのシャッフリング技術．

Toll様受容体(Toll-like receptor: TLR)
さまざまな病原体に対するセンサーとして機能するパターン認識受容体の一種．現在，TLRファミリーは11種類見つかっている．各TLRは病原体に共通して存在する成分(リポ多糖，リポタンパク質や核酸など)を認識して，サイトカインや情報伝達物質などの産生を促し，免疫応答を誘導する．TLRを介した免疫誘導は，元来生体に備わる重要な防御機構であるが，核酸医薬分子の開発においては，避けなければならない副反応の一つである．

ζ電位
溶液中の微粒子のまわりに形成する電気二重層中の液体流動が起こりはじめる「滑り面」と，界面から充分に離れた部分との間の電位差のことである．一般にζ電位は，界面動電現象の測定からSmoluchowskiの式を用いて求めることができる．

β-アニュラス構造
「アニュラス」とはラテン語で「小さい環」を意味する．トマトブッシースタントウイルス，セスバニアモザイクウイルス，チューリップイエローモザイクウイルスなどの球状ウイルスキャプシドの三回対称軸において見られる構造で，3本のポリペプチドが集合して小さい環を形成している．ペプチドの二次構造としてはβ構造の水素結合様式に近いので，β-アニュラス構造とよばれている．

アジュバント
補助剤を意味する．ワクチンにおいては，抗原のみでは効果的に抗体が産生されないので，抗体産生増強作用をもつアルミニウム塩を補助剤として添加する．自然免疫活性化分子がアジュバントとして注目されている．

エピトープ(epitope)
抗原の特定の構造単位で，6～10個のアミノ酸や5～8の単糖の配列からなり，抗体はエピトープを認識して抗原に結合している．

エンドサイトーシス
細胞の生理的な水溶性の養分の取り込み機構．多くの場合，細胞膜が陥没し，脂質小胞(エンドソーム)に内包して細胞内に運び込まれる．細胞内で他の脂質小胞との融合・分離が繰り返され，取り込まれた物質は最終的にリソソームに運ばれ，加水分解酵素によって分解され，利用される．この経路は体内に侵入した病原微生物を排除するための，生体防御機構としても利用される．

オリゴエチレングリコールおよびポリエチレングリコール
オリゴエチレングリコールおよびポリエチレングリコール(polyethylene glycol: PEG)は，生体適合性が高い化合物として知られている．たとえば，ドラッグデリバリーシステムで用いられるリポソームをオリゴエチレングリコールおよびPEGで修飾すると血流対流寿命が延長し，さらに，核酸の骨格をオリゴエチレングリコールおよびPEGで修飾すると細胞膜透過性の向上，ヌクレアーゼ耐性の向上などの効果が得られる．

核酸医薬
DNAやRNAを利用した医薬．低分子医薬やタンパク質医薬と比較して遺伝子に直接働きかけることができる次世代医薬であり，その開発は注目されている．

核酸の構造
核酸(DNAおよびRNA)にはアデニン(A)，シトシン(C)，グアニン(G)，チミン(T)〔RNAではウラシル(U)〕の4種類の塩基があり，AはT(またはU)と，CはGと水素結合し(ワトソン・クリック塩基対を形成し)，二重らせん構造をつくる．さらに，Gの連続配列からなる核酸はフーグスティーン塩基対によって四つのGが結びついた四重らせん構造をつくることができる．

ケミカルシャペロン
タンパク質の適切な折りたたみ(フォールディング)を

APPENDIX

介助する分子をシャペロンと呼ぶ．シャペロンの多くはタンパク質であるが，比較的低分子の化合物がタンパク質の折りたたみを介助する場合，これをケミカルシャペロンとよぶ．

抗原決定基
そのもの自体は免疫原性がないが，キャリアータンパク質などと結合することにより免疫原性をもつようになるような低分子化合物．

抗体–薬剤複合体
抗体と薬剤が連結した抗体医薬品の総称．抗体の高い標的選択性と生体内安定性から従来の医薬品よりも副作用が少なく，投与回数を大幅に減らすことができる．おもに，がんや自己免疫疾患における薬剤開発が進んでいる．

再構成型翻訳反応系
翻訳反応に必要なタンパク質やリボソームを個別に精製した後，試験管内で適宜混合する（再構成）ことで翻訳活性をもつ反応液を調製する．東京大学の上田・清水らによる PURE system が先駆的な例としてあげられる．

細胞透過ペプチド
細胞内への移行性を示す数〜30 残基程度のペプチド．これらのペプチドと連結することでタンパク質をはじめとするさまざまな分子が細胞内に送達される．HIV-1 Tat ペプチドやオリゴアルギニンがその代表例．また protein transduction domain（PTDs）とよばれることもある．

シアル酸
カルボキシル基とアミノ基含有 9 炭糖であるノイラミン酸並びにその $N-$，$O-$ 置換体などの誘導体の総称である．一般に糖鎖の非還元末端に存在し，種々の認識に対して重要な機能を担っている．自己のシグナルとして働くことが多い．

シャペロン機能
変性状態にあるタンパク質を，凝集させることなく，正しくフォールディングさせることを助ける機能．近年では，その概念が拡張されつつあり，人工分子集合体の形成を介添えするシャペロンシステムも報告されつつある．

スプライシング
真核生物の多くの遺伝子は，イントロンと呼ばれる非コード領域（タンパク質をコードしていない領域）と，エキソンと呼ばれるコード領域（タンパク質をコードしている領域）からなる．DNA から転写された直後の RNA からイントロン部分を除去し，エキソン部分を連結する反応をスプライシングとよぶ．

走査型イオンコンダクタンス顕微鏡
内部を電解質で満たした微小ガラスピペットを短針として，その先端と試料表面の間の距離によりイオン電流が変化することを利用し，非接触で試料表面の形状を記録できる装置．

ソルターゼ
グラム陽性細菌の菌体表層に存在し，細胞壁合成を担う酵素群の一つ．A 群連鎖球菌の場合，タンパク質 C 末端に LPXTG 配列をもつ基質を認識して標識する．

代謝標識法
細胞内の代謝反応を利用し，生体分子を蛍光やタグで標識する手法．生体分子間の相互作用や酵素活性に関する情報が得られることから，多方面で利用されている．

多価効果
多数の結合の形成によって，分子間相互作用を強める効果のこと．Part II 5 章では，糖クラスターとタンパク質の多数の結合形成を指しているが，自然界ではタンパク質間相互作用や抗体の分子認識でも同様の効果が働いている．

脱塩基部位
DNA の糖と塩基をつないでいるグリコシル結合が切断され，塩基部位が失われた構造．遺伝子変異の一つである．このような部位が二本鎖 DNA 内にあると通常は修復されるが，修復されない場合には，複製の際に脱塩基の向かいに適当な塩基が挿入され変異が起こる．

タンパク質ケージ
複数個のタンパク質から構成されるケージ（カゴ）構造体の総称．サイズは数から数百 nm，分子量は数万から数百にわたる．代表的な例として，ウイルス，シャペロニンなどがある．

中分子創薬
「低分子医薬品」と「バイオ医薬品」の中間の分子量サイズで，両者の長所をあわせもった医薬品の開発を目指す戦略である．広い相互作用面に基づく精密な分子認識と，細胞膜透過や経口投与とを両立できる可能性があることから，このクラスの化合物は医薬品候補として近年大きな注目を集めている．

中分子ペプチド創薬
低分子薬と抗体のような高分子医薬の中間に位置し，それぞれが抱える課題を解決できると期待されている中分子薬のなかでとくにペプチドに注目した創薬．環状ペプチドや構造変換で活性や薬物動態が改善された直鎖ペプチドが注目されている．

APPENDIX

天然物
生物が産生する化合物の総称であり，とくに狭義には二次代謝産物に分類される有機化合物を指す．もともと産生生物の生存に有利な活性をもった化合物である．そのなかで，人類にとって有益な生物活性をもつものは，医薬品として活用されることが多い．

糖鎖高分子
高分子の側鎖に糖鎖を結合させた高分子．大きな多価効果を発揮する．Part II 5章では，とくにビニル化合物誘導体の重合化合物について解説しているが，天然高分子，導電性高分子などに糖鎖を結合させたものも含まれる．

動的光散乱法
ナノメートルサイズの粒子の溶媒中でのブラウン運動は，大きな粒子では遅く，小さな粒子では速い．ブラウン運動している粒子にレーザー光を照射すると，それぞれのブラウン運動の速度に対応した散乱光の揺らぎが観測される．この揺らぎから自己相関関数を求め，ヒストグラム解析およびストークス・アインシュタインの式から粒径分布を求めることができる．

ドラッグデリバリーシステム（DDS）
薬物を必要な量，必要な場所に，必要なタイミングで送達する技術のこと．薬物の薬効を最大限にするとともに，副作用を抑える効果が期待される．薬物の徐放や，特定の細胞・組織に対するターゲッティングなどが含まれる．

ナトリウム-タウロコール酸共輸送ポリペプチド（NTCP）
B型肝炎ウイルスの受容体として同定された，肝臓において胆汁酸の輸送を担う7回膜貫通型のトランスポーター（膜貫通領域数は諸説あり）である．NTCPを導入したヒト肝臓細胞株はHBV感染を許容するようになるため，HBV研究に必須のツールとなった．

ナノゲル
100 nm以下のサイズのゲル粒子．架橋の種類により，化学架橋ナノゲルと物理架橋ナノゲルに分類される．

ナノゲルシャペロン
疎水化多糖が形成する物理架橋ナノゲルが，熱変性タンパク質や巻き戻り中間体をナノゲル内部に補足することでタンパク質の凝集を抑制し，種々の刺激によりナノゲルを崩壊させることで正しくフォールディングされたタンパク質を放出させるシステム．

ヌクレアーゼ耐性
細胞内，血流内にはさまざまな核酸分解酵素（ヌクレアーゼ）が存在する．たとえば，細胞内，血流内に導入されたオリゴヌクレオチドは一般的に24時間で90％分解される．そのため，オリゴヌクレオチドを薬剤として用いるためには，オリゴヌクレオチドにヌクレアーゼ耐性を付与させる修飾が施される．

パラロガス遺伝子（重複遺伝子）
ある遺伝子または遺伝子群がコピーされた遺伝子または遺伝子群のこと．一つの遺伝子が何回もコピーされ，複数の同じ遺伝子から構成される場合もある．

ビオチン
アビジンに特異的かつきわめて安定に結合する有機分子として，その修飾化合物がさまざまなタンパク質の検出や精製，複合化の構築に広く使われている．

非対称IgG型バイスペシフィック抗体（asymmetric IgG type Bispecific Antibody）
二つの抗原結合部位がそれぞれ独立した標的抗原に結合することを目的として開発されたバイスペシフィック抗体のうち，二つのH鎖と二つのL鎖が非対称のIgGの分子形をした非対称型抗体分子．

複合糖質
糖タンパク質，糖脂質のように，糖鎖がタンパク質や脂質と共有結合した化合物群である．種々の糖鎖認識分子との相互作用を介することにより，さまざまな複雑な生体応答を引き起こす．細胞に個性を与える重要な分子群でもある．

分子認識
抗原–抗体反応，DNAの相補的塩基対形成や酵素–基質間などで見られる．分子間で複数の水素結合や，配位結合，ファンデルワールス力，π–π相互作用，静電相互作用などが起こることにより，分子がある特定の分子に対して親和性や選択性をもつようになる．

ヘムタンパク質
活性中心にヘムをもつタンパク質・酵素の総称．酸素運搬，酸化反応などの化学反応から，電子伝達，気体センサーなど，生体のさまざまな反応にかかわっている．ヘムタンパク質の一つであるミオグロビンは世界で最初に結晶構造が決定されたタンパク質としても有名．

マイオスタチン阻害剤
筋肉増殖の負の調節因子であるマイオスタチンを阻害する薬剤．臨床適用品は現在ない．抗マイオスタチン抗体，抗マイオスタチン受容体抗体，プロドメインなどの高分子タンパク質および合成ペプチドが候補として医薬品開発が進められている．

マイクロドメイン
生体膜において，特定の脂質とタンパク質が集積することで形成される微小領域．膜マイクロドメインの例

として，スフィンゴ脂質とコレステロールを主成分とし，GPIアンカー型タンパク質などが集積すると考えられているラフトがよく知られる．

モノクローナル抗体
生体内に存在する抗体（ポリクローナル抗体）は通常，いろいろな種類の抗体の混合物であるが，単一の抗体産生細胞から得られる免疫グロブリン（抗体）で，そのアミノ酸配列，構造，特性が均一である抗体のことをモノクローナル抗体とよぶ．1種類の抗体産生細胞を骨髄腫細胞と細胞融合させることで増殖能をもった融合細胞（ハイブリドーマ）を作製し，目的の特異性をもった抗体を産生するクローンのみを選別してモノクローナル抗体を得ることができる．最近では動物細胞を使用しないファージディスプレイ法も利用されている．

融解温度
特定の二次構造をもつDNAやRNAにおいて，ある温度まで加熱すると二次構造がほどけて一次構造になる．二次構造の半分がほどけるときの温度を融解温度という．この温度が高いほどその二次構造が安定であることを示す．

リビングラジカル重合
ビニル化合物の付加重合の精密な合成方法で，とくにラジカル重合に関するものを指す．原子移動ラジカル重合（atom transfer radical polymerization：ATRP），可逆的付加開裂連鎖移動（reversible addition-fragmentation chain transfer：RAFT）重合などが有名である．

APPENDIX

Part III 役に立つ情報・データ

知っておくと便利！関連情報

❶ おもな本書執筆者のウェブサイト（所属は2018年6月現在）

秋吉 一成/西村 智貴
京都大学大学院工学研究科
http://www.akiyoshi-lab.jp/

有本 博一/一刀 かおり
東北大学大学院生命科学研究科
http://www.agri.tohoku.ac.jp/bunseki/ArimotoGroup.html

井川 智之
中外ファーマボディリサーチ/中外製薬株式会社
https://www.chugai-pharm.co.jp/index.html

上野 隆史
東京工業大学生命理工学院
http://www.ueno.bio.titech.ac.jp/

小澤 岳昌/吉村 英哲
東京大学大学院理学系研究科
http://www.chem.s.u-tokyo.ac.jp/~analyt/

君塚 信夫
九州大学大学院工学研究院
http://www.chem.kyushu-u.ac.jp/~kimizuka/

栗原 達夫
京都大学化学研究所
http://www.scl.kyoto-u.ac.jp/~mmsicr/mmstojp/Top.html

黒田 俊一/曽宮 正晴
大阪大学産業科学研究所
http://www.sanken.osaka-u.ac.jp/labs/smb/index.html

後藤 佑樹
東京大学大学院理学系研究科
https://www.chem.s.u-tokyo.ac.jp/users/bioorg/member/Goto.html

櫻井 和朗/望月 慎一
北九州市立大学国際環境工学部
http://www.sakurai-lab.jp/

塩谷 光彦/竹澤 悠典
東京大学大学院理学系研究科
http://www.chem.s.u-tokyo.ac.jp/~bioinorg/

杉本 直己/建石 寿枝
甲南大学先端生命工学研究所(FIBER)/同大学院フロンティアサイエンス研究科(FIRST)
http://www.konan-fiber.jp/index.php

永次 史/鬼塚 和光
東北大学多元物質科学研究所
http://www.tagen.tohoku.ac.jp/labo/nagatsugi/

林 良雄/高山 健太郎
東京薬科大学薬学部
http://hinka-toyaku.s2.weblife.me/index.html

深瀬 浩一
大阪大学大学院理学研究科
http://www.chem.sci.osaka-u.ac.jp/lab/fukase/index.html

二木 史朗
京都大学化学研究所
http://www.scl.kyoto-u.ac.jp/~bfdc/

松浦 和則
鳥取大学大学院工学研究科
http://www.chem.tottori-u.ac.jp/~matsuura/index.html

三浦 佳子
九州大学大学院工学研究院
http://www.chem-eng.kyushu-u.ac.jp/lab9/

南川 典昭/田良島 典子
徳島大学大学院医歯薬研究部
http://www.tokushima-u.ac.jp/ph/faculty/labo/mar

宮本 寛子
愛知工業大学工学部
https://kitamiyalab.wixsite.com/aitech

村田 道雄/花島 慎弥
大阪大学大学院理学研究科
http://www.chem.sci.osaka-u.ac.jp/lab/murata/index.html

山口 浩靖
大阪大学大学院理学研究科
http://www.chem.sci.osaka-u.ac.jp/lab/yamaguchi/

APPENDIX

❷ 読んでおきたい洋書・専門書

[1] "Introduction to bacterial physiology," ed. by C. E. Clifton, McGraw-Hill（1957）.
[2] "Growth, function and regulation in bacterial cells," eds. by A. C. R. Dean, Sir C. Hinshelwood, Oxford（1966）.
[3] "Antibiotic interactions," ed. by J. D. Williams, Academic Press（1979）.
[4] "Antibiotics: actions, origins, resistance," ed. by C. Walsh, ASM Press（2003）.
[5] 高分子学会編，『基礎高分子科学』，東京化学同人（2006）.
[7] "Microbiology: a systems approach（second edition）," eds. by M. K. Cowan, K. P. Talaro, McGraw-Hill（2009）.
[8] "Molecular genetics of bacteria（fifth edition）," eds. by J. W. Dale, S. F. Park, Chichester, Wiley-Blackwell（2010）.
[9] "Antibiotics and antibiotic resistance," eds. by O. Sköld, N. J. Hoboken, Wiley（2011）.
[10] "The immune response to infection," eds. by S. H. E. Kaufmann, B. T. Rouse, D. L. Sacks, ASM Press（2011）.
[11] H. N. W. Lekkerkerker, R. Tuinier, "Colloids and the depletion interaction," Springer（2011）.
[12] 高分子学会編，『基礎高分子科学 演習編』，東京化学同人（2011）.
[13] A. Maczulak 著，西田美緒子訳，『細菌が世界を支配する──バクテリアは敵か？味方か？』，白揚社（2012）.
[14] "Structure and Physics of Viruses," ed. by M. G. Mateu, Springer（2013）.
[15] "Peptide Materials: From Nanostuctures to Applications," eds. by C. Aleman, A. Bianco, M. Venanzi, Wiley（2013）.
[16] "DNA and RNA binders from small molecules to Drugs," eds. by M. Demeunynck, C. Bailly, W. D. Wilson, WILEY-VCH（2014）.
[17] K. M. Gillen, 'appendices 1 and 2,' "Microbiology: an evolving science（third edition）," eds. by J. L. Slonczewski, J. W. Foster, W. W. Norton（2014）.
[18] "Viral Nanotechnology," eds. by Y. Khudyakov, P. Pumpens, CRC Press（2015）.
[19] "DNA in Supramolecular Chemistry and Nanotechnology," eds. by E. Stulz, G. H. Clever, Wiley（2015）.
[20] "Supramolecular Polymer Networks and Gels," ed. by S. Seiffert, Springer（2015）.
[21] H. Yamakawa, T. Yoshizaki, "Helical Wormlike Chains in Polymer Solutions," Springer（2016）.
[22] F. Babick, "Suspensions of colloidal particles and aggregates," Springer（2016）.
[23] "Immunotherapy of Cancer," ed. by Y. Yamaguchi, Springer（2016）.
[24] "Beta-Glucans: Applications, Effects and Research," Nova Science Publishers, Inc.（2017）.
[25] "Antibody-drug conjugates: fundamentals, drug development, and clinical outcomes to target cancer," eds. by K. J. Olivier Jr., S. A. Hurvitz, Wiley（2017）.

❸ 有用 HP およびデータベース

AMR（薬剤耐性）とワンヘルスの理解を深める統計情報サイト One Health
https://amr-onehealth.ncgm.go.jp/

Centers for Disease Control and Prevention（CDC）
https://www.cdc.gov/drugresistance/

Glycoforum
http://www.glycoforum.gr.jp/indexJ.html

Integrated DNA technology（オリゴ DNA 配列の設計に役立つサイト）
https://sg.idtdna.com/pages/tools

miRBase（microRNA のデータベース）
http://www.mirbase.org/index.shtml

NIID 国立感染症研究
https://www.niid.go.jp/niid/ja/from-idsc.html

Spring-8
http://www.spring8.or.jp/ja/

Virus Particle Explore
http://viperdb.scripps.edu/search_main.php

World Health Organization（WHO）
http://www.who.int/en

APPENDIX

高分子学会
http://main.spsj.or.jp/

新学術領域研究「生物合成系の再設計による複雑骨格機能分子の革新的創成科学」
http://www.f.u-tokyo.ac.jp/~tennen/bs_index.html

新学術領域研究「反応集積化が導く中分子戦略：高次生物機能分子の創製」
http://www.middle-molecule.jp/index.html

新学術領域研究「分子夾雑の生命化学」
http://www.bunshi-kyouzatsu.jp/

新学術領域研究「分子ロボティクス」
http://www.molecular-robotics.org/

日本DDS学会
http://square.umin.ac.jp/js-dds/

日本化学会
http://www.chemistry.or.jp/

日本化学会フロンティア生命化学研究会
http://res.tagen.tohoku.ac.jp/FBC/

日本細菌学会
http://jsbac.org/

日本細胞生物学会
http://www.jscb.gr.jp/

日本ペプチド学会
https://www.peptide-soc.jp/

日本薬学会
https://www.pharm.or.jp/

日本薬学会医薬化学部会
http://medchem.pharm.or.jp/

薬剤耐性菌研究会
http://yakutai.dept.med.gunma-u.ac.jp/society/KaigaiTaiseiJoho.html

索　引

●数字・英字・ギリシャ文字

(3+1)ハイブリッドⅠ型	90
5SICS-NaM 塩基対	14
Akaluc	33
Ala スキャン	59
ALPS モチーフ	63
AMO	150
ATP	34
A群連鎖球菌	107
BAR ドメイン	63
BRET	30
B型肝炎ウイルス	110, 111
──表面抗原	111
CD スペクトル	58
CH-π 相互作用	142
CO 放出分子	119
CpG-ODN	131
DDS	47, 81, 111, 131, 148
DNA	145
DNAzyme	47
DNA ポリメラーゼ	16
Ds-Px 塩基対	14
ENTH ドメイン	63
EpN18	64
FDAA 法	105
FR/CDR シャッフリング技術	158
FRET	30
G-4	84, 87, 139
$getA$ 遺伝子	153
GFP	28, 145
GNA	14
GroEL	80
HBsAg	111
HBV	111
HNA	14
HPLC 装置	43
HSPG	112
H鎖	158
IC_{50} 値	61
IgG	71, 123, 158
Inforna	90
iRed	146
LNA	12
LP	111
LPS	132
L鎖	158
mdx マウス	60
Merrifield 法	43
mRNA	32
natural device	147
ncRNA	87
NTCP	112
outer wall growth	106
PatD 酵素	154
persister	107
PLL-g-Dex	83
PNA	14, 46
P-Z 塩基対	14
RiPP 生合成経路	153
RNAi	145
RNA 干渉	145
SELEX 法	46
shRNA	146
Sialyl-Tn 抗原	71
siRNA	131, 146
SNA	14
Theratope®	71
TLR	148
TNA	14
TNFα	132
Toll 様受容体	133, 148
T細胞エピトープ	72
VHH ドメイン	32
Watoson-Crick 則	46
α-キモトリプシン	43
β-アニュラスペプチド	97
δ-バレロラクトン	84
π-π スタッキング	88

●あ

アジュバント	133
N-アセチルノイラミン酸	69
アゾリン環骨格	154
アデノシン三リン酸	34
アビジン	118
アプタマー	46
アミノ酸	12, 34
2-アミノ-6-ビニルプリン	88
アミラーゼ	42
アルギニンペプチド	65
アンチセンス核酸	131
アンチパラレル型	90
イオノゲル	38
イオン液体	38
イソグアニン	14
イソシトシン	14
N-イソプロピルアクリルアミド	77
一酸化炭素	119
インフルエンザウイルス	70
ウイルスキャプシド	96

索　引

ウレアーゼ	42
エイコサペンタエン酸	51
エスケープ変異体	112
エチニル基	54
エナンチオ選択的不斉水素化	128
エネルギー変換プロセス	34
エフェクター機能	160
エミシズマブ	158
エンドソーム	133
――膜	112
黄色蛍光タンパク質	30
黄色ブドウ球菌	106
オリゴヌクレオチド鎖	46, 93
オリゴマー	12
オリタバンシン	103
オルガノゲル	36

●か

化学修飾 DNA	146
化学的ライゲーション反応	16
核酸	12, 20, 46
――医薬	131, 137
――塩基	12
――高次構造	87
――創薬	146
――分解酵素	138
下限臨界溶液温度	124
カチオン性ポルフィリン	128
カルシウムイオンプローブ	30
カルモジュリン	32
がん	71, 160
――原遺伝子	139
環境感受性蛍光色素	66
環境調和型機能性触媒	129
擬天然物	156
機能性 RNA	87, 145
機能付加型	102
逆転写反応	139
曲率	62
――工学	62
キラリティー	123
筋委縮性障害	56
近接効果	44
金属コファクター	116
金属ポルフィリン	127
筋強直性ジストロフィー1型	90
グアニン三重らせん配列	140
グアニン四重らせん構造	84, 87, 139
5′-グアノシン	84
クエンチャー	32
クラウンエーテル	44
グリコサミノグリカン	76
グリコフォーム	69
グリセロリン脂質	51
クリックケミストリー	54
クロロビフェニルバンコマイシン	103
蛍光共鳴エネルギー移動	30
蛍光標識	24
軽鎖	158
血管内皮細胞成長因子	78
結晶 X 線構造解析	26
血友病 A	161
2-ケト-3-デオキシノナン酸構造	69
ケミカルシャペロン	53
――バイオロジー	42
コアペプチド領域	152
光化学系	34
高感度検出	126
抗原提示細胞	131
抗原認識ドメイン	32
光合成	34
高次構造	80
合成二分子膜	36
構造活性相関	24, 57
高速液体クロマトグラフィー	43
酵素標識抗体測定法	126
抗体医薬	138, 160
抗体-薬剤複合体	104
固相合成	20
コードスポリン	155
コンカナバリン A	76

●さ

再構成翻訳反応系	154
最小育成阻止濃度	105
細胞間ギャップジャンク	82
細胞内細菌	105
細胞内輸送	119
細胞分裂	52
細胞壁合成	105
――酵素	105
細胞膜	22, 62
――の形態変化	62
散逸ナノ構造	40
三回対称性ペプチド分子	96
酸素貯蔵タンパク質	117
酸素添加酵素	117
ジアスターゼ	42
シアル酸	69
シアン蛍光タンパク質	30
シグナル増幅	125
シクロデキストリン	44, 80
シクロファン	44
自己集合	96
示差走査熱量測定	65
脂質	22

——二分子膜	51
システイン脱硫化酵素	81
自然免疫	133
——応答	148
重鎖	158
修飾核酸	137
重複遺伝子	137
樹状抗体超分子	126
樹状細胞	131
腫瘍壊死因子	132
触媒	122
人工 DNA	12
人工ウイルスペプチド	97
人工金属酵素	116
人工酵素	45
人工シアル酸含有糖鎖	70
人工シャペロンシステム	80
親媒部	38
水素結合	14, 142
水素発生	128
スタッキング相互作用	142
ストレプトアビジン	118, 120
スーパー制限酵素	46
スプライシング	90, 137
スリップ	90
正曲率	63
生合成経路	152
生体関連分子化学	42
生体高分子	12, 75
生体膜	50
生物個体発光イメージング	33
ゼノ核酸	12
セプタル	108
——合成	106
センシング	122
セントラルドグマ	145
走査型イオンコンダクタンス顕微鏡	66
相補性決定領域	158
阻害剤スクリーニング	113
疎媒部	38
ソルターゼ法	107

●た

代謝標識	105
多価不飽和脂肪酸	50, 51
単糖	34
タンパク質	12
——ゲージ	118
——結晶	121
——集合体	121
チオペプチド誘導体	154
超分子	38
——化学	38

低分子医薬品	138
2′-デオキシ-4′-チオヌクレオシド三リン酸体	147
適応	36
デキストラン	83
デクチン-1	131
テラバンシン	103
テロメア	88
——伸長反応	139
電子伝達系	34
天然型二本鎖 DNA	147
天然酵素	45
天然物	22
——類縁体	156
天然ペプチド	152
糖	12
同位体標識	24
糖鎖	22, 69, 75
糖鎖高分子	75
ドラッグデリバリーシステム	47, 81, 111, 131, 148
トランスアミノ化反応	45
トランスグリコレーション	108
トリプレットリピート	90
——病	90

●な

ナチュラルキラー細胞	160
ナトリウム-タウロコール酸共輸送体ポリペプチド	112
ナノゲル	80
ナノボディー	32
二価性抗原	125
二次構造解析	56
二重らせん構造	46, 136
二分割蛍光	30
ヌクレアーゼ	138
ヌクレオチド	12, 34
熱応答性高分子	124

●は

バイオスペシフィック抗体	158
バイオナノカプセル	110
ハイスループットスクリーニング	114
ハイドロゲル	36
発光タンパク質	28
パラロガス遺伝子	137
バンコマイシン耐性黄色ブドウ球菌	102
バンコマイシン耐性腸球菌	102
バンコマイシン多量化	102
バンコマイシン二量体	103
ビオチン	118
光誘起電子移動	127
ピケットフェンス・ポルフィリン	45
ヒト化抗体	123
ヒト肝臓細胞	110

ビナフチル誘導体	124
非二重らせん構造	136
ビピリジン配位子	16
表面プラズモン共鳴	125
ピリジン配位子	16
非リボソームペプチド合成酵素	152
ビルディングブロック	12, 82
ビルベリジン	30
ピレンブチレート	66
o-フェニレンジアミン	14
フェリチン	119
フォトン・アップコンバージョン	40
フォールディング	12, 52, 80
L-フクロキナーゼ	81
不斉触媒	124, 128
プライマー	141
フラミジン	90
フリップアウト	93
フレームワーク領域	158
プロペプチド	57
分子システム化学	34, 40
分子シャペロン	80
分子集積化学	36
分子設計	12
分子組織化学	34
分子の自己組織化	36
分子プローブ	20
ヘパラン硫酸プロテオグリカン	112
ヘパリン	78
ペプチド	20
ペプチド核酸	46
ヘマグルチニン	70
ヘムタンパク質	120
ペリフェラル	108
ペルオキシダーゼ	128
ペンタミジン	90
ポストクリックケミストリー	75
ホスト-ゲスト化学	38, 44
ホスファチジルエタノールアミン	63
補体依存性細胞傷害活性	160
ホフファチジルイノシトール 4,5-ビスリン酸	63
ポリエチレングリコール	138
ポリリジン	83
ポルフィセン	118
ポルフィリン錯体	46

● ま

マイオスタチン	56, 57
マイオスタチン阻害活性	59
マイクロドメイン	53
膜アンカー効果	102
膜融合ドメイン	112
膜流動性	52
マクロファージ	131
マルチバレント化	103
ミオグロビン	117
ミリストイル基	113
メチシリン耐性黄色ブドウ球菌	102
メッセンジャー RNA	32
免疫グロブリン G	71, 123, 158
モジュール構造	36
モノクローナル抗体	122
モレキュラービーコン法	32

● や・ら・わ

薬剤耐性菌	102
四ホウ酸リチウム	84
ラマン顕微鏡	54
卵型細菌	108
ラングミュア・ブロジェット法	36
リゾチーム	43
リーダーペプチド領域	152
立体選択的 α-シアリル化反応	69
リード化合物	56
リファログ	105
リボザイム	47
リボース	12
——骨格	46
リボソーム	16, 80
——翻訳後修飾ペプチド経路	152
リポソーム	63, 111
リポ多糖類	132
流動モザイクモデル	51
緑色蛍光タンパク質	28, 145
リン酸基	12
リン脂質	50
ルシフェラーゼ	30
ルシフェリン	30
レクチン	76
レポーターアッセイ	58
ロタキサン構造	16
ロダネーゼ	81
ワクチン	111
ワトソンクリック型塩基対	14, 87

◆執筆者紹介◆

(敬称略,50音順)

秋吉 一成(あきよし かずなり)
京都大学大学院工学研究科教授(工学博士)
1957年 東京都生まれ
1985年 九州大学大学院工学研究科博士課程修了
〈研究テーマ〉「バイオインスパイアード材料設計と医療応用」「生体機能高分子,DDS,再生マテリアル」

鬼塚 和光(おにづか かずみつ)
東北大学多元物質科学研究所助教(博士(薬学))
1982年 福岡県生まれ
2010年 九州大学薬学府博士課程修了
〈研究テーマ〉「有機化学」「核酸化学」「超分子化学」

有本 博一(ありもと ひろかず)
東北大学大学院生命科学研究科教授(博士(理学))
1966年 神奈川県生まれ
1990年 慶應義塾大学大学院理工学研究科博士前期課程修了
〈研究テーマ〉「ケミカルバイオロジー」「創薬化学」「有機合成化学」

君塚 信夫(きみづか のぶお)
九州大学大学院工学研究院主幹教授(工学博士)
1960年 福岡県生まれ
1984年 九州大学大学院工学研究科修士課程修了
〈研究テーマ〉「分子組織化学」「分子システム化学」

井川 智之(いがわ ともゆき)
中外ファーマボディリサーチ研究部門長(兼)CEO,中外製薬株式会社研究本部バイオ医薬研究部部長(博士(工学))
1976年 神奈川県生まれ
2001年 東京大学大学院工学系研究科博士課程修了
〈研究テーマ〉「抗体医薬創薬・開発に関する研究全般,抗体工学・蛋白質エンジニアリング研究全般」

栗原 達夫(くりはら たつお)
京都大学化学研究所教授(博士(工学))
1964年 京都府生まれ
1991年 京都大学大学院工学研究科博士課程中途退学
〈研究テーマ〉「特殊環境微生物の環境適応を担う分子基盤の解明と応用」「酵素の反応機構解析と応用」

一刀 かおり(いっとう かおり)
東北大学大学院生命科学研究科助教(博士(生命科学))
1986年 福島県生まれ
2014年 東北大学大学院生命科学研究科博士課程修了
〈研究テーマ〉「創薬化学」「ケミカルバイオロジー」

黒田 俊一(くろだ しゅんいち)
大阪大学産業科学研究所教授(博士(農学))
1961年 福岡県生まれ
1986年 京都大学大学院農学研究科修士課程修了
〈研究テーマ〉「Bio-inspired materials(DDS,バイオセンサー,嗅覚受容体システム)」

上野 隆史(うえの たかふみ)
東京工業大学生命理工学院教授(博士(理学))
1971年 北海道生まれ
1998年 大阪大学大学院理学研究科博士課程修了
〈研究テーマ〉「タンパク質超分子の機能化」

後藤 佑樹(ごとう ゆうき)
東京大学大学院理学系研究科准教授(博士(工学))
1981年 兵庫県生まれ
2008年 東京大学大学院工学系研究科博士課程修了
〈研究テーマ〉「人工改変した生体反応系の創成およびそれを用いた複雑な化合物の合成・機能性分子の開発」

小澤 岳昌(おざわ たけあき)
東京大学大学院理学系研究科教授(博士(理学))
1969年 東京都生まれ
1998年 東京大学大学院理学系研究科博士課程修了
〈研究テーマ〉「生物を対象とする蛍光・発光・ラマン分光イメージング法の開発」「生体分子の光制御技術の開発」

小宮山 眞(こみやま まこと)
東京大学名誉教授・中国海洋大学客座教授(工学博士)
1947年 栃木県生まれ
1975年 東京大学大学院工学系研究科博士課程修了
〈研究テーマ〉「生物有機化学」「生物無機化学」「核酸化学」

執筆者紹介

櫻井 和朗（さくらい かずお）
北九州市立大学国際環境工学部教授(理学博士)
1958年 岐阜県生まれ
1984年 大阪大学大学院理学研究科修士課程修了

〈研究テーマ〉「生体高分子」「DDS」

建石 寿枝（たていし ひさえ）
甲南大学先端生命工学研究所(FIBER)専任教員(講師)〔博士(理学)〕
1979年 沖縄県生まれ
2008年 甲南大学大学院自然科学研究科博士課程修了

〈研究テーマ〉「DNA-イオン相互作用の観点から生命現象を解析する」

塩谷 光彦（しおのや みつひこ）
東京大学大学院理学系研究科教授(薬学博士)
1958年 東京都生まれ
1986年 東京大学大学院薬学系研究科博士課程中途退学

〈研究テーマ〉「超分子化学」「生物無機化学」「錯体化学」

田良島 典子（たらしま のりこ）
徳島大学大学院医歯薬研究部助教(博士(薬科学))
1987年 広島県生まれ
2016年 徳島大学大学院薬科学教育部博士後期課程修了

〈研究テーマ〉「核酸創薬化学」

杉本 直己（すぎもと なおき）
甲南大学先端生命工学研究所(FIBER)所長・教授、同大学院フロンティアサイエンス研究科(FIRST)教授(理学博士)
1955年 滋賀県生まれ
1985年 京都大学大学院理学研究科博士課程修了

〈研究テーマ〉「生命分子化学」

永次 史（ながつぎ ふみ）
東北大学多元物質科学研究所教授(博士(薬学))
1962年 福岡県生まれ
1988年 九州大学大学院薬学研究科修士課程修了

〈研究テーマ〉「遺伝子発現を化学的に制御する方法論の開発」

曽宮 正晴（そみや まさはる）
大阪大学産業科学研究所助教(博士(農学))
1988年 福岡県生まれ
2016年 名古屋大学大学院生命農学研究科博士課程修了

〈研究テーマ〉「エクソソームによる薬物送達」「B型肝炎ウイルスの初期感染機構の解明」「合成生物学」

西村 智貴（にしむら ともき）
京都大学大学院工学研究科特定助教(博士(工学))
1983年 熊本県生まれ
2010年 北九州市立大学大学院国際環境工学研究科博士後期課程修了

〈研究テーマ〉「自己組織化材料の創製とバイオ応用」

高山 健太郎（たかやま けんたろう）
東京薬科大学薬学部講師(博士(薬学))
1984年 兵庫県生まれ
2011年 京都大学大学院薬学研究科博士課程修了

〈研究テーマ〉「生体分子に由来するペプチドを基盤とした創薬指向型研究」

花島 慎弥（はなしま しんや）
大阪大学大学院理学研究科講師(博士(理学))
1975年 千葉県生まれ
2003年 東京理科大学大学院理工学研究科博士課程修了

〈研究テーマ〉「脂質膜上での糖脂質の構造と役割の解明」

竹澤 悠典（たけざわ ゆうすけ）
東京大学大学院理学系研究科助教(博士(理学))
1980年 東京都生まれ
2008年 東京大学大学院理学系研究科博士課程修了

〈研究テーマ〉「金属錯体とDNAの複合化による機能性超分子の創製」

林 良雄（はやし よしお）
東京薬科大学薬学部教授(薬学博士)
1960年 長野県生まれ
1986年 京都大学大学院薬学研究科博士課程中途退学

〈研究テーマ〉「難病治療薬をめざした中分子ペプチド創薬」

執筆者紹介

深瀬 浩一（ふかせ こういち）
大阪大学大学院理学研究科教授（理学博士）
1960年 岡山県生まれ
1987年 大阪大学大学院理学研究科博士後期課程修了

〈研究テーマ〉「糖鎖合成」「自然免疫」「マイクロフロー合成」「生体分子の標識化」

宮本 寛子（みやもと のりこ）
愛知工業大学工学部助教（博士（工学））
1989年 福岡県生まれ
2017年 北九州市立大学大学院国際環境工学研究科博士後期課程修了

〈研究テーマ〉「核酸医薬の開発（ゲノム創薬）」

二木 史朗（ふたき しろう）
京都大学化学研究所教授（薬学博士）
1959年 京都府生まれ
1987年 京都大学大学院薬学研究科博士課程中途退学

〈研究テーマ〉「生体機能化学」「細胞ペプチド工学」

村田 道雄（むらた みちお）
大阪大学大学院理学研究科教授（農学博士）
1958年 大阪府生まれ
1983年 東北大学大学院農学研究科博士前期課程修了

〈研究テーマ〉「生体膜モデルを用いた脂質分子の構造と動態」「生物活性天然物の作用メカニズムの解明」

松浦 和則（まつうら かずのり）
鳥取大学大学院工学研究科教授（博士（工学））
1968年 福井県生まれ
1996年 東京工業大学大学院生命理工学研究科博士課程修了

〈研究テーマ〉「人工ウイルスキャプシドの創製」「微小管結合分子の創製」「糖鎖の分子認識」

望月 慎一（もちづき しんいち）
北九州市立大学環境技術研究所准教授（博士（工学））
1979年 埼玉県生まれ
2008年 九州大学大学院工学府博士課程修了

〈研究テーマ〉「糖鎖を利用した高効率がんワクチンの開発」

三浦 佳子（みうら よしこ）
九州大学大学院工学研究院教授（博士（工学））
1971年 埼玉県生まれ
2000年 京都大学大学院工学研究科博士課程修了

〈研究テーマ〉「リビング重合を利用した高分子の de novo デザイン」「バイオミメティックリアクターの開発」

山口 浩靖（やまぐち ひろやす）
大阪大学大学院理学研究科教授（博士（理学））
1969年 東京都生まれ
1998年 大阪大学大学院理学研究科博士後期課程修了

〈研究テーマ〉「生体高分子化学」「超分子科学」「分子認識を介した分子・材料集積と機能化」

南川 典昭（みなかわ のりあき）
徳島大学大学院医歯薬学研究部教授（博士（薬学））
1964年 兵庫県生まれ
1988年 北海道大学大学院薬学研究科修士課程中途退学

〈研究テーマ〉「核酸化学」「創薬化学」

吉村 英哲（よしむら ひであき）
東京大学大学院理学系研究科助教（博士（理学））
1978年 大阪府生まれ
2007年 総合研究大学院大学物理科学研究科博士後期課程修了

〈研究テーマ〉「生細胞内分子の動態解析と操作を通じた，生命現象作動機構の解明」

CSJ Current Review 30

生命機能に迫る分子化学——生命分子を真似る,飾る,超える

2018年8月30日　第1版第1刷　発行

検印廃止

〈(社)出版者著作権管理機構委託出版物〉

本書の無断複写は著作権法上での例外を除き禁じられています。複写される場合は、そのつど事前に、(社)出版者著作権管理機構（電話 03-3513-6969, FAX 03-3513-6979, e-mail: info@jcopy.or.jp）の許諾を得てください。

本書のコピー、スキャン、デジタル化などの無断複製は著作権法上での例外を除き禁じられています。本書を代行業者などの第三者に依頼してスキャンやデジタル化することは、たとえ個人や家庭内の利用でも著作権法違反です。

編著者　公益社団法人日本化学会
発行者　曽　根　良　介
発行所　株式会社化学同人
〒600-8074　京都市下京区仏光寺通柳馬場西入ル
編集部　TEL 075-352-3711　FAX 075-352-0371
営業部　TEL 075-352-3373　FAX 075-351-8301
　　　　振　替　01010-7-5702
E-mail　webmaster@kagakudojin.co.jp
URL　https://www.kagakudojin.co.jp
印刷　創栄図書印刷㈱
製本　清　水　製　本　所

Printed in Japan © The Chemical Society of Japan 2018　無断転載・複製を禁ず　ISBN978-4-7598-1390-6
乱丁・落丁本は送料小社負担にてお取りかえいたします。